科学出版社"十三五"普通高等教育本科规划教材

南开大学代数类课程整体规划系列教材

Lie 代数

邓少强　陈智奇　王秀玲　编著

科 学 出 版 社

北 京

内 容 简 介

本书是南开大学代数类课程整体规划系列教材的第三本. 本书以高等代数和抽象代数为基础, 主要讲述特征为零的代数闭域上的半单 Lie 代数的分类理论, 同时讲述了实半单 Lie 代数的部分分类结果. 本书配备了比较多的习题, 其中部分习题是由文献中的研究论文转化而来的, 希望初学者独立思考, 打好坚实的 Lie 代数基础.

本书可作为普通高等院校数学与应用数学专业 Lie 代数课程的教材, 也可作为数学爱好者或数学工作者的参考资料.

图书在版编目(CIP)数据

Lie 代数/邓少强, 陈智奇, 王秀玲编著. —北京: 科学出版社, 2019.11
科学出版社 "十三五" 普通高等教育本科规划教材·南开大学代数类课程整体规划系列教材

ISBN 978-7-03-063103-9

Ⅰ.①L⋯ Ⅱ.①邓⋯ ②陈⋯ ③王⋯ Ⅲ.①李代数-高等学校-教材
Ⅳ.①O152.5

中国版本图书馆 CIP 数据核字(2019) 第 246876 号

责任编辑: 张中兴 梁 清 李香叶/责任校对: 杨聪敏
责任印制: 吴兆东/封面设计: 迷底书装

科 学 出 版 社 出版
北京东黄城根北街 16 号
邮政编码: 100717
http://www.sciencep.com
固安县铭成印刷有限公司印刷

科学出版社发行 各地新华书店经销
*
2019 年 11 月第 一 版 开本: 720×1000 1/16
2024 年 11 月第七次印刷 印张: 8 1/4
字数: 166 000
定价: 39.00 元
(如有印装质量问题, 我社负责调换)

《南开大学代数类课程整体规划系列教材》
丛书编委会名单

邓少强　　朱富海

陈智奇　　王秀玲

本书是南开大学代数类课程整体规划系列教材的第三本, 主要讲述特征为零的代数闭域上的半单 Lie 代数理论以及实半单 Lie 代数的基础知识. 我们假定读者系统学习过数学类专业的高等代数和抽象代数课程. 不过一般的特征为零的代数闭域上的半单 Lie 代数理论和复半单 Lie 代数理论完全是一样的, 因此读者也可以学完高等代数后直接学习本课程, 只需用数域来代替一般的域, 而用复数域代替特征为零的代数闭域即可. 另一方面, 南开大学数学伯苓班多年的教学实践表明, Lie 代数虽然从理论上不是非常深入, 但其中包含的很多技巧却需要较高的数学素养才能真正把握, 因此我们建议读者最好在学完抽象代数后再开始本课程的学习.

全书共 5 章. 第 0 章讲述一些预备知识, 包括 Jordan-Chevalley 分解、线性空间的张量积和实线性空间的复化等内容. 一般的教材中, 这些内容是根据需要安排在各章节中, 这样做的好处是与正文中的一些重要概念和定理的关系比较清楚, 但是考虑到这些内容不但在 Lie 代数理论中有用, 而且在其他课程中也经常会提到, 因此我们统一安排在前面, 这样可以给读者一个系统的学习机会, 形成统一的印象. 第 1 章是 Lie 代数理论的基本概念, 主要包括 Lie 代数的概念、子代数、理想、同态与同构、幂零与可解 Lie 代数、半单 Lie 代数以及 Lie 代数的表示的基本知识. 第 2 章我们介绍复半单 Lie 代数的 Dynkin 图, 给出了单 Lie 代数的 Dynkin 图的分类结果, 并给出了全部图的几何实现. 第 3 章给出了复半单 Lie 代数的分类结果. 第 4 章我们介绍实半单 Lie 代数的基本理论, 特别是给出了实半单 Lie 代数的分类结果. 我们特别指出, 一般国内讲述 Lie 代数的教材, 基本上不涉及实半单 Lie 代数, 但是 Lie 理论的一个重要分支是其在微分几何中的应用. 实际上, 利用 Lie 理论来研究微分几何中的各种问题是现代数学中非常活跃的一个分支, 而且 Lie 理论在这方面显示出了巨大的威力. 因此 Lie 理论的一个很好的发展方向, 就是研究相关的几何问题, 而实半单 Lie 代数的理论无疑是这方面的基础. 因此系统学习实半单 Lie 代数的理论是很有用的, 本书在这方面的内容无疑是一个有益的尝试.

　　本书是作者根据南开大学数学伯苓班多年的教学实践, 通过深入分析和总结 Lie 代数课程的教学内容和教学规律写成的. 部分内容在伯苓班的授课中试用过多次, 其间有很多学生和同事也对这些内容提出了自己的观点和意见. Lie 代数的本科教学在我国还不是很普及, 我们也是第一次完全以本科生为目标编写 Lie 代数课程, 因此无论从内容安排还是叙述方法上都是新的尝试, 希望同行和读者提出宝贵意见.

　　本书的习题比较丰富, 而且在设计上花费很多精力. 习题中的绝大部分是属于训练性质的, 是为了读者加深对书中讲授内容的理解. 考虑到 Lie 代数理论与数学研究联系紧密, 我们设计了部分与 Lie 代数的研究相关的习题, 如完备 Lie 代数、Lie 代数的双极化等由文献中的部分论文转化成的习题, 散落在各章节中. 我们希望初学者独立思考, 解决本书的大部分习题, 这样会打下一个非常好的 Lie 代数基础.

　　本书可以作为普通高校数学与应用数学专业 Lie 代数课程选修课的教材. 如果每周 3 学时, 则建议讲授前 4 章的内容; 如果每周 4 学时, 则可以讲授全部内容. 本书也可供对 Lie 理论有兴趣的读者自学 Lie 代数使用, 也可作为数学工作者的参考书.

　　本书写作过程中得到了国家自然科学基金 (项目编号: 11671212, 51535008) 和教育部基础学科拔尖学生培养实验计划 2018 年课题的资助.

作　者

2019.6

第0章 预备知识

本章介绍本书需要的一些预备知识. 我们一方面回忆以前学过的若干线性代数的知识, 另一方面介绍线性空间的张量积以及实线性空间的复化. 这些知识将在后面研究 Lie 代数的性质时得到应用. 熟悉这些内容的读者可以跳过本章直接进入第 1 章. 关于线性代数的内容, 读者可以参考文献 [1]; 而有关抽象代数的群、环、域理论, 读者可以参看文献 [2].

0.1 Jordan-Chevalley 分解

本节我们将回忆线性代数中非常重要的 **Jordan-Chevalley 分解定理**. 回忆一下, 设 $\mathbb{F}$ 是一个代数闭域, V 是 $\mathbb{F}$ 上的有限维线性空间, x 是 V 上的一个线性变换, 称 x 为**半单**的, 如果存在 V 的一组基使得 x 在这组基下的矩阵为对角矩阵. 这等价于 V 等于 x 的特征子空间的直和, 或者 x 的最小多项式没有重根. 此外, 我们称线性变换 x 为**幂零**的, 如果存在正整数 k 使得 $x^k = 0$.

思考题 0.1.1 设 x_1, x_2 都是半单 (幂零) 的, 试问 $x_1 + x_2, x_1 x_2$ 是否也是半单 (幂零) 的?

思考题 0.1.2 试证明: 若一个线性变换 x 既是半单的, 又是幂零的, 则 $x = 0$.

下面我们来证明 Jordan-Chevalley 分解定理, 这一定理在 Lie 代数的研究中有非常重要的应用. 注意本书中除非特殊说明, 线性空间都是有限维的.

定理 0.1.3 (Jordan-Chevalley 分解) 设 $\mathbb{F}$ 为代数闭域, V 为 $\mathbb{F}$ 上的线性空间, x 为 V 上的线性变换, 则存在 V 上的半单线性变换 x_s 和幂零线性变换 x_n 满足下面的条件:

(1) $x = x_s + x_n, [x_s, x_n] = x_s x_n - x_n x_s = 0$;

(2) 存在常数项为零的多项式 $p(\lambda), q(\lambda)$ 使得 $x_s = p(x), x_n = q(x)$;

(3) 如果 x'_s, x'_n 分别为半单和幂零线性变换, 而且满足 $x = x'_s + x'_n, [x'_s, x'_n] = 0$,

则必有 $x_s = x_s', x_n = x_n'$.

特别地, 满足条件 (1) 的分解是唯一的, 称为 x 的 Jordan-Chevalley 分解. 称 x_s, x_n 分别为 x 的**半单部分**和**幂零部分**.

证   设 $f(\lambda)$ 为 x 的特征多项式, 则因 $\mathbb{F}$ 为代数闭域, $f(\lambda)$ 有分解

$$f(\lambda) = (\lambda - a_1)^{l_1} (\lambda - a_2)^{l_2} \cdots (\lambda - a_k)^{l_k},$$

其中 $a_i \in \mathbb{F}$, $l_i \in \mathbb{N}^*(i = 1, 2, \cdots, k)$, 且当 $i \neq j$ 时, $u_i \neq u_j$. 设 V_i 为线性变换 $(x - a_i\mathrm{id})^{l_i}$ 的核, 则 V 有直和分解 (见下面的思考题)

$$V = V_1 \oplus V_2 \oplus \cdots \oplus V_k.$$

若 $v \in V_i$, 则 $(x - a_i\mathrm{id})^{l_i}(v) = 0$, 因此

$$(x - a_i\mathrm{id})^{l_i}(x(v)) = (x - a_i\mathrm{id})^{l_i}(x - a_i\mathrm{id})(v) + (x - a_i\mathrm{id})^{l_i}(a_iv)$$
$$= (x - a_i\mathrm{id})^{l_i+1}(v) + a_i(x - a_i\mathrm{id})^{l_i}(v)$$
$$= 0.$$

因此 V_i 是 x 的不变子空间. 现在我们定义线性变换 x_s 使得 $x_s|_{V_i} = a_i\mathrm{id}$, 且 $x_n = x - x_s$, 则对任何 $v \in V_i$, 有 $x_n^{l_i}(v) = (x - a_i\mathrm{id})^{l_i}(v) = 0$, 而且 $x_sx_n(v) = x_s(x - x_s)(v) = x_sx(v) - a_i^2v = a_ix(v) - a_i^2v$, $x_nx_s(v) = (x - x_s)(x_s(v)) = (x - x_s)(a_iv) = a_ix(v) - a_i^2v$. 这说明 x_s 是半单的, x_n 是幂零的, 而且 $x = x_s + x_n$, $[x_s, x_n] = 0$.

为了说明 x_s, x_n 能写成 x 的多项式, 我们需要一些抽象代数中关于多项式的结果. 下面分两种情况来考虑:

1) 存在 i 使得 $a_i = 0$, 不妨设 $a_1 = 0$. 因 $a_1, a_2, \cdots, a_k$ 互不相同, 故 $(\lambda - a_i)^{l_i}$ $(1 \leqslant i \leqslant k)$ 是互素的. 由中国剩余定理 (参见文献 [2], §2.4, 习题 22), 存在 $\mathbb{F}$ 上的多项式 $p(\lambda)$ 满足条件 $p(\lambda) \equiv a_i \,(\mathrm{mod}(\lambda - a_i)^{l_i}), 1 \leqslant i \leqslant k$. 注意到 $a_1 = 0$, 故 $p(\lambda)$ 的常数项为 0. 现在考虑线性变换 $p(x)$. 设 $v \in V_i$, 将 $p(\lambda)$ 写成 $p(\lambda) = p_1(\lambda)(\lambda - a_i)^{l_i} + a_i$, 其中 $p_1(\lambda) \in \mathbb{F}[\lambda]$, 则 $p(x)(v) = p_1(x)(x - a_i\mathrm{id})^{l_i}(v) + a_iv = a_iv$. 由此容易看出 $x_s(v) = p(x)(v), \forall v \in V$. 于是 $x_s = p(x), x_n = q(x)$, 其中 $q(\lambda) = \lambda - p(\lambda)$ 的常数项也是 0.

2) $a_i \neq 0, \forall i$. 这时 $\lambda, (\lambda - a_i)^{l_i}$ $(1 \leqslant i \leqslant k)$ 是互素的, 故存在 $\mathbb{F}$ 上的多项式 $p(\lambda)$ 满足条件 $p(\lambda) \equiv a_i \,(\mathrm{mod}(\lambda - a_i)^{l_i}), 1 \leqslant i \leqslant k$, 且 $p(\lambda) = 0 \,(\mathrm{mod}\,\lambda)$. 类似 1) 可以证明, $x_s = p(x), x_n = q(x)$, 其中 $q(\lambda) = \lambda - p(\lambda)$, 而且这时 $p(\lambda), q(\lambda)$ 的常数项也是 0.

最后我们证明唯一性. 假定存在另一个分解 $x = \tilde{x}_s + \tilde{x}_n$, 其中 $\tilde{x}_s$ 是半单的, $\tilde{x}_n$ 是幂零的, 且有 $[\tilde{x}_s, \tilde{x}_n] = 0$, 则 $[\tilde{x}_s, x] = [\tilde{x}_n, x] = 0$, 于是 $[x_s, \tilde{x}_s] = 0, [x_n, \tilde{x}_n] = 0$.

于是线性变换 $x_s - \tilde{x}_s = \tilde{x}_n - x_n$ 既是半单的又是幂零的, 因此 $x_s - \tilde{x}_s = \tilde{x}_n - x_n = 0$. 故 $\tilde{x}_s = x_s, \tilde{x}_n = x_n$. 至此定理证毕.

思考题 0.1.4 试回忆高等代数中线性变换的根子空间分解, 并证明这一分解对于一般的域也成立.

下面我们给出 Jordan-Chevalley 分解定理的一些应用.

设 $\mathbb{F}, V$ 如上, x 为 V 上的线性变换. 我们将 V 上全体线性变换组成的集合记为 $\mathfrak{gl}(V)$, 则 $\mathfrak{gl}(V)$ 在加法和纯量乘法下也是 $\mathbb{F}$ 上的线性空间. 定义 $\mathfrak{gl}(V)$ 上的线性变换 $\mathrm{ad}\,x$ 为 $\mathrm{ad}\,x(y) = xy - yx, y \in \mathfrak{gl}(V)$.

如果 x 是 V 上的半单线性变换, 则存在 V 的一组基 $\varepsilon_1, \varepsilon_2, \cdots, \varepsilon_n$ 使得 x 在这组基下的矩阵为对角矩阵 $\mathrm{diag}(a_1, a_2, \cdots, a_n)$. 现在取定 $\mathfrak{gl}(V)$ 的一组基为 $e_{ij}, 1 \leqslant i, j \leqslant n$, 其中 e_{ij} 在 $\varepsilon_1, \varepsilon_2, \cdots, \varepsilon_n$ 下的矩阵为 E_{ij}(即在第 i 行第 j 列处为 1, 其余元素全为 0 的矩阵). 则容易验证 $\mathrm{ad}\,x(e_{ij}) = (a_i - a_j)e_{ij}$. 这说明 $\mathrm{ad}\,x$ 也是半单的.

思考题 0.1.5 试证明若 x 是幂零线性变换, 则 $\mathrm{ad}\,x$ 也是幂零的.

思考题 0.1.6 对于线性变换 x, y, 定义线性变换 $[x, y] = xy - yx$. 试证明作为 $\mathfrak{gl}(V)$ 上的线性变换, 有 $\mathrm{ad}\,[x, y] = [\mathrm{ad}\,x, \mathrm{ad}\,y]$.

现在设 $x = x_s + x_n$ 为 V 上线性变换的 Jordan-Chevalley 分解, 则 $\mathrm{ad}\,x_s$ 是 $\mathfrak{gl}(V)$ 上的半单线性变换, $\mathrm{ad}\,x_n$ 为 $\mathfrak{gl}(V)$ 上的幂零线性变换, 且 $\mathrm{ad}\,x = \mathrm{ad}\,x_s + \mathrm{ad}\,x_n$. 又由 $[x_s, x_n] = 0$ 可以得到 $[\mathrm{ad}\,x_s, \mathrm{ad}\,x_n] = 0$, 因此由 Jordan-Chevalley 分解定理, $\mathrm{ad}\,x = \mathrm{ad}\,x_s + \mathrm{ad}\,x_n$ 是 $\mathrm{ad}\,x$ 的 Jordan-Chevalley 分解. 这证明了

定理 0.1.7 设 $x = x_s + x_n$ 为 V 上的线性变换 x 的 Jordan-Chevalley 分解, 则 $\mathrm{ad}\,x = \mathrm{ad}\,x_s + \mathrm{ad}\,x_n$ 是 $\mathfrak{gl}(V)$ 上线性变换 $\mathrm{ad}\,x$ 的 Jordan-Chevalley 分解.

最后我们证明一个结果, 这在后面我们证明重要的 Cartan 准则时非常有用.

定理 0.1.8 设 $\mathbb{F}$ 为特征为零的代数闭域, V 为 $\mathbb{F}$ 上的线性空间, $M_1 \subseteq M_2$ 为 $\mathfrak{gl}(V)$ 的两个线性子空间, 定义 $W = \{x \in \mathfrak{gl}(V) | [x, M_2] \subseteq M_1\}$. 又设 $x \in W$ 满足条件 $\mathrm{tr}\,(xy) = 0, \forall y \in W$, 则 x 一定是幂零线性变换.

证 因 $\mathbb{F}$ 的特征为零, 可以将 $\mathbb{F}$ 看成有理数域 $\mathbb{Q}$ 的扩域, 故可以将 $\mathbb{F}$ 看成 $\mathbb{Q}$-线性空间. 因 $\mathbb{F}$ 是代数闭域, x 是幂零线性变换当且仅当 x 的特征值全为零. 为此设 $a_1, a_2, \cdots, a_n$ (可能重复) 为 x 的全体特征值, E 为 $\mathbb{F}$ 的由 $a_1, a_2, \cdots, a_n$ 线性张成的 $\mathbb{Q}$-线性子空间. 下面我们证明 $E = 0$, 为此只需证明任何由 E 到 $\mathbb{Q}$ 的线性映射一定为零.

由 Jordan 标准形理论, 存在 V 的一组基 $\varepsilon_1, \cdots, \varepsilon_n$, 使得 x 在 $\varepsilon_1, \cdots, \varepsilon_n$ 下的矩阵为上三角矩阵, 而且对角线上的元素为 $a_1, a_2, \cdots, a_n$. 设 $f \in E^*$, 我们定义 V 上的线性变换 y 使得它在 $\varepsilon_1, \cdots, \varepsilon_n$ 下的矩阵为 $\mathrm{diag}(f(a_1), f(a_2), \cdots, f(a_n))$. 取定的 $\mathfrak{gl}(V)$ 的一组基 e_{ij} 如上, 则上面的讨论说明 $\mathfrak{gl}(V)$ 上的线性变换 $\mathrm{ad}\,y$ 在

基 $e_{ij}(1 \leqslant i, j \leqslant n)$ 下的矩阵为对角矩阵而且对角线上的元素为 $f(a_i) - f(a_j)$, $1 \leqslant i, j \leqslant n$.

由 Lagrange 插值定理 (参见文献 [1]), 存在 $\mathbb{F}$ 上常数项为零的多项式 $g(t)$ 使得 $g(a_i - a_j) = f(a_i) - f(a_j)$(注意, 如果对某些 $i \neq j$ 有 $a_i = a_j$, 则上述条件自动满足). 设 $x = x_s + x_n$ 为 x 的 Jordan-Chevalley 分解, 则由上面的讨论有 $\mathrm{ad}\, y = g(\mathrm{ad}\, x_s)$.

因 $\mathrm{ad}\, x = \mathrm{ad}\, x_s + \mathrm{ad}\, x_n$ 为 $\mathrm{ad}\, x$ 的 Jordan-Chevalley 分解, 故 $\mathrm{ad}\, x_s$ 可以写成 $\mathrm{ad}\, x$ 的常数项为零的多项式, 于是 $\mathrm{ad}\, y$ 也是 $\mathrm{ad}\, x$ 的常数项为零的多项式. 因此有 $y \in W$, 于是由定理的条件我们得到 $\mathrm{tr}\,(xy) = 0$. 简单计算容易看出 $\mathrm{tr}\,(xy) = \sum\limits_{i=1}^{n} f(a_i)a_i$. 因此 $\sum\limits_{i=1}^{n} f(a_i)a_i = 0$. 用线性函数 f 作用到上式两边我们得到 $\sum\limits_{i=1}^{n} f(a_i)^2 = 0$. 注意到 $f(a_i)$ 是有理数, 因此 $f(a_i) = 0$, $i = 1, 2, \cdots, n$, 从而 $f = 0$. 至此定理证毕.

习　题　0.1

1. 设 $x \in \mathbb{C}^{2 \times 2}$ 在线性空间 $\mathbb{C}^{2 \times 2}$ 中定义线性变换 $\mathrm{ad}\,(x)$ 为 $\mathrm{ad}\,(x)(y) = xy - yx$. 现设 $x = \begin{pmatrix} 1 & 1 \\ 0 & 1 \end{pmatrix}$, 试求出 $\mathrm{ad}\,(x)$ 的半单部分和幂零部分.

2. 设 x 为复数域上的 n 维线性空间 V 上的线性变换, $x = x_s + x_n$ 为其 Jordan-Chevalley 分解, 试证明 x 为可逆线性变换当且仅当 x_s 为可逆线性变换. 当 x_s 可逆时, 用 x_s^{-1}, x_n 来表示 x 的逆.

3. 设 x 为实线性空间 V 上的线性变换, 称 x 为半单的, 如果存在 V 的一组基 $\varepsilon_1, \varepsilon_2, \cdots, \varepsilon_n$ 使得 x 在 $\varepsilon_1, \varepsilon_2, \cdots, \varepsilon_n$ 下的矩阵为对角矩阵. 试问实数域上 Jordan-Chevalley 分解定理是否成立?

4. 设 $\mathcal{M}$ 为由复线性空间 V 上的若干线性变换组成的复线性空间, 已知 $\mathcal{M}$ 中的所有元素都是半单的, 而且 $xy = yx$, $\forall x, y \in \mathcal{M}$. 试证明 V 可以分解成子空间直和

$$V = V_{f_1} \oplus V_{f_2} \oplus \cdots \oplus V_{f_s},$$

其中 $f_i \in \mathcal{M}^*$, $i = 1, 2, \cdots, s$, 而且

$$V_{f_i} = \{v \in V | x(v) = f_i(x)v, \forall x \in \mathcal{M}\}.$$

5. 设 x, y 为特征为 0 的代数闭域上的线性空间 V 上的线性变换, 且 x, y 交换, 即 $xy = yx$. 试证明 $(x + y)_s = x_s + y_s$, $(x + y)_n = x_n + y_n$.

6. 试举例说明, 如果没有交换的条件, 则上题的结论不一定成立.

0.2 线性空间的张量积

本节我们介绍线性空间的张量积的概念和基本性质. 张量是现代数学中的重要工具, 在代数学、几何学、拓扑学等众多领域都有重要应用.

我们先介绍对偶空间的张量积. 设 V, W 为域 $\mathbb{F}$ 上的两个线性空间, V^*, W^* 分别为 V, W 的对偶空间. 将 $V \times W$ 到 $\mathbb{F}$ 上的双线性函数的全体记为 $L(V, W)$, 则在 $L(V, W)$ 上可以定义加法和纯量乘法为

$$(l_1 + l_2)(v, w) = l_1(v, w) + l_2(v, w), \quad l_1, l_2 \in L(V, W), \quad v \in V, \quad w \in W,$$

$$(al)(v, w) = al(v, w), \quad a \in \mathbb{F}, \quad l \in L(V, W), \quad v \in V, \quad w \in W.$$

则 $L(V, W)$ 是 $\mathbb{F}$ 上的线性空间, 将 $L(V, W)$ 称为 V^* 与 W^* 的**张量积**, 记为 $V^* \otimes W^*$.

让我们来看看 $V^* \otimes W^*$ 的结构. 设 $v^* \in V^*, w^* \in W^*$, 则定义 $V \times W$ 上的双线性函数 $v^* \otimes w^*$ 为

$$v^* \otimes w^*(v, w) = v^*(v)w^*(w), \quad v \in V, \ w \in W.$$

于是 $L(V, W)$ 包含了所有形如 $v^* \otimes w^*, v^* \in V^*, w^* \in W^*$ 的元素. 现在分别取定 V 和 W 的一组基 $\alpha_1, \alpha_2, \cdots, \alpha_n$ 和 $\beta_1, \beta_2, \cdots, \beta_m$, 设 $\alpha_1^*, \alpha_2^*, \cdots, \alpha_n^*$ 和 $\beta_1^*, \beta_2^*, \cdots, \beta_m^*$ 分别为 $\alpha_1, \alpha_2, \cdots, \alpha_n$ 和 $\beta_1, \beta_2, \cdots, \beta_m$ 的对偶基. 对 $l \in V^* \otimes W^*$, 记 $l_{ij} = l(\alpha_i, \beta_j)$, 则对任何 $\alpha = a_1\alpha_1 + a_2\alpha_2 + \cdots + a_n\alpha_n, \beta = b_1\beta_1 + b_2\beta_2 + \cdots + b_m\beta_m$, 有

$$
\begin{aligned}
l(\alpha, \beta) &= l\left(\sum_{i=1}^{n} a_i\alpha_i, \quad \sum_{j=1}^{m} b_j\beta_j\right) \\
&= \sum_{i=1}^{n}\sum_{j=1}^{m} a_ib_j l(\alpha_i, \beta_j) \\
&= \sum_{i=1}^{n}\sum_{j=1}^{m} a_ib_j l_{ij}.
\end{aligned}
$$

另一方面, 容易验证

$$\left(\sum_{i=1}^{n}\sum_{j=1}^{m} l_{ij}\alpha_i^* \otimes \beta_j^*\right)(\alpha, \beta) = \sum_{i=1}^{n}\sum_{j=1}^{m} a_ib_j l_{ij}.$$

因此, 有

$$l = \sum_{i=1}^{n}\sum_{j=1}^{m} l_{ij}\alpha_i^* \otimes \beta_j^*.$$

此外容易证明 $\alpha_i^* \otimes \beta_j^* (1 \leqslant i \leqslant n, 1 \leqslant j \leqslant m)$ 是线性无关的, 因此 $\alpha_i^* \otimes \beta_j^* (1 \leqslant i \leqslant n, 1 \leqslant j \leqslant m)$ 是 $V^* \otimes W^*$ 的一组基, 故 $\dim V^* \otimes W^* = \dim V^* \cdot \dim W^*$. 特别

地, $V^* \otimes W^*$ 中的任何一个元素都可以写成形如 $v^* \otimes w^*(v^* \in V^*, w^* \in W^*)$ 的元素的有限和.

思考题 0.2.1　试举例说明存在 V, W 以及 $V^* \otimes W^*$ 中元素 l, l 不能写成 $v^* \otimes w^*(v^* \in V^*, w^* \in W^*)$ 的形式.

现在我们定义 V, W 的张量积. 注意到 V, W 可以看成 V^*, W^* 的对偶空间, 因此利用上面的方法可以定义 $V \otimes W$. 空间 $V \otimes W$ 中任何元素都可以写成形如 $v \otimes w(v \in V, w \in W)$ 的元素的有限和, 而且 $\dim V \otimes W = \dim V \cdot \dim W$.

张量积也可以形式地定义. 设 $\mathbb{F}, V, W$ 如上, 我们定义线性空间 U 为由所有有序对 $(v, w)(v \in V, w \in W)$ 张成的线性空间, 换句话说, U 中每个元素都是形如 $(v, w)(v \in V, w \in W)$ 的元素的有限和 (有时我们将这一线性空间称为 V 与 W 的直和, 记为 $V \oplus W$). 考虑 U 中由所有形如

$$(v_1 + v_2, w) - (v_1, w) - (v_2, w), \quad (kv_1, w) - k(v_1, w) \quad (v_1, v_2 \in V, w \in W, k \in \mathbb{F}),$$

$$(v, w_1 + w_2) - (v, w_1) - (v, w_2), \quad (v, lw_1) - l(v, w_1) \quad (v \in V, w_1, w_2 \in W, l \in \mathbb{F})$$

的元素张成的线性子空间 U_1. V 与 W 的张量积也可以定义为商空间 U/U_1. 对于 $v \in V, w \in W$, 我们将 (v, w) 所在的等价类记为 $v \otimes w$.

思考题 0.2.2　试证明上述形式的张量积定义与前面的张量积定义是等价的.

张量积最重要的性质就是线性空间双线性映射的泛性, 这也经常当作张量积的定义.

定理 0.2.3　设 V, W 为域 $\mathbb{F}$ 上的线性空间, $V \otimes W$ 为 V, W 的张量积, $\otimes$ 为 $V \times W$ 到 $V \otimes W$ 的双线性映射, 即 $\otimes(v, w) = v \otimes w, v \in V, w \in W$, 则对任何 $\mathbb{F}$ 上的线性空间 U 以及任何由 $V \times W$ 到 U 的双线性映射 ϕ, 存在唯一的由 $V \otimes W$ 到 U 的线性映射 ψ, 使得 $\phi = \psi \circ \otimes$, 也就是有交换图

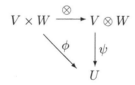

证　我们先证明映射的存在性. 为此采用张量积的形式定义. 对于 $v \in V, w \in W$, 先定义 $\psi(v \otimes w) = \phi(v, w)$, 再将 ψ 线性扩充到 $V \otimes W$ 上. 我们先验证上述定义的合理性. 如果 $v_1, v_2 \in V(w_1, w_2 \in W)$ 使得 $v_1 \otimes w_1 = v_2 \otimes w_2$, 则在上面的形式定义中有 $(v_1, w_1) - (v_2, w_2) \in U_1$, 但是由 ϕ 的双线性性容易看出, 对于任何 U_1 中的元素 $\tilde{u}, \phi(\tilde{u}) = 0$, 因此 $\psi(v_1 \otimes w_1) = \psi(v_2 \otimes w_2)$, 从而 ψ 的定义是合理的. 显然有 $\phi = \psi \circ \otimes$. 这就证明了映射 ψ 的存在性.

唯一性的证明留给读者.

定理 0.2.4 设 V, W, X 为域 $\mathbb{F}$ 上的线性空间, 如果存在 $V \times W$ 到 X 的双线性映射 ρ 使得对于任何线性空间 U 以及任何 $V \times W$ 到 U 的双线性映射 ϕ, 存在唯一的由 X 到 U 的线性映射 ψ 使得 $\phi = \psi \circ \rho$, 则 X 与 $V \otimes W$ 同构.

证 首先令 $U = V \otimes W$, $\phi = \otimes$. 由条件, 存在由 X 到 $V \otimes W$ 的映射 ψ_1 使得 $\otimes = \psi_1 \circ \rho$, 亦即有交换图:

$$
\begin{array}{ccc}
V \times W & \xrightarrow{\ \rho\ } & X \\
 & {\scriptstyle \otimes}\searrow & \downarrow{\scriptstyle \psi_1} \\
 & & V \otimes W
\end{array}
$$

又由定理 0.2.3, 存在由 $V \otimes W$ 到 X 的线性映射 ψ_2 使得 $\rho = \psi_2 \circ \otimes$, 即有交换图:

$$
\begin{array}{ccc}
V \times W & \xrightarrow{\ \otimes\ } & V \otimes W \\
 & {\scriptstyle \rho}\searrow & \downarrow{\scriptstyle \psi_2} \\
 & & X
\end{array}
$$

这样就得到两个交换图:

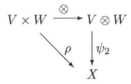

容易看出上面的两个交换图中分别用 id_X 和 $\mathrm{id}_{V \otimes W}$ 代替 $\psi_2 \circ \psi_1$ 和 $\psi_1 \circ \psi_2$ 后仍然交换. 于是由唯一性得到 $\psi_2 \circ \psi_1 = \mathrm{id}_X$, $\psi_1 \circ \psi_2 = \mathrm{id}_{V \otimes W}$, 这里 id_X 表示集合 X 的恒等变换. 因此 ψ_1 是由 X 到 $V \otimes W$ 的线性同构.

一般我们将满足上述定理条件的双线性映射 ρ 与线性空间 X 写成一个对 (ρ, X), 称为 V, W 的一个张量积.

思考题 0.2.5 试证明对于域 $\mathbb{F}$ 上任意线性空间 V, W, $V \otimes W$ 与 $W \otimes V$ 同构.

张量积的概念当然可以推广到多个线性空间的情形. 我们将具体的定义过程留给读者作为思考题. 下面介绍对称张量与反对称张量.

设 V 为域 $\mathbb{F}$ 上的线性空间, $n \in \mathbb{N}$, 考虑张量积 $W = \overbrace{V \otimes V \otimes \cdots \otimes V}^{n\text{个}}$. 我们可以定义对称群 S_n 在 W 上的一个作用, 对于 $\sigma \in S_n$, $v_i \in V$, $1 \leqslant i \leqslant n$, 我们定义 $\sigma(v_1 \otimes v_2 \otimes \cdots \otimes v_n) = v_{\sigma(1)} \otimes v_{\sigma(2)} \otimes \cdots \otimes v_{\sigma(n)}$, 将这个定义线性扩充到 W 上就得到群 S_n 在 W 上的一个作用. 一个 W 中元素 w 称为**对称张量**, 如果对任何

$\sigma \in S_n$ 有 $\sigma(w) = w$; 称 w 为**反对称张量**, 如果 $\sigma(w) = s(\sigma)w$, 这里 $s(\sigma)$ 是置换 σ 的符号, 即若 σ 是偶置换, $s(\sigma) = 1$; 若 σ 是奇置换, $s(\sigma) = -1$. 显然, 对称张量组成的集合在加法和纯量乘法下构成 $W = \overbrace{V \otimes V \otimes \cdots \otimes V}^{n\,\text{个}}$ 的一个线性子空间; 同样地, 全体反对称张量在加法和纯量乘法下也构成 $W = \overbrace{V \otimes V \otimes \cdots \otimes V}^{n\,\text{个}}$ 的子空间.

思考题 0.2.6　求出上述两个子空间的维数.

习　　题　　0.2

1. 试证明定理 0.2.3 中的唯一性.

2. 考虑张量积 $V \otimes V$, 将对称张量组成的子空间记为 $\mathcal{S}$, 反对称张量组成的子空间记为 $\mathcal{A}$. 试证明 $V \otimes V = \mathcal{S} \oplus \mathcal{A}$.

3. 试证明张量积运算满足结合律, 即对任何线性空间 U, V, W, 有 $(U \otimes V) \otimes W \simeq U \otimes (V \otimes W)$.

4. 设 V_1, V_2, W 为域 $\mathbb{F}$ 上的有限维线性空间, 试证明 $(V_1 \oplus V_2) \otimes W \simeq V_1 \otimes W \oplus V_2 \otimes W$.

5. 设 V_1, V_2 为域 $\mathbb{F}$ 上有限维线性空间, 证明 $\mathrm{End}(V_1) \otimes \mathrm{End}(V_2) \simeq \mathrm{End}(V_1 \otimes V_2)$, 其中 $\mathrm{End}(V)$ 表示线性空间 V 的所有线性变换组成的线性空间.

6. 设 f_1, f_2 分别为线性空间 U_1 到 V_1, U_2 到 V_2 的线性映射, 证明存在唯一的线性映射 $f : U_1 \otimes U_2 \to V_1 \otimes V_2$ 使得对任何 $u_1 \in U_1, u_2 \in U_2$, $f(u_1 \otimes u_2) = f_1(u_1) \otimes f_2(u_2)$.

7. 设 V_1, V_2 为域 $\mathbb{F}$ 上有限维线性空间, $x_1, \cdots, x_s \in V_1$ 线性无关, $y_1, \cdots, y_s \in V_2$, 且 $\sum\limits_{i=1}^{s} x_i \otimes y_i = 0$, 试证明 $y_1 = y_2 = \cdots = y_s = 0$.

8. 证明对任何线性空间 U, V, $U^* \otimes V^* \simeq (U \otimes V)^*$.

9. 设 $\mathbb{F}$ 为域, $A \in \mathbb{F}^{m_1 \times n_1}, B \in \mathbb{F}^{m_2 \times n_2}$, 定义 A, B 的 Kronecker 积为下面的 $(m_1 m_2) \times (n_1 n_2)$ 矩阵

$$\rho(A, B) = A \otimes B = \begin{pmatrix} a_{11}B & a_{12}B & \cdots & a_{1n_1}B \\ a_{21}B & a_{22}B & \cdots & a_{2n_1}B \\ \vdots & \vdots & & \vdots \\ a_{m_1 1}B & a_{m_1 2}B & \cdots & a_{m_1 n_1}B \end{pmatrix}.$$

试证明 $(\rho, \mathbb{F}^{(m_1 m_2) \times (n_1 n_2)})$ 为 $\mathbb{F}^{m_1 \times n_1}, \mathbb{F}^{m_2 \times n_2}$ 的一个张量积.

10. 设 A, B 分别为 m, n 阶复方阵, 且 A 的全部特征值为 $\lambda_1, \lambda_2, \cdots, \lambda_m$, B 的全部特征值为 $\mu_1, \mu_2, \cdots, \mu_n$, 试求 $\mathrm{tr}(A \otimes B), \det(A \otimes B)$ 和 $A \otimes B$ 的全部特征值.

11. 试证明对任何复方阵 A, B, $A \otimes B$ 与 $B \otimes A$ 相似.

0.3 实线性空间的复化

本节我们介绍实线性空间的复化以及相关的一些知识. 我们知道, 若 V 是一个复线性空间, 则 V 也可以看成实线性空间, V 中的加法就是原来的加法, 而数乘就是将 V 作为复线性空间的数乘限制到实数域上. 作为实线性空间, V 的维数是它作为复线性空间的维数的两倍. 如果 $\varepsilon_1, \varepsilon_2, \cdots, \varepsilon_n$ 是 V 作为复线性空间的一组基, 则 $\varepsilon_1, \varepsilon_2, \cdots, \varepsilon_n, \sqrt{-1}\varepsilon_1, \sqrt{-1}\varepsilon_2, \cdots, \sqrt{-1}\varepsilon_n$ 是 V 作为实线性空间的一组基. 一个自然的问题是, 什么样的实线性空间可以由一个复线性空间用以上的方法得到? 为此我们引入实线性空间的容许复结构的概念.

定义 0.3.1 设 V 为一个实线性空间, J 为一个线性变换, 若 J 满足条件 $J^2 = -\mathrm{id}_V$, 则称 J 为 V 上的一个**容许复结构**.

思考题 0.3.2 试证明, 如果实线性空间 V 上存在容许复结构, 则 $\dim V$ 一定是偶数.

如果实线性空间 V 上存在容许复结构 J, 则可以在 V 上定义数乘为

$$(a + b\sqrt{-1})v = av + bJv, \quad a, b \in \mathbb{R}, \ v \in V.$$

容易验证, 在原有的加法和上述数乘下, V 成为一个复线性空间. 为方便, 我们将这一复线性空间记为 $\tilde{V}$. 显然, 将上述过程应用到复线性空间 $\tilde{V}$ 上, 就得到了实线性空间 V.

思考题 0.3.3 设 V 为实线性空间, J 为容许复结构, $\tilde{V}$ 为相应的复线性空间. 证明 $\tilde{V}$ 的一个复线性变换一定是 V 的一个实线性变换. 试举例说明 V 的线性变换不一定是 $\tilde{V}$ 的复线性变换.

现在我们证明下面的结果.

命题 0.3.4 设 V 为实线性空间, J 为容许复结构, $\tilde{V}$ 为相应的复线性空间. 则 V 上的一个实线性变换 $\mathcal{A}$ 是 $\tilde{V}$ 的一个复线性变换当且仅当 $\mathcal{A} \circ J = J \circ \mathcal{A}$.

证 若 $\mathcal{A}$ 是 $\tilde{V}$ 上的复线性变换, 则对任何 $v \in \tilde{V}$ 以及 $a + b\sqrt{-1}, a, b \in \mathbb{R}$, 有

$$\mathcal{A}((a + b\sqrt{-1})v) = (a + b\sqrt{-1})\mathcal{A}(v).$$

这说明

$$\mathcal{A}(av + bJv) = a\mathcal{A}(v) + bJ \circ \mathcal{A}(v).$$

特别地, 在上式取 $a = 0, b = 1$, 则对任何 $v \in \tilde{V}$, 有 $\mathcal{A} \circ J(v) = J \circ \mathcal{A}(v)$. 注意到作为集合 $V = \tilde{V}$, 故 $\mathcal{A} \circ J = J \circ \mathcal{A}$.

反过来的结论类似可证, 我们略去其细节.

现在我们介绍实线性空间的复化的概念. 设 V 为一个实线性空间, 考虑直和 $W = V \oplus V$, 容易看出 W 上的变换 J, $(x,y) \mapsto (-y,x)(x,y \in V)$, 是 W 的实线性变换, 而且 $J^2 = -\mathrm{id}$, 因此 J 是一个容许复结构. 这样我们就可以用上面的方法将 W 看成一个复线性空间 $\tilde{W}$, 称它为 V 的**复化**, 记为 V^C.

显然, 如果我们定义 $v \to (v,0)$, $v \in V$, 则它是 V 到 V^C 的实线性映射, 而且是单射, 因此 V 可以看成 V^C 的实线性子空间 $\{(v,0)|v \in V\}$. 下面的命题给出了 V 与 V^C 更多的联系.

命题 0.3.5 设 V 为实线性空间, V^C 为 V 的复化, 则

(1) 任何 $w \in V^C$ 都可以唯一表示成 $w = u + \sqrt{-1}v$, $u,v \in V$.

(2) 若 $a + b\sqrt{-1} \in \mathbb{C}$, $a,b \in \mathbb{R}$, $u + \sqrt{-1}v \in V^C$, $u,v \in V$, 则

$$(a + b\sqrt{-1})(u + \sqrt{-1}v) = au - bv + \sqrt{-1}(bu + av).$$

(3) 若 $\varepsilon_1, \varepsilon_2, \cdots, \varepsilon_n$ 为 V 的一组基, 则也是 V^C 的一组基, 从而 $\dim V^C = \dim V$.

证 (1) 因为 $v \in V$ 等同于 $(v,0) \in V^C$, 故对任何 $v \in V$, 有 $J(v) = J(v,0) = (0,v)$, 这说明 $(u,v) = (u,0) + (0,v) = (u,0) + J(v,0)$ 与 $u + \sqrt{-1}v$ 对应, 即 $(u,v) = u + \sqrt{-1}v$. 唯一性显然成立.

(2) 直接计算即得.

(3) 若 $\varepsilon_1, \varepsilon_2, \cdots, \varepsilon_n$ 为 V 的一组基, 则对任何复数 $a_1 + b_1\sqrt{-1}, a_2 + b_2\sqrt{-1}, \cdots$, $a_n + b_n\sqrt{-1}$, 由 $(a_1 + b_1\sqrt{-1})\varepsilon_1 + (a_2 + b_2\sqrt{-1})\varepsilon_2 + \cdots + (a_n + b_n\sqrt{-1})\varepsilon_n = 0$, 可得 $(a_1\varepsilon_1 + a_2\varepsilon_2 + \cdots + a_n\varepsilon_n) + \sqrt{-1}(b_1\varepsilon_1 + b_2\varepsilon_2 + \cdots + b_n\varepsilon_n) = 0$, 故 $a_1\varepsilon_1 + a_2\varepsilon_2 + \cdots + a_n\varepsilon_n = b_1\varepsilon_1 + b_2\varepsilon_2 + \cdots + b_n\varepsilon_n = 0$, 由此我们得到 $a_1 = a_2 = \cdots = a_n = 0$, $b_1 = b_2 = \cdots = b_n = 0$. 从而 $\varepsilon_1, \varepsilon_2, \cdots, \varepsilon_n$ 在 V^C 中线性无关. 再由 (1) 可知 $\varepsilon_1, \varepsilon_2, \cdots, \varepsilon_n$ 是 V^C 的一组基.

最后我们指出, 实线性空间的复化这一概念在微分几何、代数学等多个领域都有应用. 本书我们主要利用这一概念来研究实半单 Lie 代数的结构和分类.

习 题 0.3

1. 试证明任何偶数维实线性空间一定存在容许复结构.

2. 设 V 为域 $\mathbb{F}_1$ 上的线性空间, $\mathbb{F}_2$ 为域 $\mathbb{F}_1$ 的扩张, 则 $\mathbb{F}_2$ 也可以看成域 $\mathbb{F}_1$ 上的线性空间. 作为 $\mathbb{F}_1$ 上线性空间, V 与 $\mathbb{F}_2$ 有张量积, 记为 $V \otimes_{\mathbb{F}_1} \mathbb{F}_2$. 试证明, 若 $\mathbb{F}_2$ 是 $\mathbb{F}_1$ 的有限扩张, 则作为 $\mathbb{F}_1$ 上线性空间, $\dim(V \otimes_{\mathbb{F}_1} \mathbb{F}_2) = \dim V \cdot [\mathbb{F}_2 : \mathbb{F}_1]$.

3. 设 V 为实线性空间, $W = V^C$, 试证明: 作为实线性空间, $\tilde{W} \simeq V \otimes_{\mathbb{R}} \mathbb{C}$.

4. 将复数域 $\mathbb{C}$ 看成实线性空间, 其张量积记为 $\mathbb{C} \otimes_{\mathbb{R}} \mathbb{C}$; 另一方面, 复数域 $\mathbb{C}$ 作为复线性空间也有张量积, 记为 $\mathbb{C} \otimes_{\mathbb{C}} \mathbb{C} = W$, 试问 $\widetilde{W} = \mathbb{C} \otimes_{\mathbb{R}} \mathbb{C}$ 是否成立?

5. 设复线性空间 V 的一组基为 $\varepsilon_1, \varepsilon_2, \cdots, \varepsilon_n$, 试分别求出 $V \otimes_{\mathbb{C}} V$ 和 $V \otimes_{\mathbb{R}} V$ 的一组基.

6. 设 V 是有限维实线性空间, V^C 是其复化, J 是对应的容许复结构. 试举例说明, 存在 V 上的实线性变换 $\mathcal{A}$, 使得 $\mathcal{A}$ 不是 V^C 的复线性变换, 并找出 V 上一个实线性变换是 V^C 上复线性变换的充分必要条件.

第1章 Lie 代数的基本概念

本章我们将讲述 Lie 代数的基本理论. Lie 理论, 主要包括 Lie 群理论和 Lie 代数理论, 是 19 世纪后期由挪威数学家 Sophus Lie 首先发展起来的一个数学分支, 到现在已经成为现代数学中最核心的领域之一. 这一理论不但本身非常严密, 而且与其他领域联系紧密. 事实上, Lie 理论现在不但已经被应用到包括微分几何、微分方程、调和分析、数论、数学物理等领域中, 而且在理论物理、机器人学、控制论、信息学等其他领域中也已经找到应用. 由于 Lie 代数本身已经成为一门非常庞大的理论体系, 我们只讲述其中最基本也是最经典的部分.

1.1 Lie 代数的定义

本节我们给出 Lie 代数的定义和若干常见的例子. 一般来说, 一个域 $\mathbb{F}$ 上的代数是指 $\mathbb{F}$ 上的一个线性空间 $\mathcal{A}$, 在 $\mathcal{A}$ 上除线性空间本身的加法以外, 还定义了一种二元运算 $\mathcal{A} \times \mathcal{A} \to \mathcal{A}$, $(a_1, a_2) \mapsto a_1 a_2$, 这个二元运算对于每个变量 a_1, a_2 都是线性的 (即双线性性), 此外还满足若干别的特殊的条件. 例如, 结合代数就要求上述二元运算满足结合律. 从这个意义上说, 我们接触到的很多线性空间都是结合代数. 例如, 对于任何域 $\mathbb{F}$, $\mathbb{F}$ 上的所有 $n \times n$ 矩阵组成的集合 $\mathbb{F}^{n \times n}$ 在矩阵的加法和乘法下构成一个结合代数. 如果 V 是 $\mathbb{F}$ 上的 n 维线性空间, 那么 V 上所有线性变换组成的集合 $\mathrm{End}(V)$ 在线性变换的加法和乘法下也构成一个结合代数.

思考题 1.1.1 试定义结合代数的子代数、理想、同态与同构的概念, 并证明上面出现的结合代数 $\mathbb{F}^{n \times n}$ 与 $\mathrm{End}(V)$ 是同构的.

思考题 1.1.2 试找出结合代数 $\mathbb{F}^{n \times n}$ 的一些子代数的例子.

细心的读者也许已经发现, $\mathbb{F}^{n \times n}$ 中很多重要的子空间都不是 $\mathbb{F}^{n \times n}$ 作为结合代数的子代数, 例如其中所有迹为零的矩阵组成的集合, 所有反对称矩阵组成的集合, 等等都是如此, 因此数学中必须研究一些不满足结合律的代数. 下面的例子提示我们, 有一类代数是非常重要的.

例 1.1.3 在微分几何中经常会研究一些由光滑函数组成的集合及其相关的问题. 作为最简单的情形, 将欧几里得空间 $\mathbb{R}^n$ 上所有光滑函数的集合记为 $C^\infty(\mathbb{R}^n)$, 它自然是实线性空间 (虽然是无穷维的). 一个 $C^\infty(\mathbb{R}^n)$ 到 $C^\infty(\mathbb{R}^n)$ 的线性映射 D 称为 $C^\infty(\mathbb{R}^n)$ 上的一个**导子**, 如果满足条件

$$D(fg) = D(f)g + fD(g), \quad f, g \in C^\infty(\mathbb{R}^n).$$

将 $C^\infty(\mathbb{R}^n)$ 上所有导子的集合记为 Γ, 那么 Γ 也是一个实线性空间. 读者可以自己举例说明两个导子的乘积 (复合映射) 可以不是导子, 因此普通的乘法是无法定义 Γ 上的代数结构的. 但是容易验证, 如果我们定义运算

$$[D_1, D_2] = D_1 D_2 - D_2 D_1, \quad D_1, D_2 \in \Gamma,$$

则 $[D_1, D_2] \in \Gamma$. Γ 在这一运算下成为微分几何中非常重要的一类代数, 这就是由 $\mathbb{R}^n$ 上光滑向量场组成的 Lie 代数.

让我们分析一下上面的代数的运算特点. 首先, 容易看出, 对任何 $D_1, D_2 \in \Gamma$, 有 $[D_1, D_2] = -[D_2, D_1]$, 这一等式称为**反对称性**; 其次, 对任何 $D_1, D_2, D_3 \in \Gamma$, 有

$$[D_1, [D_2, D_3]] + [D_2, [D_3, D_1]] + [D_3, [D_1, D_2]]$$
$$= [D_1, D_2 D_3 - D_3 D_2] + [D_2, D_3 D_1 - D_1 D_3] + [D_3, D_1 D_2 - D_2 D_1]$$
$$= D_1 D_2 D_3 - D_1 D_3 D_2 - D_2 D_3 D_1 + D_3 D_2 D_1 + D_2 D_3 D_1 - D_2 D_1 D_3 - D_3 D_1 D_2$$
$$\quad + D_1 D_3 D_2 + D_3 D_1 D_2 - D_3 D_2 D_1 - D_1 D_2 D_3 + D_2 D_1 D_3$$
$$= 0,$$

这一等式称为 **Jacobi 恒等式**.

思考题 1.1.4 试在结合代数上定义导子的概念, 并模仿上面的运算定义导子集合上的一种运算, 说明其满足 Jacobi 恒等式.

在实际中, 我们会见到很多满足反对称性和 Jacobi 恒等式的代数运算, 这些例子抽象出来就得到 Lie 代数的定义.

定义 1.1.5 设 $\mathfrak{g}$ 为域 $\mathbb{F}$ 上的线性空间, 如果在 $\mathfrak{g}$ 上定义了一个二元运算 $\mathfrak{g} \times \mathfrak{g} \to \mathfrak{g}$, 记为 $(x, y) \mapsto [x, y]$, 称为**括号运算**, 满足下面的条件:

(LA1) (双线性性) $[x, y]$ 对 x 和 y 都是线性的;

(LA2) (反交换性) 对所有 $x \in \mathfrak{g}$, $[x, x] = 0$;

(LA3) (Jacobi 恒等式) 对任何 $x, y, z \in \mathfrak{g}$, $[x, [y, z]] + [y, [z, x]] + [z, [x, y]] = 0$.

则称 $\mathfrak{g}$ 为域 $\mathbb{F}$ 上的 **Lie 代数**. Lie 代数 $\mathfrak{g}$ 称为交换 (或 Abel) 的, 若 $[x, y] = 0$, $\forall x, y \in \mathfrak{g}$. 一个 Lie 代数 $\mathfrak{g}$ 的维数即指 $\mathfrak{g}$ 作为线性空间的维数.

显然, 对于任何线性空间 V, 定义 $[x,y]=0$, 则 V 成为一个交换 Lie 代数. 这是一个平凡的例子.

思考题 1.1.6　设 $\mathfrak{g}$ 为 Lie 代数, 则由 (LA2) 容易导出, 对任何 $x,y\in\mathfrak{g}$, 有 $[x,y]=-[y,x]$, 那么这个条件是否和 (LA2) 等价?

下面我们给出子代数、理想、同态与同构的定义.

定义 1.1.7　若 $\mathfrak{h}$ 为 Lie 代数 $\mathfrak{g}$ 的线性子空间, 且对任何 $x,y\in\mathfrak{h}$, 我们有 $[x,y]\in\mathfrak{h}$, 则称 $\mathfrak{h}$ 为 $\mathfrak{g}$ 的**子代数**; 如果子代数 $\mathfrak{h}$ 还满足对任何 $x\in\mathfrak{h}$ 及 $y\in\mathfrak{g}$ 有 $[x,y]\in\mathfrak{h}$, 则称 $\mathfrak{h}$ 为 $\mathfrak{g}$ 的**理想**.

定义 1.1.8　设 $\mathfrak{g},\mathfrak{g}'$ 为域 $\mathbb{F}$ 上的 Lie 代数, $\phi:\mathfrak{g}\to\mathfrak{g}'$ 为线性映射, 如果对任何 $x,y\in\mathfrak{g}$, 都有 $\phi[x,y]=[\phi(x),\phi(y)]$, 则称 ϕ 为 $\mathfrak{g}$ 到 $\mathfrak{g}'$ 的一个**同态**; 如果一个同态 ϕ 还是线性同构, 则称 ϕ 为**同构**, 这时称 Lie 代数 $\mathfrak{g}$ 和 $\mathfrak{g}'$ 是同构的, 记为 $\mathfrak{g}\simeq\mathfrak{g}'$.

类似地, 我们当然可以定义单同态和满同态的概念, 将在 1.2 节详细研究同态与理想的基本性质. 作为一个例子, 下面我们给出 1 维和 2 维 Lie 代数在同构意义下的分类.

例 1.1.9　对于任何域 $\mathbb{F}$, $\mathbb{F}$ 上的 1 维 Lie 代数在同构意义下只有一个. 事实上, 由 (LA1), (LA2) 我们看出, 对任何 $x\in\mathfrak{g},x\neq 0$ 及 $a,b\in F$, $[ax,bx]=ab[x,x]=0$, 因此 $[x,y]=0,\forall x,y\in\mathfrak{g}$. 由此容易导出我们的结论.

下面我们讨论 2 维的情形. 交换的 2 维 Lie 代数一定存在而且在同构意义下是唯一的. 若 $\mathfrak{g}$ 是 $\mathbb{F}$ 上非交换的 2 维 Lie 代数, 则可取 $x_1,x_2\in\mathfrak{g}$ 使得 $[x_1,x_2]\neq 0$. 显然 x_1,x_2 一定线性无关, 因此组成 $\mathfrak{g}$ 的一组基, 于是我们可设 $[x_1,x_2]=a_1x_1+a_2x_2$, 其中 a_1,a_2 至少有一个非零. 不妨设 $a_1\neq 0$. 令 $x=[x_1,x_2]=a_1x_1+a_2x_2,y=\dfrac{x_2}{a_1}$, 则有 $[x,y]=x$, 而且 x,y 仍然是线性无关的. 这说明在同构意义下非交换的 2 维 Lie 代数也只有一个.

总之, 任何域 $\mathbb{F}$ 上的 2 维 Lie 代数在同构意义下只有两个, 其中一个为交换 Lie 代数, 另一个为非交换的, 而且存在一组基 x,y 使得 $[x,y]=x$.

下面思考题的答案, 读者可以在学习了后面的内容后自己得到. 当然, 如果读者现在就独立找出答案, 对于训练自己的科研探索能力是非常有益的.

思考题 1.1.10　上面我们看到, 对于 1 维和 2 维情形, 任何域上的 Lie 代数的分类结果都是一样的. 那么这个结论对于一般的维数是否成立? 特别地, 实 3 维 Lie 代数的分类和复 3 维 Lie 代数的分类的类数是否会一样多?

下面我们给出更多 Lie 代数的例子.

例 1.1.11　任何结合代数上可以定义 Lie 代数的结构. 设 $\mathfrak{g}$ 为域 $\mathbb{F}$ 上的一个结合代数, 乘法运算为 $(x,y)\mapsto xy$. 我们定义一个括号运算为 $[x,y]=xy-yx$, 则容易验证 $\mathfrak{g}$ 在 $[\,,]$ 下成为一个 Lie 代数. 特别地, 我们知道, 若 V 为线性空间, 则

V 上所有线性变换的集合在映射的复合运算下成为一个结合代数. 由此我们得到一个 Lie 代数, 记为 $\mathfrak{gl}(V)$, 称为 V 上的**一般线性 Lie 代数**.

此外, 域 $\mathbb{F}$ 上的所有 $n \times n$ 矩阵组成的集合 $\mathbb{F}^{n \times n}$ 在矩阵的加法和纯量乘法下成为线性空间, 再加上矩阵的乘法, 则成为 $\mathbb{F}$ 上的一个结合代数, 因此也有 Lie 代数的结构, 记为 $\mathfrak{gl}(n, \mathbb{F})$, 也称为 $\mathbb{F}$ 上的**一般线性 Lie 代数**.

思考题 1.1.12 试证明, 如果 V 是 $\mathbb{F}$ 上的 n 维线性空间, 则 $\mathfrak{gl}(V)$ 与 $\mathfrak{gl}(n, \mathbb{F})$ 同构, 从而上面例子中的名称并不会出现矛盾.

通过研究一般线性 Lie 代数的子代数, 我们将得到大量重要的 Lie 代数的例子.

例 1.1.13 将 $\mathbb{F}$ 上所有的 $n \times n$ 上三角矩阵的集合记为 $\mathfrak{t}(n, \mathbb{F})$, 则 $\mathfrak{t}(n, \mathbb{F})$ 是 $\mathfrak{gl}(n, \mathbb{F})$ 的子代数; 将 $\mathbb{F}$ 上所有的严格上三角 (即对角线上元素为零) 矩阵的集合记为 $\mathfrak{n}(n, \mathbb{F})$, 则 $\mathfrak{n}(n, \mathbb{F})$ 是 $\mathfrak{t}(n, \mathbb{F})$ 的子代数. 此外容易看出, $\mathbb{F}$ 上所有 $n \times n$ 对角矩阵组成的集合 $\mathfrak{d}(n, \mathbb{F})$ 也是 $\mathfrak{t}(n, \mathbb{F})$ 的子代数, 它是一个 n 维的交换 Lie 代数.

例 1.1.14 设 $\mathcal{A}$ 为域 $\mathbb{F}$ 上一个代数, 乘法为 $(a, b) \mapsto ab$, D 为 $\mathcal{A}$ 上一个线性变换. 称 D 为 $\mathcal{A}$ 上的一个导子, 如果对任何 $a, b \in \mathcal{A}$, 有 $D(ab) = D(a)b + aD(b)$. 将 $\mathcal{A}$ 上所有导子组成的集合记为 $\mathrm{Der}(\mathcal{A})$, 则容易验证 $\mathrm{Der}(\mathcal{A})$ 是 $\mathcal{A}$ 作为线性空间的一般线性 Lie 代数 $\mathfrak{gl}(\mathcal{A})$ 的子代数, 称为 $\mathcal{A}$ 上的**导子代数**.

作为一种特殊情形, 若 $\mathfrak{g}$ 为 $\mathbb{F}$ 上的一个 Lie 代数, 则 $\mathfrak{g}$ 上的所有导子组成的集合 $\mathrm{Der}(\mathfrak{g})$ 是 $\mathfrak{gl}(\mathfrak{g})$ 的子代数, 称为 $\mathfrak{g}$ 的导子代数. 此外, 对任何 $x \in \mathfrak{g}$, 我们定义 $\mathrm{ad}\, x : \mathfrak{g} \to \mathfrak{g}$ 为 $\mathrm{ad}\, x(y) = [x, y]$, 则利用 Jacobi 恒等式容易验证 $\mathrm{ad}\, x$ 是一个导子, 称为 $\mathfrak{g}$ 的由 x 定义的内导子. $\mathfrak{g}$ 上所有内导子的集合 $\mathrm{ad}\,\mathfrak{g}$ 构成的 $\mathrm{Der}(\mathfrak{g})$ 一个子代数, 称为 $\mathfrak{g}$ 的**内导子代数**.

思考题 1.1.15 设 $\mathfrak{g}$ 为非交换的 2 维 Lie 代数, 试证明 $\mathrm{ad}\,\mathfrak{g} = \mathrm{Der}(\mathfrak{g})$.

下面我们给出的四类 Lie 代数, 一般文献上称为**古典 Lie 代数**.

例 1.1.16 (1) 容易证明, 对任何 $A, B \in \mathbb{F}^{n \times n}$, 我们有 $\mathrm{tr}([A, B]) = \mathrm{tr}(AB - BA) = 0$. 特别地, 如果我们将所有迹为 0 的 $\mathbb{F}$ 上 $n \times n$ 矩阵的集合记为 $\mathfrak{sl}(n, \mathbb{F})$, 则 $\mathfrak{sl}(n, \mathbb{F})$ 成为 $\mathfrak{gl}(n, \mathbb{F})$ 的子代数, 称为 $\mathbb{F}$ 上的**特殊线性 Lie 代数**.

类似地, 如果 V 是 $\mathbb{F}$ 上的 n 维线性空间, 则 V 上所有迹为 0 的线性变换的集合 $\mathfrak{sl}(V)$ 构成 $\mathfrak{gl}(V)$ 的子代数, 它与 $\mathfrak{sl}(n, \mathbb{F})$ 同构, 因此也称为 V 上的**特殊线性 Lie 代数**.

(2) 对于任何固定的 $M \in \mathfrak{gl}(n, \mathbb{F})$, 考虑集合

$$\mathfrak{g} = \{x \in \mathfrak{gl}(n, \mathbb{F}) | Mx + x^t M = 0\},$$

则容易验证 $\mathfrak{g}$ 成为 $\mathfrak{gl}(n, \mathbb{F})$ 的子代数. 特别地, 当 $M = \begin{pmatrix} 1 & 0 & 0 \\ 0 & 0 & I_l \\ 0 & I_l & 0 \end{pmatrix}$ 时, 我们得

到 Lie 代数 $\mathfrak{so}(2l+1, \mathbb{F})$; 当 $M = \begin{pmatrix} 0 & I_l \\ -I_l & 0 \end{pmatrix}$ 时, 我们得到 Lie 代数 $\mathfrak{sp}(l, \mathbb{F})$; 当 $M = \begin{pmatrix} 0 & I_l \\ I_l & 0 \end{pmatrix}$ 时, 我们得到 Lie 代数 $\mathfrak{so}(2l, \mathbb{F})$.

Lie 代数 $\mathfrak{so}(k, \mathbb{F})$ ($k = 2l$ 或 $2l+1$) 称为**正交 Lie 代数**, $\mathfrak{sp}(l, \mathbb{F})$ 称为**辛 Lie 代数**.

思考题 1.1.17 试分别给出上面例子中四类古典 Lie 代数的一组基, 并计算它们的维数.

最后我们给出一些 3 维实 Lie 代数的例子.

例 1.1.18 设 $\mathfrak{g}$ 为 3 维实线性空间, X, Y, Z 为 $\mathfrak{g}$ 的一组基. 定义

$$[X, Y] = 2Z, \quad [X, Z] = -2Y, \quad [Y, Z] = 2X, \tag{1.1.1}$$

并将上述括号运算通过双线性和反对称性扩张到 $\mathfrak{g}$ 上的任何两个元素, 则容易证明 $[\ ,\ ]$ 满足 Jacobi 恒等式, 因此 $\mathfrak{g}$ 成为一个 3 维实 Lie 代数. 这是著名的 3 维特殊酉 Lie 代数 $\mathfrak{su}(2)$.

如果在 (1.1.1) 中将括号运算定义为

$$[X, Y] = 2Y, \quad [X, Z] = -2Z, \quad [Y, Z] = X, \tag{1.1.2}$$

我们将得到另外一个实 3 维 Lie 代数, 它与前面介绍的特殊线性 Lie 代数 $\mathfrak{sl}(2, \mathbb{R})$ 同构.

思考题 1.1.19 试证明, 上述例子中的两个实 Lie 代数不同构.

思考题 1.1.20 试证明, 如果 $\mathfrak{g}$ 为 3 维复线性空间, X, Y, Z 为 $\mathfrak{g}$ 的一组基, 则利用 (1.1.1) 和 (1.1.2) 都可以定义 $\mathfrak{g}$ 上 Lie 代数的结构, 此时得到的两个 Lie 代数都是与 $\mathfrak{sl}(2, \mathbb{C})$ 同构的.

习 题 1.1

1. 在 Lie 代数 $\mathfrak{t}(2, \mathbb{F})$ 中取一组基为 $x = \begin{pmatrix} 1 & 0 \\ 0 & 0 \end{pmatrix}$, $y = \begin{pmatrix} 0 & 0 \\ 0 & 1 \end{pmatrix}$, $z = \begin{pmatrix} 0 & 1 \\ 0 & 0 \end{pmatrix}$. 试计算 $\mathrm{ad}\, x, \mathrm{ad}\, y, \mathrm{ad}\, z$ 在这组基下的矩阵.

2. 试证明: 在 Lie 代数的定义中 (LA1), (LA2) 成立的前提下, Jacobi 恒等式与下面的两个等式都是等价的:

(LA3′) $[[x, y], z] + [[y, z], x] + [[z, x], y] = 0, \quad \forall x, y, z \in \mathfrak{g}$.

(LA3″) $[x, [y, z]] = [[x, y], z] + [y, [x, z]], \quad \forall x, y, z \in \mathfrak{g}$.

3. 设 $\mathfrak{g}$ 为域 $\mathbb{F}$ 上的 n 维 Lie 代数, $\varepsilon_1, \varepsilon_2, \cdots, \varepsilon_n$ 为 $\mathfrak{g}$ 的一组基, 设

$$[\varepsilon_i, \varepsilon_j] = \sum_{k=1}^{n} C_{ij}^k \varepsilon_k,$$

其中 $C_{ij}^k \in \mathbb{F}$ 称为 $\mathfrak{g}$ 关于基 $\varepsilon_1, \varepsilon_2, \cdots, \varepsilon_n$ 的**结构常数**. 试证明

$$C_{ij}^k + C_{ji}^k = 0, \quad \forall i, j, k, \tag{1.1.3}$$

$$\sum_{m=1}^{n} (C_{ij}^m C_{mk}^l + C_{jk}^m C_{mi}^l + C_{ki}^m C_{mj}^l) = 0, \quad \forall i, j, k, l. \tag{1.1.4}$$

4. 设 V 为域 $\mathbb{F}$ 上的 n 维线性空间, $\varepsilon_1, \varepsilon_2, \cdots, \varepsilon_n$ 为 V 的一组基, 设 $\mathbb{F}$ 中元素 $C_{ij}^k (1 \leqslant i, j, k \leqslant n)$ 满足 (1.1.3) 和 (1.1.4), 定义 V 上括号运算为

$$[\varepsilon_i, \varepsilon_j] = \sum_{k=1}^{n} C_{ij}^k \varepsilon_k, \quad 1 \leqslant i, j \leqslant n.$$

试证明 V 在上述括号运算下成为一个 Lie 代数.

5. 试分别在四类古典 Lie 代数中找出一组基并求出相应的结构常数.

6. 试在同构意义下给出域 $\mathbb{F}$ 上的所有包含一个 2 维 Abel 子代数的 3 维 Lie 代数的分类.

7. 设 $\mathfrak{g}$ 为代数闭域 $\mathbb{F}$ 上的有限维 Lie 代数, $x \in \mathfrak{g}$. 设 $\lambda_1, \lambda_2, \cdots, \lambda_s$ 为 $\mathrm{ad}\, x$ 的全体特征值, $E_{\lambda_i} (i = 1, 2, \cdots, s)$ 为对应的特征子空间. 试证明 $\sum\limits_{i=1}^{s} E_{\lambda_i}$ 是 $\mathfrak{g}$ 的一个子代数.

8. 设 $\mathfrak{g}$ 是域 $\mathbb{F}$ 上的有限维 Lie 代数, 定义 $C(\mathfrak{g}) = \{x \in \mathfrak{g} | [x, y] = 0, \forall y \in \mathfrak{g}\}$. 试证明 $C(\mathfrak{g})$ 是 $\mathfrak{g}$ 的理想, 称为 $\mathfrak{g}$ 的**中心**.

9. 若 $\mathfrak{c}$ 是 Lie 代数 $\mathfrak{g}$ 的中心, σ 是 $\mathfrak{g}$ 到 Lie 代数 $\mathfrak{h}$ 的同构, 则 $\sigma(\mathfrak{h})$ 是 $\mathfrak{h}$ 的中心.

10. 试证明任何 $n \, (n > 1)$ 维 Lie 代数的中心都不能是 $n - 1$ 维的.

11. 试构造一个 4 维复 Lie 代数使得其中心是 2 维的.

12. 试证明 3 维欧氏空间 $\mathbb{R}^3$ 在向量的叉积运算下构成一个 Lie 代数, 并求出 $\mathbb{R}^3$ 的标准基在这一 Lie 代数中的结构常数.

13. 设 $\mathfrak{g}$ 是域 F 上的 $2n + 1$ 维线性空间, $\{c, e_1, e_2, \cdots, e_n, f_1, f_2, \cdots, f_n\}$ 为一组基, 在 $\mathfrak{g}$ 上定义双线性的括号运算满足条件:

$$[c, e_i] = -[e_i, c] = 0, \quad i = 1, 2, \cdots, n,$$
$$[c, f_i] = -[f_i, c] = 0, \quad i = 1, 2, \cdots, n,$$
$$[e_i, f_j] = -[f_j, e_i] = \delta_{ij} c, \quad i, j = 1, 2, \cdots, n,$$
$$[c, c] = [e_i, e_j] = [f_i, f_j] = 0, \quad i, j = 1, 2, \cdots, n.$$

试证明在上述运算下 $\mathfrak{g}$ 成为一个 Lie 代数, 并求出其中心. $\mathbb{F} = \mathbb{C}$ 时, 称上述 Lie 代数为 **Heisenberg Lie 代数**.

14. 设 $\mathfrak{g}$ 为域 $\mathbb{F}$ 上的 Lie 代数, f 为 $\mathfrak{g}$ 上的一个线性函数. 一个 $\mathfrak{g}$ 的子代数 $\mathfrak{m}$ 称为 $\mathfrak{g}$ 的在 f 处的一个极化 (这时也称 $\{\mathfrak{m}, f\}$ 为 $\mathfrak{g}$ 的一个极化), 如果 $f([\mathfrak{m}, \mathfrak{m}]) = 0$, 而且 $\mathfrak{m}$ 是满足

上述条件的最大子代数. 此外, 若 $\mathfrak{g}^\pm$ 是 $\mathfrak{g}$ 的两个子代数, 称三元组 $\{\mathfrak{g}^+, \mathfrak{g}^-, f\}$ 为 $\mathfrak{g}$ 的一个双极化, 如果满足条件

(D1) $f([\mathfrak{g}^+, \mathfrak{g}^+]) = f([\mathfrak{g}^-, \mathfrak{g}^-]) = 0$;

(D2) $f([x, \mathfrak{g}]) = 0$ 当且仅当 $x \in \mathfrak{g}^+ \cap \mathfrak{g}^-$;

(D3) $\mathfrak{g} = \mathfrak{g}^+ + \mathfrak{g}^-$.

试证明: 若 $\mathfrak{g}^\pm$ 为 $\mathfrak{g}$ 的两个子代数, $f \in \mathfrak{g}^*$, 则 $\{\mathfrak{g}^+, \mathfrak{g}^-, f\}$ 是 $\mathfrak{g}$ 的一个双极化当且仅当 $\{\mathfrak{g}^+, f\}$, $\{\mathfrak{g}^-, f\}$ 都是 $\mathfrak{g}$ 的极化且 $\mathfrak{g} = \mathfrak{g}^+ + \mathfrak{g}^-$.

15. 试证明: 若 $\{\mathfrak{g}^+, \mathfrak{g}^-, f\}$ 为 $\mathfrak{g}$ 的一个双极化, 则 $\dim \mathfrak{g}^+ = \dim \mathfrak{g}^-$, 而且 $\dim \mathfrak{g} - \dim(\mathfrak{g}^+ \cap \mathfrak{g}^-)$ 是偶数.

1.2　Lie 代数的同态

本节我们研究 Lie 代数同态的基本性质. 我们将会看到, 一个 Lie 代数的任何一个同态像都与该 Lie 代数的某个商 Lie 代数同构, 反之亦然. 作为出发点, 首先介绍商 Lie 代数的定义. 假定 $\mathfrak{h}$ 是 Lie 代数 $\mathfrak{g}$ 的一个理想, 则在商线性空间 $\mathfrak{g}/\mathfrak{h}$ 上定义括号运算为

$$[x + \mathfrak{h}, y + \mathfrak{h}] = [x, y] + \mathfrak{h}, \quad x, y \in \mathfrak{g}.$$

容易验证上述定义是合理的, 而且 $\mathfrak{g}/\mathfrak{h}$ 在上述括号运算下构成 Lie 代数, 称为 $\mathfrak{g}$ 对理想 $\mathfrak{h}$ 的**商 Lie 代数**.

设 ϕ 为 Lie 代数 $\mathfrak{g}$ 到 $\mathfrak{k}$ 的同态, 定义同态 ϕ 的核为

$$\ker \phi = \{x \in \mathfrak{g} | \phi(x) = 0\}.$$

容易看出 $\ker \phi$ 是 $\mathfrak{g}$ 的理想. 显然, ϕ 为单同态当且仅当 $\ker \phi = 0$.

下面的定理称为 Lie 代数的**同态基本定理**.

定理 1.2.1　设 ϕ 为域 $\mathbb{F}$ 上的 Lie 代数 $\mathfrak{g}$ 到 Lie 代数 $\mathfrak{k}$ 的满同态, $\mathfrak{n} = \ker \phi$, 则

(1) $\mathfrak{g}/\mathfrak{n} \simeq \mathfrak{k}$;

(2) ϕ 建立了 $\mathfrak{g}$ 中包含 $\mathfrak{n}$ 的子代数与 $\mathfrak{k}$ 的子代数之间的双射;

(3) 上面的对应将理想变成理想;

(4) 若 $\mathfrak{h}$ 为 $\mathfrak{g}$ 的理想, 且包含 $\mathfrak{n}$, 则有 $\mathfrak{g}/\mathfrak{h} \simeq \mathfrak{k}/\phi(\mathfrak{h})$.

证　(1) ϕ 作为 Lie 代数的同态, 也是将 $\mathfrak{g}/\mathfrak{n}$ 看成交换群到 $\mathfrak{k}$ 作为交换群的群同态, 因此由群的同态基本定理 (参见文献 [2], §1.4) 存在商群 $\mathfrak{g}/\mathfrak{n}$ 到群 $\mathfrak{k}$ 的群同构 $\bar{\phi}$, 其定义为 $\bar{\phi}(x + \mathfrak{n}) = \phi(x)$. 显然, 作为集合, 商 Lie 代数 $\mathfrak{g}/\mathfrak{n}$ 与商群 $\mathfrak{g}/\mathfrak{n}$ 是一样的, 因此我们只需证明 $\bar{\phi}$ 是线性同构, 而且保持括号运算. 对任何 $a \in \mathbb{F}$ 及 $x \in \mathfrak{g}$,

有 $\bar{\phi}(a(x+\mathfrak{n})) = \bar{\phi}(ax+\mathfrak{n}) = \phi(ax) = a\phi(x) = a\bar{\phi}(x+\mathfrak{n})$, 因此 $\bar{\phi}$ 是线性同构. 此外, 对任何 $x, y \in \mathfrak{g}$, 有

$$
\begin{aligned}
\bar{\phi}([x+\mathfrak{n}, y+\mathfrak{n}]) &= \bar{\phi}([x,y]+\mathfrak{n}) \\
&= \phi([x,y]) = [\phi(x), \phi(y)] \\
&= [\bar{\phi}(x+\mathfrak{n}), \bar{\phi}(y+\mathfrak{n})],
\end{aligned}
$$

因此 $\bar{\phi}$ 是 Lie 代数同构.

(2) 由群的同态基本定理, 作为交换群, ϕ 建立了 $\mathfrak{g}$ 中包含 $\mathfrak{n}$ 的子群到 $\mathfrak{k}$ 的子群之间的双射: $\mathfrak{h} \to \phi(\mathfrak{h})$, 其逆映射为 $\mathfrak{h}' \to \phi^{-1}(\mathfrak{h}')$. 若 $\mathfrak{h}_1$ 为 $\mathfrak{g}$ 中包含 $\mathfrak{n}$ 的子代数, 则对任何 $a \in \mathbb{F}$ 及 $h \in \mathfrak{h}_1$, $a\phi(h) = \phi(ah) \in \phi(\mathfrak{h}_1)$, 因此 $\phi(\mathfrak{h}_1)$ 是 $\mathfrak{k}$ 的线性子空间. 此外对任何 $x', y' \in \phi(\mathfrak{h}_1)$, 取定 $x, y \in \mathfrak{h}_1$, 使得 $\phi(x) = x', \phi(y) = y'$, 则有 $[x', y'] = [\phi(x), \phi(y)] = \phi([x,y]) \in \phi(\mathfrak{h}_1)$, 因此 $\phi(\mathfrak{h}_1)$ 是 $\mathfrak{k}$ 的子代数. 同样可以证明, 若 $\mathfrak{k}_1$ 为 $\mathfrak{k}$ 的子代数, 则 $\phi^{-1}(\mathfrak{k}_1)$ 是 $\mathfrak{g}$ 的子代数.

(3) 的证明与 (2) 类似, 留给读者.

(4) 由 (3), $\phi(\mathfrak{h})$ 是 $\mathfrak{k}$ 的理想, 因此 $\mathfrak{k}/\phi(\mathfrak{h})$ 是一个商 Lie 代数. 将 $\mathfrak{k}$ 到 $\mathfrak{k}/\phi(\mathfrak{h})$ 的自然同态记为 π', 则 $\pi' \circ \phi$ 是由 $\mathfrak{g}$ 到 $\mathfrak{k}/\phi(\mathfrak{h})$ 的满同态, 而

$$
\begin{aligned}
\ker(\pi' \circ \phi) &= \{x \in \mathfrak{g} \mid \pi'(\phi(x)) = 0\} \\
&= \{x \in \mathfrak{g} \mid \phi(x) \in \phi(\mathfrak{h})\} \\
&= \mathfrak{h},
\end{aligned}
$$

其中用到了 (2) 中建立的双射. 于是由 (1) 得到 $\mathfrak{g}/\mathfrak{h} \simeq \mathfrak{k}/\phi(\mathfrak{h})$.

设 $\mathfrak{h}_1, \mathfrak{h}_2$ 为 Lie 代数 $\mathfrak{g}$ 的理想, 且 $\mathfrak{h}_2 \subseteq \mathfrak{h}_1$, 考虑 $\mathfrak{g}$ 到 $\mathfrak{g}/\mathfrak{h}_2$ 的自然同态 π, 则 $\mathfrak{h}_1$ 是 $\mathfrak{g}$ 中包含 $\ker \pi = \mathfrak{h}_2$ 的理想, 于是由上述定理之 (4) 我们得到

推论 1.2.2 若 $\mathfrak{h}_1, \mathfrak{h}_2$ 为 Lie 代数 $\mathfrak{g}$ 的理想, 且 $\mathfrak{h}_2 \subseteq \mathfrak{h}_1$, 则有 $\mathfrak{g}/\mathfrak{h}_1 \simeq (\mathfrak{g}/\mathfrak{h}_2)/(\mathfrak{h}_1/\mathfrak{h}_2)$.

下面我们介绍理想直和的概念, 并给出另一个同态定理. 设 $\mathfrak{h}_1, \mathfrak{h}_2, \cdots, \mathfrak{h}_s$ 都是 $\mathfrak{g}$ 的理想, 则容易验证线性子空间的和 $\mathfrak{h}_1 + \mathfrak{h}_2 + \cdots + \mathfrak{h}_s$ 还是 $\mathfrak{g}$ 的理想, 称为理想 $\mathfrak{h}_1, \mathfrak{h}_2, \cdots, \mathfrak{h}_s$ 的和. 如果线性空间的和 $\mathfrak{h}_1 + \mathfrak{h}_2 + \cdots + \mathfrak{h}_s$ 是直和, 则称 $\mathfrak{h}_1 + \mathfrak{h}_2 + \cdots + \mathfrak{h}_s$ 为 $\mathfrak{h}_1, \mathfrak{h}_2, \cdots, \mathfrak{h}_s$ 的理想直和, 记为 $\mathfrak{h}_1 \oplus \mathfrak{h}_2 \oplus \cdots \oplus \mathfrak{h}_s$.

容易看出任意多个 (可以无穷) 理想的交还是理想. 现在我们证明

命题 1.2.3 若 $\mathfrak{h}_1, \mathfrak{h}_2$ 为 Lie 代数 $\mathfrak{g}$ 的理想, 则 $(\mathfrak{h}_1 + \mathfrak{h}_2)/\mathfrak{h}_1 \simeq \mathfrak{h}_2/(\mathfrak{h}_1 \cap \mathfrak{h}_2)$.

证 考虑 $\mathfrak{g}$ 到 $\mathfrak{g}/\mathfrak{h}_1$ 的自然同态 π, 则有 $\pi(\mathfrak{h}_1 + \mathfrak{h}_2) = (\mathfrak{h}_1 + \mathfrak{h}_2)/\mathfrak{h}_1$. 令 ϕ 为 π 在 $\mathfrak{h}_2$ 上的限制, 则 $\phi(\mathfrak{h}_2) = (\mathfrak{h}_1 + \mathfrak{h}_2)/\mathfrak{h}_1$. 由同态基本定理 $\phi(\mathfrak{h}_2) \simeq \mathfrak{h}_2/\ker\phi$, 而

$$
\ker\phi = \{x \in \mathfrak{h}_2 \mid \phi(x) = \pi(x) = 0\} = \mathfrak{h}_1 \cap \mathfrak{h}_2.
$$

故 $(\mathfrak{h}_1 + \mathfrak{h}_2)/\mathfrak{h}_1 \simeq \mathfrak{h}_2/(\mathfrak{h}_1 \cap \mathfrak{h}_2)$.

下面我们给出一些理想和商代数的例子, 并引出可解与幂零 Lie 代数的概念.

例 1.2.4　设 $\mathfrak{g}$ 为 Lie 代数, 则 $\mathrm{ad}\,\mathfrak{g} = \{\mathrm{ad}\,x | x \in \mathfrak{g}\}$ 是 $\mathrm{Der}\,\mathfrak{g}$ 的理想. 我们称形如 $\mathrm{ad}\,x(x \in \mathfrak{g})$ 的导子为内导子, 而其他的导子为外导子. 商代数 $\mathrm{Der}\,\mathfrak{g}/\mathrm{ad}\,\mathfrak{g}$ 称为外导子代数.

例 1.2.5　设 $\mathfrak{g}$ 为 Lie 代数, 对于 $\mathfrak{g}$ 的两个子代数 $\mathfrak{h}, \mathfrak{k}$, 我们令 $[\mathfrak{h}, \mathfrak{k}]$ 为所有形如 $[x,y](x \in \mathfrak{h}, y \in \mathfrak{k})$ 的元素的有限线性组合组成的集合. 容易看出 $[\mathfrak{g}, \mathfrak{g}]$ 是 $\mathfrak{g}$ 的理想, 称为 $\mathfrak{g}$ 的导代数. 现在我们归纳定义 $\mathfrak{g}^{(0)} = \mathfrak{g}$, $\mathfrak{g}^{(1)} = [\mathfrak{g}, \mathfrak{g}]$, $\mathfrak{g}^{(i)} = [\mathfrak{g}^{(i-1)}, \mathfrak{g}^{(i-1)}]$, $i = 2, 3, \cdots$. 则容易看出 $\mathfrak{g}^{(i)}(i = 0, 1, 2, \cdots)$ 都是 $\mathfrak{g}$ 的理想, 称为 $\mathfrak{g}$ 的**导出列**. 称 Lie 代数 $\mathfrak{g}$ 为**可解 Lie 代数**, 如果存在正整数 k 使得 $\mathfrak{g}^{(k)} = 0$.

思考题 1.2.6　试计算例 1.1.18 和思考题 1.1.20 中的实 3 维和复 3 维 Lie 代数的导出列, 并判断这些 Lie 代数是否可解.

例 1.2.7　类似上面的例子, 我们定义 $\mathfrak{g}^0 = \mathfrak{g}$, $\mathfrak{g}^1 = [\mathfrak{g}, \mathfrak{g}]$, $\mathfrak{g}^i = [\mathfrak{g}, \mathfrak{g}^{(i-1)}]$, $i = 2, 3, \cdots$. 则容易看出 $\mathfrak{g}^i(i = 0, 1, 2, \cdots)$ 都是 $\mathfrak{g}$ 的理想, 称为 $\mathfrak{g}$ 的**降中心列**. 称 Lie 代数 $\mathfrak{g}$ 为**幂零 Lie 代数**, 如果存在正整数 k 使得 $\mathfrak{g}^k = 0$. 容易看出, 对任何 $i \geqslant 0$, 我们有 $\mathfrak{g}^{(i)} \subseteq \mathfrak{g}^i$, 因此一个幂零 Lie 代数一定是可解的, 但是反过来的结论是不对的. 事实上, 2 维非交换 Lie 代数显然是可解的, 但它不是幂零的.

例 1.2.8　现在我们利用同态基本定理来定义 Lie 代数的另外一个理想序列, 即**升中心列**. 设 $\mathfrak{g}$ 为 Lie 代数, 则 $\mathfrak{g}$ 的中心定义为

$$C(\mathfrak{g}) = \{x \in \mathfrak{g} \,|\, [x,y] = 0, \forall y \in \mathfrak{g}\}.$$

显然 $C(\mathfrak{g})$ 是 $\mathfrak{g}$ 的理想. 我们定义 $C_0(\mathfrak{g}) = 0$, $C_1(\mathfrak{g}) = C(\mathfrak{g})$. 设 π_1 为 $\mathfrak{g}$ 到商代数 $\mathfrak{g}/C(\mathfrak{g})$ 的自然同态, 则由定理 1.2.1, 存在的唯一 $\mathfrak{g}$ 的包含 $\ker \pi_1 = C(\mathfrak{g})$ 的理想与 $C(\mathfrak{g}/C(\mathfrak{g}))$ 对应, 我们将这一理想记为 $C_2(\mathfrak{g})$. 由定理 1.2.1 的证明可知, 事实上 $C_2(\mathfrak{g}) = \pi_1^{-1}(C(\mathfrak{g}/C(\mathfrak{g})))$. 现在我们假定已经定义好了 $\mathfrak{g}$ 的理想 $C_i(\mathfrak{g})$, 记 $\mathfrak{g}$ 到 $\mathfrak{g}/C_i(\mathfrak{g})$ 的自然同态为 π_i, 同样由定理 1.2.1, 存在 $\mathfrak{g}$ 的包含 $\ker \pi_i = C_i(\mathfrak{g})$ 的唯一的理想与 $\mathfrak{g}/C_i(\mathfrak{g})$ 的理想 $C(\mathfrak{g}/C_i(\mathfrak{g}))$ 对应, 我们将这一理想记为 $C_{i+1}(\mathfrak{g})$, 即 $C_{i+1}(\mathfrak{g}) = \pi_i^{-1}(C(\mathfrak{g}/C_i(\mathfrak{g})))$. 这样归纳定义下去, 我们就得到 $\mathfrak{g}$ 的一个理想序列

$$C_0(\mathfrak{g}) \subseteq C_1(\mathfrak{g}) \subseteq C_2(\mathfrak{g}) \subseteq \cdots$$

称为 $\mathfrak{g}$ 的**升中心列**.

思考题 1.2.9　试计算 $\mathfrak{sl}(2, \mathbb{F})$, $\mathfrak{su}(2)$ 和 2 维非交换 Lie 代数的升中心列.

例 1.2.10　在例 1.1.13 中, 设 $n \geqslant 2$, 则 $\mathfrak{t}(n, \mathbb{F})$ 是 $\mathfrak{gl}(n, \mathbb{F})$ 的子代数, 但不是 $\mathfrak{gl}(n, \mathbb{F})$ 的理想, 而 $\mathfrak{n}(n, \mathbb{F})$ 是 $\mathfrak{t}(n, \mathbb{F})$ 的理想. 商代数 $\mathfrak{t}(n, \mathbb{F})/\mathfrak{n}(n, \mathbb{F})$ 与 $\mathfrak{d}(n, \mathbb{F})$ 同构.

例 1.2.11 设 K 为 Lie 代数 $\mathfrak{g}$ 的线性子空间, K 在 $\mathfrak{g}$ 中的**正规化子**定义为

$$N_{\mathfrak{g}}(K) = \{x \in \mathfrak{g} | [x, K] \subseteq K\}.$$

利用 Jacobi 恒等式容易证明, $N_{\mathfrak{g}}(K)$ 是 $\mathfrak{g}$ 的子代数. 如果 K 是 $\mathfrak{g}$ 的子代数, 则 K 是 $N_{\mathfrak{g}}(K)$ 的理想, 而且 $N_{\mathfrak{g}}(K)$ 是 $\mathfrak{g}$ 中包含 K 且以 K 为理想的最大子代数. 若 $K = N_{\mathfrak{g}}(K)$, 我们称 K 为**自正规子代数**.

类似地, 若 X 为 $\mathfrak{g}$ 的非空子集, 则 X 在 $\mathfrak{g}$ 中的**中心化子**定义为

$$C_{\mathfrak{g}}(X) = \{x \in \mathfrak{g} \,|\, [x, y] = 0, \forall y \in X\}.$$

容易证明 $C_{\mathfrak{g}}(X)$ 是 $\mathfrak{g}$ 的子代数, 而且 $C_{\mathfrak{g}}(\mathfrak{g}) = C(\mathfrak{g})$.

习　题　1.2

1. 设 $\mathfrak{g}$ 为 Lie 代数, $\mathfrak{h}$ 为 $\mathfrak{g}$ 的理想, 试证明 $\mathfrak{g}/\mathfrak{h}$ 为交换 Lie 代数当且仅当 $[\mathfrak{g}, \mathfrak{g}] \subseteq \mathfrak{h}$.

2. 试证明可解 Lie 代数的子代数和同态像一定是可解 Lie 代数, 上述结论对于幂零 Lie 代数成立吗?

3. 设 $\mathfrak{g}, \mathfrak{h}, \mathfrak{k}$ 为域 $\mathbb{F}$ 上 Lie 代数, 若存在 $\mathfrak{g}$ 的理想 $\mathfrak{n}$ 与 $\mathfrak{h}$ 同构, 而商代数 $\mathfrak{g}/\mathfrak{n}$ 与 $\mathfrak{k}$ 同构, 则称 $\mathfrak{g}$ 是 $\mathfrak{k}$ 通过 $\mathfrak{h}$ 的扩张, $\mathfrak{n}$ 称为扩张的核. 试证明可解 Lie 代数通过可解 Lie 代数的扩张一定是可解 Lie 代数.

4. 试举例说明, 幂零 Lie 代数通过幂零 Lie 代数的扩张不一定是幂零 Lie 代数.

5. 设域 $\mathbb{F}$ 上 Lie 代数 $\mathfrak{g}$ 是 $\mathfrak{k}$ 通过 $\mathfrak{h}$ 的扩张, $\mathfrak{n}$ 是扩张核, 若 $\mathfrak{n} \subseteq C(\mathfrak{g})$, 则称此扩张为中心扩张. 试证明, 如果 $\mathfrak{k}, \mathfrak{h}$ 都是幂零 Lie 代数, 且 $\mathfrak{g}$ 是 $\mathfrak{k}$ 通过 $\mathfrak{h}$ 的中心扩张, 则 $\mathfrak{g}$ 也是幂零 Lie 代数.

6. 设 $\mathfrak{i}$ 为 Lie 代数 $\mathfrak{g}$ 的理想. 证明 $\mathfrak{i}$ 的导出列或降中心列中的任何一项都是 $\mathfrak{g}$ 的理想.

7. 证明: 若 $\mathbb{F}$ 的特征为 2, 则 $\mathfrak{sl}(2, \mathbb{F})$ 是幂零 Lie 代数.

8. 一个幂零 Lie 代数 $\mathfrak{g}$ 称为二步幂零的, 如果 $\mathfrak{g}^1 \neq 0$, 而 $\mathfrak{g}^2 = 0$. 试给出维数小于等于 4 的二步幂零 Lie 代数的分类.

1.3　幂零 Lie 代数

本节我们研究幂零 Lie 代数的基本性质, 特别是要证明幂零 Lie 代数的判别定理 ——Engel 定理.

回忆一下, 一个域 $\mathbb{F}$ 上的 Lie 代数 $\mathfrak{g}$ 称为幂零的, 如果存在正整数 k 使得 $\mathfrak{g}^k = 0$. 由定义容易看出, $\mathfrak{g}$ 是幂零 Lie 代数当且仅当存在自然数 k 使得对任何 $x_i \in \mathfrak{g}$, $i = 1, 2, \cdots, k$, 我们有 $\operatorname{ad} x_1 \operatorname{ad} x_2 \cdots \operatorname{ad} x_k = 0$. 此外容易看出, 幂零 Lie 代数的理想直和还是幂零 Lie 代数. 下面的引理非常有用:

引理 1.3.1　设 $\mathfrak{g}$ 是域 $\mathbb{F}$ 上的有限维 Lie 代数, 若 $\mathfrak{g}/C(\mathfrak{g})$ 是幂零 Lie 代数, 则 $\mathfrak{g}$ 也是幂零 Lie 代数.

证　由条件, 存在正整数 l 使得 $(\mathfrak{g}/C(\mathfrak{g}))^l = 0$, 即 $\mathfrak{g}^l \subseteq C(\mathfrak{g})$, 这样就得到 $\mathfrak{g}^{l+1} \subseteq [\mathfrak{g}, C(\mathfrak{g})] = 0$, 因此 $\mathfrak{g}$ 也是幂零 Lie 代数.

现在我们给出 Lie 代数幂零的几个等价条件.

定理 1.3.2　设 $\mathfrak{g}$ 为域 $\mathbb{F}$ 上的有限维 Lie 代数, 则下面的条件等价:

(1) $\mathfrak{g}$ 为幂零 Lie 代数;

(2) 存在 $\mathfrak{g}$ 的理想序列 $\mathfrak{g}_0 = \mathfrak{g} \supset \mathfrak{g}_1 \supset \mathfrak{g}_2 \supset \cdots \supset \mathfrak{g}_s = 0$, 使得

$$[\mathfrak{g}, \mathfrak{g}_j] \subseteq \mathfrak{g}_{j+1}, \quad j = 0, 1, \cdots, s-1;$$

(3) 存在 $\mathfrak{g}$ 的理想序列 $\mathfrak{g}_0 = \mathfrak{g} \supset \mathfrak{g}_1 \supset \mathfrak{g}_2 \supset \cdots \supset \mathfrak{g}_s = 0$, 使得

$$[\mathfrak{g}, \mathfrak{g}_j] \subseteq \mathfrak{g}_{j+1}, \quad j = 0, 1, \cdots, s-1,$$

且 $\dim \mathfrak{g}_j/\mathfrak{g}_{j+1} = 1, j = 0, 1, \cdots, s-1$;

(4) 存在正整数 k, 使得 $C_k(\mathfrak{g}) = \mathfrak{g}$, 其中 $C_j(\mathfrak{g})(j=0,1,\cdots)$ 为 $\mathfrak{g}$ 的升中心列.

证　(1)$\Longrightarrow$(2) 是显然的, 因为 $\mathfrak{g}$ 的降中心列就满足 (2) 的条件.

(2)$\Longrightarrow$(3)　设 $\mathfrak{g}_0 = \mathfrak{g} \supset \mathfrak{g}_1 \supset \cdots \supset \mathfrak{g}_k = 0$ 为满足条件 (2) 的理想序列, 如果对于某个 $l, 1 \leqslant l \leqslant k$, 我们有 $\dim \mathfrak{g}_{l-1}/\mathfrak{g}_l > 1$, 任取 $\mathfrak{g}_{l-1}$ 的子空间 $\mathfrak{h}$ 使得 $\dim \mathfrak{g}_l < \dim \mathfrak{h} < \dim \mathfrak{g}_{l-1}$, 且 $\mathfrak{g}_l \subset \mathfrak{h}$, 则由 $[\mathfrak{g}, \mathfrak{h}] \subseteq [\mathfrak{g}, \mathfrak{g}_{l-1}] \subseteq \mathfrak{g}_l \subseteq \mathfrak{h}$, 知 $\mathfrak{h}$ 为 $\mathfrak{g}$ 的理想, 而且理想序列

$$\mathfrak{g}_0 = \mathfrak{g} \supset \mathfrak{g}_1 \supset \cdots \supset \mathfrak{g}_{l-1} \supset \mathfrak{h} \supset \mathfrak{g}_l \supset \cdots \supset \mathfrak{g}_k = 0$$

也满足 (3) 的条件. 但是

$$\dim \mathfrak{g}_{l-1}/\mathfrak{h} < \dim \mathfrak{g}_{l-1}/\mathfrak{g}_l, \quad \dim \mathfrak{h}/\mathfrak{g}_l < \dim \mathfrak{g}_{l-1}/\mathfrak{g}_l.$$

由于 $\mathfrak{g}$ 为有限维 Lie 代数, 故经过有限次后可以得到满足 (3) 的理想序列.

(3)$\Longrightarrow$(4)　我们先证明, 如果 $\mathfrak{g}_0 = \mathfrak{g} \supset \mathfrak{g}_1 \supset \cdots \supset \mathfrak{g}_s = 0$ 是满足 (3) 中条件的理想序列, 则一定有 $\mathfrak{g}_{s-j} \subseteq C_j(\mathfrak{g})$. 事实上, $j = 0$ 时结论显然成立. 若当 $j = k$ 时成立, 则当 $j = k+1$ 时, 由 $[\mathfrak{g}, \mathfrak{g}_{s-k-1}] \subseteq \mathfrak{g}_{s-k}$ 得

$$\pi_k([\mathfrak{g}, \mathfrak{g}_{s-k-1}]) \subseteq \pi_k(\mathfrak{g}_{s-k}) \subseteq \pi_k(C_k(\mathfrak{g})) = 0,$$

即

$$[\pi_k(\mathfrak{g}), \pi_k(\mathfrak{g}_{s-k-1})] = 0.$$

因此

$$\pi_k(\mathfrak{g}_{s-k-1}) \subseteq C(\pi_k(\mathfrak{g})) = C(\mathfrak{g}/C_k(\mathfrak{g})),$$

从而 $\mathfrak{g}_{s-k-1} \subseteq C_{k+1}(\mathfrak{g})$. 这证明了我们的断言. 特别地, 取 $j = s$ 得到 $C_s(\mathfrak{g}) \supseteq \mathfrak{g}_0 = \mathfrak{g}$, 故 $C_s(\mathfrak{g}) = \mathfrak{g}$, 因此 (4) 成立.

(4)$\Longrightarrow$(1) 考察升中心列 $C_i(\mathfrak{g})$ 对于 $C(\mathfrak{g})$ 的商代数 $C_i(\mathfrak{g})/C(\mathfrak{g})$. 因 $C_1(\mathfrak{g})/C(\mathfrak{g}) = 0$, 故

$$C_2(\mathfrak{g})/C(\mathfrak{g}) = \pi_1^{-1}(C(\mathfrak{g}/C(\mathfrak{g})))/C(\mathfrak{g}) = C_1(\mathfrak{g}/C(\mathfrak{g})).$$

假定 $i \geqslant 2$, 且 $C_i(\mathfrak{g})/C(\mathfrak{g}) = C_{i-1}(\mathfrak{g}/C(\mathfrak{g}))$, 则由

$$(C_{i+1}(\mathfrak{g})/C(\mathfrak{g}))/(C_i(\mathfrak{g})/C(\mathfrak{g})) \simeq C_{i+1}(\mathfrak{g})/C_i(\mathfrak{g}),$$

可得

$$C_{i+1}(\mathfrak{g})/C(\mathfrak{g}) = C_i(\mathfrak{g}/C(\mathfrak{g})).$$

由此我们得到

$$C_{s-1}(\mathfrak{g}/C(\mathfrak{g})) = C_s(\mathfrak{g})/C(\mathfrak{g}) = \mathfrak{g}/C(\mathfrak{g}). \tag{1.3.5}$$

现在我们对 k 用归纳法来证明 $\mathfrak{g}$ 是幂零 Lie 代数. 不妨设 $\mathfrak{g} \neq 0$, 若 $k = 1$, 则 $\mathfrak{g} = C_1(\mathfrak{g}) = C(\mathfrak{g})$ 是交换 Lie 代数, 自然是幂零的. 假定结论对于 $k = l$ 成立, 则当 $k = l + 1$ 时, 由 (1.3.5) 知 $\mathfrak{g}/C(\mathfrak{g})$ 是幂零的. 由引理 1.3.1, $\mathfrak{g}$ 也是幂零的. 故结论对所有 $k \in \mathbb{N}$ 都成立. 因此 (1) 得证.

下面我们来证明著名的 **Engel 定理**. 上面我们提到, 如果 $\mathfrak{g}$ 是域 $\mathbb{F}$ 上的幂零 Lie 代数, 则存在自然数 k 使得对任何 $x_1, x_2, \cdots, x_k \in \mathfrak{g}$, 都有 $\text{ad}\, x_1 \text{ad}\, x_2 \cdots \text{ad}\, x_k = 0$. 特别地, 对任何 $x \in \mathfrak{g}$, $\text{ad}\, x$ 一定是 $\mathfrak{g}$ 上的幂零线性变换. 满足这样的条件的 Lie 代数称为 ad-**幂零**的. Engel 定理是说, 上述结论反过来也是正确的, 即一个 ad-幂零的 Lie 代数一定是幂零的. 为了证明这一定理, 我们先做一些准备工作.

思考题 1.3.3 证明: 一个 ad-幂零 Lie 代数的子代数或商代数也是 ad-幂零的.

思考题 1.3.4 设 V 是域 $\mathbb{F}$ 上有限维线性空间, 且 x 是 V 上的幂零线性变换, 证明 $\text{ad}\, x$ 是 $\mathfrak{gl}(V)$ 上的幂零线性变换.

引理 1.3.5 一个 Lie 代数 $\mathfrak{g}$ 的真子代数 $\mathfrak{m}$ 称为极大真子代数, 如果包含 $\mathfrak{m}$ 的 $\mathfrak{g}$ 的子代数只有 $\mathfrak{m}$ 和 $\mathfrak{g}$. 如果 $\mathfrak{h}$ 是极大真子代数且是 $\mathfrak{g}$ 的理想, 则必有 $\dim \mathfrak{g}/\mathfrak{h} = 1$.

证 用反证法, 假定 $\dim \mathfrak{g}/\mathfrak{h} > 1$, 则商 Lie 代数 $\mathfrak{g}/\mathfrak{h}$ 中存在 1 维真子代数 $\mathbb{F}(w + \mathfrak{h})$, $w \notin \mathfrak{h}$. 考虑 $\mathfrak{g}$ 到 $\mathfrak{g}/\mathfrak{h}$ 的自然同态 π, 则由同态基本定理, $\mathfrak{g}$ 中一定存在包含 $\mathfrak{h}$ 的子代数 $\mathfrak{l}$ 使得 $\pi(\mathfrak{l}) = \mathbb{F}(w + \mathfrak{h})$, 于是 $\mathfrak{l}$ 也是 $\mathfrak{g}$ 的真子代数, 且 $\mathfrak{h} \neq \mathfrak{l}$, 这是矛盾. 因此 $\dim \mathfrak{g}/\mathfrak{h} = 1$.

思考题 1.3.6   如果不假设 $\mathfrak{h}$ 是 $\mathfrak{g}$ 的理想, 上述引理的结论还成立吗?

命题 1.3.7   设 V 为域 $\mathbb{F}$ 上的 n $(n \geqslant 1)$ 维线性空间, $\mathfrak{g}$ 为 $\mathfrak{gl}(V)$ 的子代数, 如果 $\mathfrak{g}$ 中元素都是 V 上的幂零线性变换, 则存在 V 中非零向量 v 使得 $x(v) = 0$, $\forall x \in \mathfrak{g}$.

证   我们对 $\mathfrak{g}$ 的维数 $\dim \mathfrak{g}$ 作归纳证明. 若 $\dim \mathfrak{g} = 0$ 或 $\dim \mathfrak{g} = 1$, 结论是显然的. 假定 $k \geqslant 2$, 且结论对于 $\dim \mathfrak{g} < k$ 成立. 设 $\dim \mathfrak{g} = k$, 任取 $\mathfrak{g}$ 的真子代数 $\mathfrak{k}$, 则对任何 $x \in \mathfrak{k}$, 由思考题 1.3.4, $\operatorname{ad} x$ 是 $\mathfrak{gl}(V)$ 上的幂零线性变换, 因此它在 $\mathfrak{g}$ 上的限制也是 $\mathfrak{g}$ 上的幂零线性变换. 又因为 $\operatorname{ad} x$ 保持 $\mathfrak{k}$ 不变, 所以导出商空间 $\mathfrak{g}/\mathfrak{k}$ 上的一个线性变换, 它自然也是幂零的. 因 $\dim \mathfrak{g}/\mathfrak{k} < \dim \mathfrak{g}$, 由归纳假设可知, 存在 $x + \mathfrak{k} \in \mathfrak{g}/\mathfrak{k}$, $x + \mathfrak{k} \neq 0$(即 $x \notin \mathfrak{k}$) 使得对任何 $y \in \mathfrak{k}$, 有 $\operatorname{ad} y (x + \mathfrak{k}) = 0$, 故 $[y, x] \in \mathfrak{k}$. 这说明 $\mathfrak{k} \neq N_{\mathfrak{g}}(\mathfrak{k})$.

现在取定一个 $\mathfrak{g}$ 的真子代数 $\mathfrak{h}$ 使得 $\dim \mathfrak{h}$ 达到最大, 则由上面的推理知道 $N_{\mathfrak{g}}(\mathfrak{h}) = \mathfrak{g}$, 也就是说, $\mathfrak{h}$ 是 $\mathfrak{g}$ 的理想. 于是由引理 1.3.5, 我们有 $\dim \mathfrak{g}/\mathfrak{h} = 1$. 取定 $z \in \mathfrak{g}$, $z \notin \mathfrak{h}$, 则 $\mathfrak{g} = \mathfrak{h} + \mathbb{F}z$.

由归纳假设, V 的线性子空间 $V_1 = \{v \in V \mid x(v) = 0, \forall x \in \mathfrak{h}\}$ 是非零的. 因 $\mathfrak{h}$ 是 $\mathfrak{g}$ 的理想, 对任何 $x \in \mathfrak{g}, y \in \mathfrak{h}$ 及 $w \in V_1$, 有

$$y(x(w)) = x(y(w)) - [x, y](w) = x(0) - 0 = 0,$$

这说明 V_1 是 $\mathfrak{g}$ 的公共不变子空间, 特别有 $z(V_1) \subset V_1$. 作为 V_1 上的幂零线性变换, 存在 $w \in V_1$, $w \neq 0$, 使得 $z(w) = 0$, 于是对任何 $x \in \mathfrak{g}$, 有 $x(w) = 0$. 至此命题得证.

现在我们可以证明 Engel 定理了.

定理 1.3.8 (Engel 定理)   设 $\mathfrak{g}$ 是域 $\mathbb{F}$ 上 Lie 代数, 则 $\mathfrak{g}$ 是幂零 Lie 代数当且仅当 $\mathfrak{g}$ 是 ad-幂零的.

证   必要性前面已经证明, 下证充分性. 我们对 $\dim \mathfrak{g}$ 用归纳法, 若 $\dim \mathfrak{g} \leqslant 1$, 结论自然成立. 假设 $k \geqslant 1$, 且当 $\dim \mathfrak{g} \leqslant k$ 时, 结论是成立的. 那么当 $\dim \mathfrak{g} = k+1$ 时, 由于 $\mathfrak{g}$ 是 ad-幂零的, $\mathfrak{gl}(\mathfrak{g})$ 的子代数 $\operatorname{ad} \mathfrak{g}$ 全部由幂零线性变换组成, 由命题 1.3.7, 存在 $y \in \mathfrak{g}$, $y \neq 0$, 使得对任何 $x \in \mathfrak{g}$, 有 $\operatorname{ad} x(y) = 0$, 即 $[x, y] = 0$. 这说明 $\mathfrak{g}$ 的中心非零. 现在考虑商代数 $\mathfrak{g}/C(\mathfrak{g})$, 则 $\dim \mathfrak{g}/C(\mathfrak{g}) \leqslant k$, 且 $\mathfrak{g}/C(\mathfrak{g})$ 也是 ad-幂零的, 由归纳假设, $\mathfrak{g}/C(\mathfrak{g})$ 是幂零的, 于是由引理 1.3.1, $\mathfrak{g}$ 也是幂零的. 因此结论对 $\dim \mathfrak{g} = k+1$ 也成立. 这就完成了定理的证明.

习　题　1.3

1. 设 $\mathfrak{h}_1, \mathfrak{h}_2$ 为 Lie 代数 $\mathfrak{g}$ 的两个幂零理想, 试证明 $\mathfrak{h}_1 + \mathfrak{h}_2$ 也是 $\mathfrak{g}$ 的幂零理想, 从而 $\mathfrak{g}$

中必存在唯一一个幂零理想 n, 它包含 g 的任何幂零理想. 这个理想称为 g 的幂零根基.

2. 设 n 为 Lie 代数 g 的幂零根基, 试问商 Lie 代数 g/n 的幂零根基是否一定为零? 证明你的结论.

3. 设 g 为代数闭域 $\mathbb{F}$ 上的 Lie 代数, 且不是幂零的, 试证明 g 一定包含一个二维非交换 Lie 代数.

4. 设 g 为幂零 Lie 代数, $\mathfrak{k}$ 是 g 的真子代数, 试证明 $\mathfrak{k} \subset N_{\mathfrak{g}}(\mathfrak{k})$ 且 $\mathfrak{k} \neq N_{\mathfrak{g}}(\mathfrak{k})$.

5. 试证明任何非零的幂零 Lie 代数至少存在一个外导子.

6. 试构造一个可解 Lie 代数 g 使得 g 的任何导子都是内导子.

7. 设 g 为幂零 Lie 代数, $\dim \mathfrak{g} = k$, 试证明存在 g 的理想序列 $\mathfrak{g}_k = \mathfrak{g} \supset \mathfrak{g}_{k-1} \supset \cdots \supset \mathfrak{g}_1 \supset \mathfrak{g}_0 = 0$ 使得 $\dim \mathfrak{g}_i = i$.

8. 一个 Lie 代数 g 称为完备 Lie 代数, 如果 g 的所有导子都是内导子而且 g 的中心为零. 试证明 2 维非交换 Lie 代数是完备的, 而且对任何特征为零的代数闭域 $\mathbb{F}$, $\mathfrak{sl}(l, \mathbb{F})(l \geqslant 2)$ 是完备的.

9. 试证明任何非零的幂零 Lie 代数都存在余维数为 1 的理想.

10. 试给出复数域上 3 维幂零 Lie 代数的分类.

11. 试证明任何 4 维幂零 Lie 代数一定有 3 维交换理想.

12. 设 g 为特征为零的代数闭域 $\mathbb{F}$ 上的有限维 Lie 代数, $\mathfrak{h}$ 为 g 的极大子代数 (即若 $\mathfrak{k}$ 为 g 的子代数, 且 $\mathfrak{h} \subseteq \mathfrak{k}$, 则必有 $\mathfrak{k} = \mathfrak{h}$ 或 $\mathfrak{k} = \mathfrak{g}$), 且 $\mathfrak{h}$ 为可解 Lie 代数, 试证明 $\dim \mathfrak{g} = \dim \mathfrak{h} + 1$.

1.4 可解 Lie 代数与 Lie 定理

本节我们将证明可解 Lie 代数的 Lie 定理. 与幂零 Lie 代数的研究一样, 我们先给出 Lie 代数可解的几个等价条件. 与前面一样, 本节涉及的 Lie 代数都是有限维的.

定理 1.4.1 设 g 为域 $\mathbb{F}$ 上的 Lie 代数, 则下面的四个条件等价:

(1) g 是可解 Lie 代数;

(2) 存在 g 中的理想序列 $\mathfrak{g}_0 = \mathfrak{g} \supset \mathfrak{g}_1 \supset \cdots \supset \mathfrak{g}_s = 0$, 使得商代数 $\mathfrak{g}_i/\mathfrak{g}_{i+1}(i = 0, 1, \cdots, s-1)$ 是交换 Lie 代数;

(3) 存在 g 中的子代数序列 $\mathfrak{g}_0' = \mathfrak{g} \supset \mathfrak{g}_1' \supset \cdots \supset \mathfrak{g}_r' = 0$ 使得 $\mathfrak{g}_{i+1}'$ 是 $\mathfrak{g}_i'$ 的理想, 且商代数 $\mathfrak{g}_i'/\mathfrak{g}_{i+1}'(i = 0, 1, \cdots, r-1)$ 是交换的;

(4) 存在 g 的子代数序列 $\mathfrak{g}_0'' = \mathfrak{g} \supset \mathfrak{g}_1'' \supset \cdots \supset \mathfrak{g}_t'' = 0$ 使得 $\mathfrak{g}_{i+1}''$ 是 $\mathfrak{g}_i''$ 的理想, 且 $\dim \mathfrak{g}_i''/\mathfrak{g}_{i+1}'' = 1, i = 0, 1, \cdots, t-1$.

证 (1)$\Longrightarrow$(2) 是显然的, 因为 g 的导出列就满足 (2) 的条件.

(2)$\Longrightarrow$(3) 显然成立.

(3)$\Longrightarrow$(4) 如果 g 中存在子代数序列 $\mathfrak{g}_0' = \mathfrak{g} \supset \mathfrak{g}_1' \supset \cdots \supset \mathfrak{g}_r' = 0$ 满足 (3) 的条件, 而且存在 j 使得 $\dim \mathfrak{g}_j'/\mathfrak{g}_{j+1}' > 1$, 则我们可取 $\mathfrak{g}_j'$ 的一个线性子空间 $\mathfrak{h}'$ 使得

$\mathfrak{h}' \supset \mathfrak{g}'_{j+1}$, 且 $\mathfrak{h}' \neq \mathfrak{g}'_j$, $\mathfrak{h}' \neq \mathfrak{g}'_{j+1}$. 因为 $\mathfrak{g}'_{j+1}$ 是 $\mathfrak{g}'_j$ 的理想且 $\mathfrak{g}'_j/\mathfrak{g}'_{j+1}$ 是交换的, 有 $[\mathfrak{g}'_j, \mathfrak{g}'_j] \subseteq \mathfrak{g}'_{j+1}$. 于是

$$[\mathfrak{g}'_j, \mathfrak{h}'] \subseteq [\mathfrak{g}'_j, \mathfrak{g}'_j] \subseteq \mathfrak{g}'_{j+1} \subseteq \mathfrak{h}',$$

从而 $\mathfrak{h}'$ 是 $\mathfrak{g}'_j$ 的理想. 另一方面, $\mathfrak{g}'_{j+1}$ 自然是 $\mathfrak{h}'$ 的理想, 且 $\dim \mathfrak{g}'_j/\mathfrak{h}' < \dim \mathfrak{g}'_j/\mathfrak{g}'_{j+1}$, $\dim \mathfrak{h}'/\mathfrak{g}'_{j+1} < \dim \mathfrak{g}'_j/\mathfrak{g}'_{j+1}$. 因 $\mathfrak{g}$ 是有限维的, 这一步骤经过有限次后就可以得到满足 (4) 的子代数序列.

(4)$\Longrightarrow$(1)　如果 $\mathfrak{g}$ 中存在子代数序列 $\mathfrak{g}''_0 = \mathfrak{g} \supset \mathfrak{g}''_1 \supset \cdots \supset \mathfrak{g}''_t = 0$ 满足 (4) 的条件, 则 $\dim \mathfrak{g}''_{t-1} = 1$, 从而是可解的. 若 $1 \leqslant j \leqslant t-1$, 且 $\mathfrak{g}''_j$ 是可解的, 则因 $\mathfrak{g}''_{j-1}$ 是可解 Lie 代数 $\mathfrak{g}''_{j-1}/\mathfrak{g}''_j$ 通过可解 Lie 代数 $\mathfrak{g}''_j$ 的扩张, 从而也是可解的. 这样递推下去就得到 $\mathfrak{g}_0 = \mathfrak{g}$ 也是可解的.

下面我们将证明著名的 **Lie 定理**. 从本质上来说, Engel 定理之所以成立, 是因为对于一个有限维线性空间 V 以及一个由幂零线性变换组成的 $\mathfrak{gl}(V)$ 的子代数 $\mathfrak{g}$, $\mathfrak{g}$ 中元素存在公共的特征向量. 下面的 Lie 定理说明, 类似的结论对于可解 Lie 代数也成立, 不过这里我们需要假定基域 $\mathbb{F}$ 是特征为 0 的代数闭域. 我们先证明一个引理.

引理 1.4.2　设 $\mathbb{F}$ 为特征为零的域, V 为 $\mathbb{F}$ 上的非零线性空间, $\mathfrak{g}$ 为 $\mathfrak{gl}(V)$ 的可解子代数, $\mathfrak{k}$ 为 $\mathfrak{g}$ 的余维数为 1 的理想, 且存在 $w \in V$, $w \neq 0$, 使得 $y(w) = \lambda(y)w$, $\forall y \in \mathfrak{k}$, 其中 λ 为 $\mathfrak{k}$ 上的线性函数. 则对任何 $x \in \mathfrak{g}, y \in \mathfrak{k}$, 我们有 $\lambda([x,y]) = 0$.

证　固定 $x \in \mathfrak{g}$, $x \neq 0$. 设 l 为最小的使得 $w, x(w), x^2(w), \cdots, x^l(w)$ 线性相关的正整数, 则 $l \geqslant 1$. 记 $W_0 = 0$, 且对于 $i > 0$, 令 W_i 为由 $w, x(w), \cdots, x^{i-1}(w)$ 线性生成的 V 的子空间, 则容易看出 $\dim W_l = l$, 且 $W_l = W_{l+1} = \cdots$, 而且 $x(W_l) = W_l$.

现设 $y \in \mathfrak{k}$, 则我们有 $y(w) = \lambda(y)w$, $y(x(w)) = -[x,y](w) + x(y(w)) = -\lambda([x,y])w + \lambda(y)x(w)$. 因此 $y(w) - \lambda(y)w \in W_0$, $y(x(w)) - \lambda(y)x(w) \in W_1$. 一般地, 如果对所有 $i \leqslant j$, 以及 $y \in \mathfrak{k}$, 都有

$$y(x^i(w)) - \lambda(y)x^i(w) \in W_i,$$

则有

$$y(x^{j+1}(w)) - \lambda(y)x^{j+1}(w) = -[x,y](x^j(w)) + x(y(x^j(w))) - \lambda(y)x^{j+1}(w).$$

由假设, 存在 $w_1, w_2 \in W_j$ 使得

$$-[x,y](x^j(w)) = -\lambda([x,y])x^j(w) + w_1, \quad y(x^j(w)) = \lambda(y)(x^j(w)) + w_2,$$

于是

$$y(x^{j+1}(w)) - \lambda(y)x^{j+1}(w) = -\lambda([x,y])x^j(w) + w_1 + x(w_2) \in W_{j+1}.$$

由此我们得到两个结论: ① W_i 是 $\mathfrak{k}$ 中元素的公共不变子空间; ② 对任何 $y \in \mathfrak{k}$, y 在 W_l 的基 $w, x(w), \cdots, x^{l-1}(w)$ 下的矩阵为对角线上元素等于 $\lambda(y)$ 的上三角矩阵.

现在我们来完成引理的证明. 上面的结论说明对任何 $y \in \mathfrak{k}$, 我们有 $\mathrm{tr}(y|_{W_l}) = l\lambda(y)$, 而如果 $x \in \mathfrak{g}, y \in \mathfrak{k}$, 则 $[x,y]|_{W_l} = (xy - yx)|_{W_l}$ 的迹必须为 0, 因此我们有 $l\lambda([x,y]) = 0$. 因为 $\mathbb{F}$ 的特征为 0, 所以 $\lambda([x,y]) = 0$.

定理 1.4.3 设 $\mathbb{F}$ 为特征为零的代数闭域, V 为 $\mathbb{F}$ 上的非零线性空间, $\mathfrak{g}$ 为 $\mathfrak{gl}(V)$ 的一个可解子代数, 则存在 $v \in V, v \neq 0$ 及 $\mathfrak{g}$ 上线性函数 λ 使得 $x(v) = \lambda(x)v$, $\forall x \in \mathfrak{g}$.

证 不妨设 $\mathfrak{g} \neq 0$, 我们对 $\dim \mathfrak{g}$ 用归纳法. 若 $\dim \mathfrak{g} = 1$, 结论自然成立. 下设当 $\dim \mathfrak{g} \leqslant k$ 时结论成立, 并设 $\dim \mathfrak{g} = k+1$. 并将证明分成三步来完成.

(1) 我们先证明 $\mathfrak{g}$ 中一定存在余维数为 1 的理想. 事实上, 因为 $\mathfrak{g}$ 可解, 我们有 $\mathfrak{g} \neq [\mathfrak{g}, \mathfrak{g}]$. 任取 $\mathfrak{g}$ 中包含 $[\mathfrak{g}, \mathfrak{g}]$ 的余维数为 1 的线性子空间 $\mathfrak{k}$, 则有

$$[\mathfrak{g}, \mathfrak{k}] \subseteq [\mathfrak{g}, \mathfrak{g}] \subseteq \mathfrak{k},$$

因此 $\mathfrak{k}$ 就是余维数为 1 的理想.

(2) 取定步骤 (1) 中的理想 $\mathfrak{k}$. 如果 $\dim \mathfrak{k} = 0$, 则 $\dim \mathfrak{g} = 1$, 结论自然成立. 设 $\dim \mathfrak{k} > 0$, 则由 $\mathfrak{k}$ 可解以及归纳假设, 存在 V 中非零向量 v_1 及 $\mathfrak{k}$ 上的线性函数 λ 使得 $x(v_1) = \lambda(x)v_1, \forall x \in \mathfrak{k}$. 现在令

$$W = \{w \in V \mid x(w) = \lambda(x)w, \forall x \in \mathfrak{k}\}.$$

则 W 是 V 的非零线性子空间.

(3) 我们断定, W 是 $\mathfrak{g}$ 中元素的公共不变子空间, 即 $x(W) \subseteq W, \forall x \in \mathfrak{g}$. 事实上, 对任何 $x \in \mathfrak{g}, w \in W$ 及 $y \in \mathfrak{k}$, 有

$$y(x(w)) = -[x,y]w + x(y(w)) = -\lambda([x,y])w + x(\lambda(y)w) = \lambda(y)x(w),$$

这里我们用到了引理的结论 $\lambda([x,y]) = 0$. 上式说明 $x(w) \in W$, 因此断言成立.

现在我们取定 $z \in \mathfrak{g} \backslash \mathfrak{k}$, 于是有 $\mathfrak{g} = \mathfrak{k} + \mathbb{F}z$, 且 $z(W) \subseteq W$. 作为代数闭域上的非零线性空间 W 上的线性变换, z 一定存在特征根和相应的特征向量 w_1, 于是容易验证 w_1 满足定理的条件. 因此结论对于 $\dim \mathfrak{g} = k+1$ 也成立. 至此定理得证.

现在我们可以证明 Lie 定理了.

定理 1.4.4 (Lie 定理) 设 $\mathbb{F}$ 为特征为零的代数闭域, V 为 $\mathbb{F}$ 上的有限维线性空间, $\mathfrak{g}$ 为 $\mathfrak{gl}(V)$ 的可解子代数, 则存在 V 的一组基 $\varepsilon_1, \varepsilon_2, \cdots, \varepsilon_n$, 使得对任何 $x \in \mathfrak{g}$, x 在基 $\varepsilon_1, \varepsilon_2, \cdots, \varepsilon_n$ 下的矩阵为上三角矩阵.

第 1 章　Lie 代数的基本概念

证　我们对 V 的维数用归纳法. 若 $\dim V = 1$, 结论自然成立. 假设当 $\dim V = n-1$ 时成立, 那么当 $\dim V = n$ 时, 由定理 1.4.3, 存在 $w \in V, w \neq 0$ 以及 $\mathfrak{g}$ 上线性函数 λ 使得

$$x(w) = \lambda(x)w.$$

这说明 $V_1 = \mathbb{F}w$ 是 $\mathfrak{g}$ 的公共不变子空间, 于是任何 $x \in \mathfrak{g}$ 都诱导出商空间 V/V_1 上的一个线性变换 $\tilde{x}$, 而集合 $\{\tilde{x} \mid x \in \mathfrak{g}\}$ 是 $\mathfrak{g}$ 的同态像, 因此是 $\mathfrak{gl}(V/V_1)$ 的可解子代数. 由归纳假设, 存在 V/V_1 的一组基 $\tilde{\varepsilon}_2, \tilde{\varepsilon}_3, \cdots, \tilde{\varepsilon}_n$ 使得对任何 $x \in \mathfrak{g}$, $\tilde{x}$ 在这组基下的矩阵为上三角矩阵. 现在取定 $\tilde{\varepsilon}_i$ 中的代表元 ε_i, $i = 2, 3, \cdots, n$, 且令 $\varepsilon_1 = w$, 则容易验证 $\varepsilon_1, \varepsilon_2, \cdots, \varepsilon_n$ 为 V 的一组基, 而且任何 $x \in \mathfrak{g}$ 在这组基下的矩阵为上三角矩阵. 这说明结论对于 $\dim V = n$ 也成立. 至此定理证毕.

思考题 1.4.5　仔细比较 Engel 定理与 Lie 定理就可以发现, Engel 定理对于基域没有任何要求, 而 Lie 定理要求基域 $\mathbb{F}$ 是特征为零的代数闭域, 请说明这里的原因, 并举例说明 Lie 定理对于特征为零的非代数闭域不成立, 对于特征不为零的代数闭域也不成立.

Lie 定理有一个重要的推论, 这在研究某些问题时非常有用.

推论 1.4.6　设 $\mathbb{F}$ 为特征为零的代数闭域, 则 $\mathbb{F}$ 上的一个 Lie 代数 $\mathfrak{g}$ 可解当且仅当 $[\mathfrak{g}, \mathfrak{g}]$ 幂零.

证　注意到 $\mathfrak{g}/[\mathfrak{g}, \mathfrak{g}]$ 是交换 Lie 代数, 因而可解; 如果 $[\mathfrak{g}, \mathfrak{g}]$ 幂零, 则 $[\mathfrak{g}, \mathfrak{g}]$ 也可解, 于是 $\mathfrak{g}$ 是可解 Lie 代数 $\mathfrak{g}/[\mathfrak{g}, \mathfrak{g}]$ 通过可解 Lie 代数 $[\mathfrak{g}, \mathfrak{g}]$ 的扩张, 因而可解.

反之, 如果 $\mathfrak{g}$ 可解, 则 $\{\mathrm{ad}\,x \mid x \in \mathfrak{g}\}$ 作为 $\mathfrak{g}$ 的同态像, 是 $\mathfrak{gl}(\mathfrak{g})$ 的可解子代数, 于是由 Lie 定理, 存在 $\mathfrak{g}$ 的一组基使得对任何 $x \in \mathfrak{g}$, $\mathrm{ad}\,x$ 在这组基下的矩阵为上三角矩阵. 因此对任何 $x, y \in \mathfrak{g}$, $\mathrm{ad}\,[x, y] = \mathrm{ad}\,(x)\mathrm{ad}\,(y) - \mathrm{ad}\,(y)\mathrm{ad}\,(x)$ 在这组基下的矩阵为严格上三角矩阵. 这说明 $\mathrm{ad}\,[x, y]$ 是幂零线性变换, 于是 $\mathrm{ad}\,[x, y]$ 在其不变子空间 $[\mathfrak{g}, \mathfrak{g}]$ 上的限制也是幂零的, 也就是说, Lie 代数 $[\mathfrak{g}, \mathfrak{g}]$ 是 ad-幂零的, 故由 Engel 定理, $[\mathfrak{g}, \mathfrak{g}]$ 是幂零的.

习　题　1.4

1. 设 $\mathbb{F}$ 为特征为 p 的代数闭域, V 为 $\mathbb{F}$ 上的线性空间. 试证明, 若 $p > \dim V$, 则 Lie 定理的结论对于 V 仍然成立.

2. 设 $\mathfrak{g}$ 为特征为零的代数闭域 $\mathbb{F}$ 上的可解 Lie 代数, $\mathfrak{n}$ 为 $\mathfrak{g}$ 的幂零根基, τ 为 $\mathfrak{g}$ 上的导子, 试证明 $\tau(\mathfrak{g}) \subseteq \mathfrak{n}$.

3. 设 $\mathfrak{g}$ 为特征为零的代数闭域上的可解 Lie 代数, $\mathfrak{n}$ 为 $\mathfrak{g}$ 的幂零根基, 试证明 $[\mathfrak{g}, \mathfrak{g}] \subset \mathfrak{n}$.

4. 试举例说明上题的结论对于非可解 Lie 代数不成立.

5. 设 $\mathfrak{g}$ 为特征为零的代数闭域上的可解 Lie 代数, $\mathfrak{h}$ 为 $\mathfrak{g}$ 的真子代数, 试证明存在 $\mathfrak{g}$ 的子代数 $\mathfrak{h}_1$, 使得 $\mathfrak{h} \subset \mathfrak{h}_1$ 且 $\dim \mathfrak{h}_1 = \dim \mathfrak{h} + 1$.

6. 设 $\mathbb{F}$ 为特征为零的代数闭域, $\mathfrak{g}$ 为 $\mathfrak{gl}(n, \mathbb{F})$ 的可解子代数, 试证明 $\dim \mathfrak{g} \leqslant \dfrac{n(n+1)}{2}$.

7. 设 $n \geqslant 2$, $\mathfrak{g}$ 为由所有 n 阶复上三角矩阵组成的 Lie 代数, 令

$$\mathfrak{g}^+ = \{(a_{ij}) \in \mathfrak{g} | a_{11} = a_{22} = \cdots = a_{nn} = 0\},$$

$$\mathfrak{g}^- = \left\{ (a_{ij}) \in \mathfrak{g} \middle| a_{12} = a_{23} = \cdots = a_{n-1,n} = 0, \sum_{i=1}^{n} a_{ii} = 0 \right\}.$$

定义 $\mathfrak{g}$ 上线性函数 f 为

$$f((a_{ij})) = \sum_{i=1}^{n} a_{ii} + \sum_{i=1}^{n-1} a_{i,i+1}, \quad (a_{ij}) \in \mathfrak{g}.$$

试证明 $\{\mathfrak{g}^+, \mathfrak{g}^-, f\}$ 是 $\mathfrak{g}$ 的一个双极化, 且当 $n \geqslant 3$ 时, $\mathfrak{g}^+, \mathfrak{g}^-$ 作为 Lie 代数不同构.

1.5 半单 Lie 代数

本节我们介绍半单 Lie 代数的概念和基本性质, 并给出一些判别定理. Lie 代数理论的一个最重要的成果就是半单 Lie 代数的分类, 因此本节的内容是非常重要的.

首先给出半单 Lie 代数的定义. 设 $\mathbb{F}$ 为域, $\mathfrak{g}$ 为 $\mathbb{F}$ 上的 Lie 代数, 因为任何两个可解理想的和还是可解理想, 所以 $\mathfrak{g}$ 中一定存在一个最大的可解理想, 称为 $\mathfrak{g}$ 的**根基**, 记为 $\mathrm{Rad}\mathfrak{g}$. 称 Lie 代数 $\mathfrak{g}$ 为**半单 Lie 代数**, 如果 $\mathrm{Rad}\mathfrak{g} = 0$.

思考题 1.5.1 试计算 Lie 代数 $\mathfrak{sl}(2, \mathbb{C})$ 的根基, 从而证明它是半单 Lie 代数.

半单 Lie 代数的定义可以减弱. 事实上, 我们有

引理 1.5.2 一个 Lie 代数 $\mathfrak{g}$ 半单当且仅当 $\mathfrak{g}$ 不包含非零交换理想.

证 必要性是显然的, 因为一个非零交换理想必然是非零可解理想. 反之, 如果 $\mathfrak{g}$ 不是半单的, 则 $\mathfrak{h} = \mathrm{Rad}\mathfrak{g} \neq 0$. 因 $\mathfrak{h}$ 为理想, 容易看出 $\mathfrak{h}^{(1)} = [\mathfrak{h}, \mathfrak{h}]$ 也是理想, 故对任何 $l \in \mathbb{N}$, $\mathfrak{h}^{(l)}$ 也是理想. 又 $\mathfrak{h}$ 是可解的, 因此存在 $k \geqslant 1$, 使得 $\mathfrak{h}^{(k-1)} \neq 0$, 而 $\mathfrak{h}^{(k)} = 0$, 这说明 $\mathfrak{h}^{(k-1)}$ 是 $\mathfrak{g}$ 的非零交换理想. 因此引理成立.

按照上面的定义来判断一个 Lie 代数是否半单是非常麻烦的, 因为一般来说计算一个 Lie 代数的根基非常困难. 下面我们引进 Lie 代数的 Killing 型的概念, 并利用它给出 Lie 代数半单的一个充分必要条件. 设 $\mathfrak{g}$ 为 Lie 代数, 定义

$$B(x, y) = \mathrm{tr}(\mathrm{ad}\,x\,\mathrm{ad}\,y), \quad x, y \in \mathfrak{g}.$$

则 B 是 $\mathfrak{g}$ 上的对称双线性函数, 称为 $\mathfrak{g}$ 的 **Killing 型**(或 **Cartan-Killing 型**). 值得注意的是, 除了双线性性和对称性外, Killing 型还满足条件 (称为不变性)

$$B([x, y], z) + B(y, [x, z]) = 0, \quad \forall x, y, z \in \mathfrak{g}.$$

这是因为

$$B([x,y],z) + B(y,[x,z])$$
$$= \operatorname{tr}(\operatorname{ad}[x,y]\operatorname{ad}z) + \operatorname{tr}(\operatorname{ad}y\operatorname{ad}[x,z])$$
$$= \operatorname{tr}(\operatorname{ad}x\operatorname{ad}y\operatorname{ad}z - \operatorname{ad}y\operatorname{ad}x\operatorname{ad}z) + \operatorname{tr}(\operatorname{ad}y\operatorname{ad}x\operatorname{ad}z - \operatorname{ad}y\operatorname{ad}z\operatorname{ad}x)$$
$$= \operatorname{tr}(\operatorname{ad}x\operatorname{ad}y\operatorname{ad}z - \operatorname{ad}y\operatorname{ad}z\operatorname{ad}x) + \operatorname{tr}(\operatorname{ad}y\operatorname{ad}x\operatorname{ad}z - \operatorname{ad}y\operatorname{ad}x\operatorname{ad}z)$$
$$= 0.$$

思考题 1.5.3　设 $\mathfrak{h}$ 为 Lie 代数 $\mathfrak{g}$ 的理想, $B_{\mathfrak{g}}, B_{\mathfrak{h}}$ 分别为 $\mathfrak{g},\mathfrak{h}$ 的 Killing 型, 试证明 $B_{\mathfrak{h}}$ 是 $B_{\mathfrak{g}}$ 在 $\mathfrak{h}$ 上的限制.

思考题 1.5.4　设 $\mathfrak{h}, \mathfrak{g}$ 如上, $\mathfrak{h}^{\perp} = \{x \in \mathfrak{g} | B_{\mathfrak{g}}(x,y) = 0, \forall y \in \mathfrak{h}\}$. 试证明 $\mathfrak{h}^{\perp}$ 是 $\mathfrak{g}$ 的理想.

Killing 型的一个重要的应用是可以用来刻画可解 Lie 代数和半单 Lie 代数. 下面的两个定理称为 **Cartan 准则**.

定理 1.5.5　设 $\mathfrak{g}$ 为特征为零的代数闭域 $\mathbb{F}$ 上的 Lie 代数, 则 $\mathfrak{g}$ 可解当且仅当 $B(x,[y,z]) = 0, \forall x,y,z \in \mathfrak{g}$.

证　设 $\mathfrak{g}$ 为可解 Lie 代数, 则由 Lie 定理, 存在 $\mathfrak{g}$ 的一组基使得对任何 $x \in \mathfrak{g}$, $\operatorname{ad}x$ 的矩阵都是上三角矩阵. 因此对任何 $y,z \in \mathfrak{g}$, $\operatorname{ad}[y,z] = \operatorname{ad}y\operatorname{ad}z - \operatorname{ad}z\operatorname{ad}y$ 的矩阵是严格上三角矩阵. 这样 $\operatorname{ad}x\operatorname{ad}[y,z]$ 对应的矩阵也是严格上三角矩阵. 因此 $B(x,[y,z]) = \operatorname{tr}(\operatorname{ad}x\operatorname{ad}[y,z]) = 0$.

反之, 设 $B(x,[y,z]) = 0, \forall x,y,z \in \mathfrak{g}$. 我们先证明 $\operatorname{ad}\mathfrak{g}$ 是 $\mathfrak{gl}(\mathfrak{g})$ 的可解子代数, 为此只需证明 $[\operatorname{ad}\mathfrak{g}, \operatorname{ad}\mathfrak{g}] = \operatorname{ad}[\mathfrak{g},\mathfrak{g}]$ 是幂零的. 我们利用定理 0.1.8 来证明. 设 $M_1 = [\operatorname{ad}\mathfrak{g}, \operatorname{ad}\mathfrak{g}]$, $M_2 = \operatorname{ad}\mathfrak{g}$, 定义 $M = \{W \in \mathfrak{gl}(\mathfrak{g}) | [W, M_2] \subseteq M_1\}$, 则我们有 $\operatorname{ad}\mathfrak{g} \subseteq M$. 又对任何 $\operatorname{ad}[x,y] \in M_1$, 以及 $Z \in M$, 有

$$\operatorname{tr}(\operatorname{ad}[x,y]Z) = \operatorname{tr}((\operatorname{ad}x\operatorname{ad}yZ - \operatorname{ad}y\operatorname{ad}x)Z)$$
$$= \operatorname{tr}(\operatorname{ad}x\operatorname{ad}yZ) - \operatorname{tr}(\operatorname{ad}y\operatorname{ad}xZ)$$
$$= \operatorname{tr}(\operatorname{ad}x\operatorname{ad}yZ) - \operatorname{tr}(\operatorname{ad}xZ\operatorname{ad}y)$$
$$= \operatorname{tr}(\operatorname{ad}x[\operatorname{ad}y,Z]) = 0,$$

其中最后一步是因为由假设我们有 $[\operatorname{ad}y,Z] \in M_1 = [\operatorname{ad}(\mathfrak{g}), \operatorname{ad}(\mathfrak{g})]$. 这样由定理 0.1.8 的结论我们得到 $\operatorname{ad}([x,y])$ 是幂零线性变换, 从而 $[\operatorname{ad}(\mathfrak{g}), \operatorname{ad}(\mathfrak{g})]$ 是幂零 Lie 代数, 故 $\operatorname{ad}(\mathfrak{g})$ 是可解 Lie 代数.

现在我们考虑满同态 $\operatorname{ad}: \mathfrak{g} \to \operatorname{ad}(\mathfrak{g})$, 则同态的核恰为 $\mathfrak{g}$ 的中心, 因此 $\mathfrak{g}$ 是 $\operatorname{ad}(\mathfrak{g})$ 的中心扩张. 因 $\operatorname{ad}(\mathfrak{g})$ 可解, 故 $\mathfrak{g}$ 也可解.

定理 1.5.6 设 $\mathbb{F}$ 为特征为零的代数闭域, $\mathfrak{g}$ 为 $\mathbb{F}$ 上的 Lie 代数, 则 $\mathfrak{g}$ 为半单的当且仅当 $\mathfrak{g}$ 的 Killing 型是非退化的.

证 设 $\mathfrak{g}$ 是半单的, 则 $\operatorname{Rad}\mathfrak{g} = 0$. 令

$$\mathfrak{r} = \{x \in \mathfrak{g} | B(x,y) = 0, \forall y \in \mathfrak{g}\}.$$

容易验证 $\mathfrak{r}$ 是 $\mathfrak{g}$ 的理想. 注意到对任何 $x,y,z \in \mathfrak{r}$, 我们有 $B(x,[y,z]) = 0$. 因此 $\mathfrak{r}$ 是可解的. 于是 $\mathfrak{r} \subseteq \operatorname{Rad}\mathfrak{g} = 0$. 故 $\mathfrak{r} = 0$, 于是 B 是非退化的.

反之, 假设 B 是非退化的, 我们证明 $\mathfrak{g}$ 不包含非零的交换理想, 于是由引理 1.5.2 就得到我们的结论. 用反证法, 若不然, 设 $\mathfrak{i}$ 为 $\mathfrak{g}$ 的非零交换理想. 则对任何 $x \in \mathfrak{i}, y,z \in \mathfrak{g}$, 有

$$(\operatorname{ad}x\operatorname{ad}y)^2(z) = [x,[y,[x,[y,z]]]].$$

因 $\mathfrak{i}$ 为 $\mathfrak{g}$ 的理想, 有 $[x,[y,z]] \in \mathfrak{i}$, 故 $[y,[x,[y,z]]] \in \mathfrak{i}$. 又 $\mathfrak{i}$ 是交换的, 故

$$[x,[y,[x,[y,z]]]] = 0.$$

这说明 $\operatorname{ad}x\operatorname{ad}y$ 是幂零线性变换, 从而 $B(x,y) = \operatorname{tr}(\operatorname{ad}x\operatorname{ad}y) = 0$. 这与 B 非退化矛盾.

上面给出了判断一个 Lie 代数可解和半单的方法, 下面来研究一下半单 Lie 代数的结构. 我们先给出一个定义.

定义 1.5.7 一个 Lie 代数 $\mathfrak{g}$ 称为**单 Lie 代数**, 如果 $\mathfrak{g}$ 没有非平凡理想而且 $[\mathfrak{g},\mathfrak{g}] \neq 0$.

由定义, 单 Lie 代数的根基一定为零, 因此单 Lie 代数一定是半单的. 特别地, 任何可解或幂零 Lie 代数都不是单 Lie 代数. 值得注意的是, 1 维 Lie 代数虽然没有非平凡理想, 却不是单 Lie 代数.

思考题 1.5.8 试构造一个 Lie 代数, 它既不是可解的也不是半单 Lie 代数.

下面我们来研究一下半单 Lie 代数的结构. 如果半单 Lie 代数 $\mathfrak{g}$ 不是单的, 则存在非平凡理想 $\mathfrak{g}_1$, 令

$$\mathfrak{g}_1^{\perp} = \{x \in \mathfrak{g} | B_{\mathfrak{g}}(x,y) = 0, \forall y \in \mathfrak{g}_1\},$$

则容易验证 $\mathfrak{g}_1^{\perp}$ 也是 $\mathfrak{g}$ 的理想. 因为 $B_{\mathfrak{g}}$ 是非退化的, 故有 $\mathfrak{g}_1 \cap \mathfrak{g}_1^{\perp} = 0$, 且 $\dim\mathfrak{g}_1 + \dim\mathfrak{g}_1^{\perp} = \dim\mathfrak{g}$, 从而 $\mathfrak{g} = \mathfrak{g}_1 \oplus \mathfrak{g}_1^{\perp}$ 为理想直和. 又因为 $\mathfrak{g}_1, \mathfrak{g}_1^{\perp}$ 都是理想, 所以 $B_{\mathfrak{g}_1}, B_{\mathfrak{g}_1^{\perp}}$ 分别是 $B_{\mathfrak{g}}$ 在 $\mathfrak{g}_1, \mathfrak{g}_1^{\perp}$ 上的限制. 这说明 $B_{\mathfrak{g}_1}, B_{\mathfrak{g}_1^{\perp}}$ 也都是非退化的, 于是 $\mathfrak{g}_1, \mathfrak{g}_1^{\perp}$ 也都是半单 Lie 代数. 因为 $\mathfrak{g}_1, \mathfrak{g}_1^{\perp}$ 的维数都小于 $\mathfrak{g}$ 的维数, 这一过程继续下去我们就得到

定理 1.5.9 任何一个半单 Lie 代数都能分解成单理想的直和.

现在我们考虑上述定理中分解的唯一性. 假定 $\mathfrak{g} = \mathfrak{g}_1 \oplus \mathfrak{g}_2 \oplus \cdots \oplus \mathfrak{g}_s$ 是半单 Lie 代数 $\mathfrak{g}$ 的分解, 其中 $\mathfrak{g}_i (1 \leqslant i \leqslant s)$ 都是单理想. 现在设 $\mathfrak{h}$ 是 $\mathfrak{g}$ 的一个最小的非零理想, 那么上面的推理说明 $\mathfrak{h}$ 一定是半单的, 由于是最小理想, $\mathfrak{h}$ 不可能有非平凡理想, 因此 $\mathfrak{h}$ 是单理想. 但 $[\mathfrak{h}, \mathfrak{g}] \subseteq \mathfrak{h}$ 也是 $\mathfrak{g}$ 的理想, 而且不为零 (否则将有 $\mathfrak{h} \subseteq C(\mathfrak{g})$, 矛盾), 因此有 $\mathfrak{h} = [\mathfrak{h}, \mathfrak{g}]$. 另一方面

$$[\mathfrak{h}, \mathfrak{g}] = [\mathfrak{h}, \mathfrak{g}_1] + [\mathfrak{h}, \mathfrak{g}_2] + \cdots + [\mathfrak{h}, \mathfrak{g}_s].$$

于是一定存在 i, $1 \leqslant i \leqslant s$, 使得 $\mathfrak{h} = [\mathfrak{h}, \mathfrak{g}] = [\mathfrak{h}, \mathfrak{g}_i]$, 而 $[\mathfrak{h}, \mathfrak{g}_j] = 0$, $j \neq i$. 又 $[\mathfrak{h}, \mathfrak{g}_i] \subseteq \mathfrak{g}_i$, 故 $\mathfrak{h} = \mathfrak{g}_i$. 这说明上面的分解中出现的单理想其实都是 $\mathfrak{g}$ 的非零极小理想, 因此除了顺序外, 这些单理想一定是唯一的. 这就证明了

定理 1.5.10　一个半单 Lie 代数分解成单理想的直和, 如果不计顺序, 则分解是唯一的.

本节的最后我们考虑半单 Lie 代数 $\mathfrak{g}$ 的导子. 因为半单 Lie 代数的中心为零, 所以同态 $\mathrm{ad} : \mathfrak{g} \to \mathrm{ad}\,\mathfrak{g}$ 是同构. 这说明 $\mathrm{ad}\,\mathfrak{g}$ 也是半单 Lie 代数, 因此其 Killing 型也是非退化的. 又由前面的讨论知道, 对任何 $\mathfrak{g}$ 的导子 δ, $x \in \mathfrak{g}$, 有 $[\delta, \mathrm{ad}\,x] = \mathrm{ad}\,(\delta(x))$, 因此 $\mathrm{ad}\,\mathfrak{g}$ 是 $\mathrm{Der}\,\mathfrak{g}$ 的理想. 这说明 $\mathrm{ad}\,\mathfrak{g}$ 的 Killing 型 B_1 是 $\mathrm{Der}\,\mathfrak{g}$ 的 Killing 型 B_2 在 $\mathrm{ad}\,\mathfrak{g} \times \mathrm{ad}\,\mathfrak{g}$ 上的限制. 现在考虑 $\mathrm{Der}\,\mathfrak{g}$ 的理想

$$\mathfrak{t} = \{\delta \in \mathrm{Der}\,\mathfrak{g} | B_2(\delta, \mathrm{ad}\,x) = 0, \forall x \in \mathfrak{g}\}.$$

如果 $\delta_1 \in \mathfrak{t} \cap \mathrm{ad}\,\mathfrak{g}$, 则有 $B_2(\delta_1, \mathrm{ad}\,x) = B_1(\delta_1, \mathrm{ad}\,x) = 0$, $\forall x \in \mathfrak{g}$. 由于 B_1 是非退化的, 我们得到 $\delta_1 = 0$. 因此 $\mathfrak{t} \cap \mathrm{ad}\,\mathfrak{g} = 0$. 又因为 $\mathfrak{t}$ 和 $\mathrm{ad}\,\mathfrak{g}$ 都是 $\mathrm{Der}\,\mathfrak{g}$ 的理想, 我们得到 $[\mathfrak{t}, \mathrm{ad}\,\mathfrak{g}] \subseteq \mathfrak{t} \cap \mathrm{ad}\,\mathfrak{g} = 0$. 特别地, 对任何 $\delta \in \mathfrak{t}$ 及 $x \in \mathfrak{g}$, 有 $\mathrm{ad}\,\delta(x) = 0$, 由 $\mathfrak{g}$ 的中心为零我们得到 $\delta(x) = 0$. 这说明 $\mathfrak{t} = 0$. 因此 $\mathrm{Der}\,\mathfrak{g} = \mathrm{ad}\,\mathfrak{g}$. 这证明了下面的定理:

定理 1.5.11　一个半单 Lie 代数的导子一定是内导子.

思考题 1.5.12　在 Cartan 准则中我们都假设域 $\mathbb{F}$ 是特征为零的代数闭域, 但是后面的各个定理中都没有提到这个条件, 那么本节的哪些定理对域的条件可以减弱? 特别地, 试讨论本节的结论对于实数域是否成立.

最后我们介绍一下实半单 Lie 代数的一些基本性质. 如果 $\mathfrak{g}$ 是一个实 Lie 代数, 则可以在 $\mathfrak{g}$ 的复化 $\mathfrak{g}^C$ 上定义 Lie 括号如下: 对 $x_1, x_2, y_1, y_2 \in \mathfrak{g}$, 定义

$$[x_1 + \sqrt{-1}y_1, x_2 + \sqrt{-1}y_2] = [x_1, x_2] - [y_1, y_2] + \sqrt{-1}([y_1, x_2] + [x_1, y_2]).$$

容易验证在上述 Lie 括号运算下成为一个复 Lie 代数称为 Lie 代数 $\mathfrak{g}$ 的**复化**. 反之, 如果 $\mathfrak{k}$ 为一个复 Lie 代数, $\mathfrak{k}_0$ 是 $\mathfrak{k}$ 作为实 Lie 代数的子代数, 而且满足条件 $\mathfrak{k} = \mathfrak{k}_0 + \sqrt{-1}\mathfrak{k}_0$, 则称 $\mathfrak{k}_0$ 为 $\mathfrak{k}$ 的一个**实形式**. 显然, 若 $\mathfrak{k}_0$ 是 $\mathfrak{k}$ 的实形式, 则 $\mathfrak{k}_0^C = \mathfrak{k}$; 此外, 若 $\mathfrak{g}^C$ 是 $\mathfrak{g}$ 的复化, 则 $\mathfrak{g}$ 是 $\mathfrak{g}^C$ 的一个实形式.

思考题 1.5.13 试举例说明, 存在复 Lie 代数 $\mathfrak{k}, \mathfrak{k}$ 有两个实形式 $\mathfrak{k}_{0,1}, \mathfrak{k}_{0,2}$ 作为实 Lie 代数不同构.

一般说来, 复 Lie 代数的实形式是不唯一的. 那么一个实 Lie 代数的复化和它本身有什么联系呢? 下面的引理给出了这方面的一个重要信息.

引理 1.5.14 设 $\mathfrak{g}_0$ 为实 Lie 代数, $\mathfrak{g}$ 为 $\mathfrak{g}_0$ 的复化. 将 $\mathfrak{g}$ 看成实 Lie 代数, 记为 $\tilde{\mathfrak{g}}$. 设 $\mathfrak{g}_0, \mathfrak{g}, \tilde{\mathfrak{g}}$ 的 Killing 型分别为 $B_0, B, \tilde{B}$, 则

$$B_0(x,y) = B(x,y), \quad \forall x,y \in \mathfrak{g}_0,$$
$$\tilde{B}(x,y) = 2\mathrm{Re}(B(x,y)), \quad \forall x,y \in \tilde{\mathfrak{g}},$$

这里 Re 表示一个复数的实部.

证 取定 $\mathfrak{g}_0$ 的一组基 $\varepsilon_1, \varepsilon_2, \cdots, \varepsilon_n$, 则 $\varepsilon_1, \varepsilon_2, \cdots, \varepsilon_n$ 也是 $\mathfrak{g}$ 的一组基, 而

$$\varepsilon_1, \varepsilon_2, \cdots, \varepsilon_n, \sqrt{-1}\varepsilon_1, \sqrt{-1}\varepsilon_2, \cdots, \sqrt{-1}\varepsilon_n$$

是 $\tilde{\mathfrak{g}}$ 的一组基. 设 $x, y \in \mathfrak{g}_0$, 且 $\mathfrak{g}_0$ 的线性变换 $\mathrm{ad}\,(x)\mathrm{ad}\,(y)$ 在上述基下的矩阵为 A, 则作为 $\mathfrak{g}$ 上的线性变换, $\mathrm{ad}\,(x)\mathrm{ad}\,(y)$ 在上述基下的矩阵也是 A, 因此第一个结论成立.

现在设 $x, y \in \mathfrak{g} = \tilde{\mathfrak{g}}$, 而且作为 $\mathfrak{g}$ 上线性变换, $\mathrm{ad}\,(x)\mathrm{ad}\,(y)$ 在基 $\varepsilon_1, \varepsilon_2, \cdots, \varepsilon_n$ 下的矩阵为 $B + \sqrt{-1}C$, 其中 $B, C \in \mathbb{R}^{n \times n}$, 则直接计算容易看出, 作为 $\tilde{\mathfrak{g}}$ 上线性变换, $\mathrm{ad}\,(x)\mathrm{ad}\,(y)$ 在基 $\varepsilon_1, \varepsilon_2, \cdots, \varepsilon_n, \sqrt{-1}\varepsilon_1, \sqrt{-1}\varepsilon_2, \cdots, \sqrt{-1}\varepsilon_n$ 下的矩阵为

$$\begin{pmatrix} B & -C \\ C & B \end{pmatrix},$$

由此可知第二个结论成立.

上述引理的一个重要推论是

定理 1.5.15 一个实 Lie 代数是半单的当且仅当它的复化是半单的.

习 题 1.5

1. 计算 2 维非交换 Lie 代数的 Killing 型.

2. 设 $\mathfrak{g}$ 为 Lie 代数, K 为 $\mathfrak{g}$ 上的双线性函数, 称 K 为不变的, 如果

$$K(x, [y,z]) + K(y, [x,z]) = 0, \quad \forall x, y, z \in \mathfrak{g}.$$

称 K 为对称的, 如果 $K(x,y) = K(y,x), \forall x,y \in \mathfrak{g}$. 试证明 2 维非交换 Lie 代数上存在对称的非退化不变双线性型.

3. 设 $\mathbb{F} = \mathbb{R}$ 或 $\mathbb{F} = \mathbb{C}$. 试证明 $\mathfrak{t}(n, \mathbb{F})$ 上存在对称的非退化不变双线性型.

4. 试证明一个幂零 Lie 代数 $\mathfrak{g}$ 的 Killing 型满足 $B(x, y) = 0, \forall x, y \in \mathfrak{g}$.

5. 试举例说明, 存在可解 Lie 代数其 Killing 型不等于 0, 而且存在可解非幂零的 Lie 代数, 其 Killing 型为 0.

6. 设 φ 为 Lie 代数 $\mathfrak{g}$ 到 $\mathfrak{g}_1$ 的满同态, $\mathfrak{r}$ 为 $\mathfrak{g}$ 的根基, 试证明 $\varphi(\mathfrak{r})$ 是 $\mathfrak{g}_1$ 的根基.

7. 设 $\mathbb{F}$ 为特征为零的代数闭域. 试证明 $\mathbb{F}$ 上的一个 Lie 代数 $\mathfrak{g}$ 是可解的当且仅当 $B(x, x) = 0, \forall x \in \mathfrak{g}^{(1)} = [\mathfrak{g}, \mathfrak{g}]$.

8. 设 $\mathfrak{g}$ 为 Lie 代数, $\mathfrak{r}$ 为 $\mathfrak{g}$ 的根基, $\mathfrak{h}$ 为 $\mathfrak{g}$ 的理想, 试证明 $\mathfrak{g}/\mathfrak{h}$ 是半单 Lie 代数当且仅当 $\mathfrak{r} \subset \mathfrak{h}$.

9. 设 $\mathfrak{g}$ 为特征为零的代数闭域 $\mathbb{F}$ 上的半单 Lie 代数, 称 $u \in \mathfrak{g}$ 为半单元 (幂零元), 如果 $\mathrm{ad}(u)$ 是 $\mathfrak{g}$ 上的半单 (幂零) 线性变换. 试证明对任何 $x \in \mathfrak{g}$, 存在唯一 $x_s, x_n \in \mathfrak{g}$, 使得 $x = x_s + x_n$, x_s, x_n 分别是 $\mathfrak{g}$ 上的半单元和幂零元, 而且 $[x_s, x_n] = 0$ (以后我们将上面的分解 $x = x_s + x_n$ 称为 Jordan-Chevalley 分解, 而 x_s, x_n 分别称为 x 的半单部分和幂零部分).

10. 设 $\mathbb{F}, \mathfrak{g}$ 同上题, 将 $\mathfrak{g}$ 分解成单理想的直和 $\mathfrak{g} = \mathfrak{g}_1 \oplus \mathfrak{g}_2 \oplus \cdots \oplus \mathfrak{g}_r$. 设 $x \in \mathfrak{g}$ 有分解 $x = x_1 + x_2 + \cdots + x_r, x_i \in \mathfrak{g}_i, 1 \leqslant i \leqslant r$. 又 $x = s + n$ 为 x 的 Jordan-Chevalley 分解, 且 s, n 分别有分解 $s = s_1 + s_2 + \cdots + s_r, n = n_1 + n_2 + \cdots + n_r, s_i, n_i \in \mathfrak{g}_i, 1 \leqslant i \leqslant r$. 试证明对任何 $i, x_i = s_i + n_i$ 恰为 x_i 的 Jordan-Chevalley 分解.

11. 设 $\mathfrak{g} = \mathfrak{sl}(n, \mathbb{C}), n \geqslant 2$, $\mathfrak{i}$ 为 $\mathfrak{g}$ 的一个理想. 证明:

(1) 若存在 $i \neq j$ 使得 $E_{ij} \in \mathfrak{i}$, 则一定有 $\mathfrak{i} = \mathfrak{g}$. (提示: 取特殊元素反复作用)

(2) 若 $\mathfrak{i}$ 包含一个非零的对角矩阵, 则一定存在 $i \neq j$ 使得 $E_{ij} \in \mathfrak{i}$.

(3) $\mathfrak{g}$ 为单 Lie 代数.

12. 证明 $\mathfrak{so}(n, \mathbb{C})$ $(n \geqslant 3, n \neq 4)$, $\mathfrak{sp}(n, \mathbb{C})$ $(n \geqslant 3)$ 都是单 Lie 代数.

13. 一个 Lie 代数 $\mathfrak{g}$ 称为完全 Lie 代数, 如果 $\mathfrak{g}$ 满足 $[\mathfrak{g}, \mathfrak{g}] = \mathfrak{g}$. 试证明半单 Lie 代数一定是完全的, 而可解 Lie 代数或幂零 Lie 代数都不是完全的.

14. 试举例说明完全 Lie 代数不一定是半单 Lie 代数, 也不一定是完备 Lie 代数.

1.6　Lie 代数的表示

本节我们介绍 Lie 代数的表示的基本知识. 表示理论是现代数学中重要的研究课题, 而且应用广泛. 在 Lie 代数的理论中, 表示理论不但本身是一个重要分支, 而且经常是解决一些重要问题的基本工具. 例如, 半单 Lie 代数的分类的出发点就是 3 维 Lie 代数的表示的结构和分类.

我们先给出 Lie 代数表示的定义.

定义 1.6.1　设 $\mathfrak{g}$ 为域 $\mathbb{F}$ 上的 Lie 代数, V 为 $\mathbb{F}$ 上的线性空间, 一个 $\mathfrak{g} \times V$ 到 V 的映射 ρ 称为 $\mathfrak{g}$ 在 V 上的一个**表示**, 如果满足条件:

(1) $\rho(ax + by, v) = a\rho(x, v) + b\rho(y, v), \forall x, y \in \mathfrak{g}, v \in V, a, b \in \mathbb{F}$;

(2) $\rho(x, av + bw) = a\rho(x, v) + b\rho(x, w), \forall x \in \mathfrak{g}, v, w \in V, a, b \in \mathbb{F}$;

(3) $\rho([x,y],v) = \rho(x,\rho(y,v)) - \rho(y,\rho(x,v)), \forall x,y \in \mathfrak{g}, v \in V.$

一般我们将上述表示记成 (ρ,V), 有时也称 V 为 $\mathfrak{g}$ 的一个**模**.

值得注意的是, 有时我们将表示 (ρ,V) 中的映射 ρ 省略, 直接说 V 是 $\mathfrak{g}$ 的一个表示 (或表示空间、模), 而将 $\rho(x,v)$ 记为 $x \cdot v$ 或 xv. 此外, 由定义可以看出, 如果 (ρ,V) 是 $\mathfrak{g}$ 的一个表示, 那么由 $\mathfrak{g}$ 到 $\mathfrak{gl}(V)$ 的映射 φ:

$$\varphi(x) = \rho(x,\cdot) : v \mapsto \rho(x,v), \quad v \in V$$

就是 $\mathfrak{g}$ 到 $\mathfrak{gl}(V)$ 的一个 Lie 代数同态; 反之, 如果我们有一个由 $\mathfrak{g}$ 到 $\mathfrak{gl}(V)$ 的同态 φ, 则由 $\mathfrak{g} \times V$ 到 V 的映射 ρ:

$$\rho(x,v) = \varphi(x)(v), \quad x \in \mathfrak{g}, v \in V$$

是 $\mathfrak{g}$ 的一个表示. 从这个意义上说, Lie 代数的表示就是一种特殊的同态. 不过值得注意的是, 表示的语言非常方便, 因此 Lie 代数的表示是一个独立而且重要的分支, 在 Lie 代数的表示的研究中有很多独立的方法.

另外需要注意, 表示的定义中并没有 V 是有限维线性空间这一限制. 事实上, 现在研究的表示大多数都是无限维的. 不过本书中我们只考虑有限维表示. 下面给出一些表示的例子.

例 1.6.2 设 $\mathfrak{g}$ 为 Lie 代数, 则 $\mathfrak{g} \times \mathfrak{g}$ 到 $\mathfrak{g}$ 的映射 $(x,y) \mapsto \mathrm{ad}\,x(y) = [x,y]$ 是 $\mathfrak{g}$ 在 $\mathfrak{g}$ 作为线性空间上的一个表示, 称为 $\mathfrak{g}$ 的**伴随表示**.

例 1.6.3 设 $\mathfrak{g} = \mathfrak{gl}(n,\mathbb{F})$. 定义映射 $\rho : \mathfrak{g} \times \mathbb{F}^n \to \mathbb{F}^n$ 为

$$\rho(A,v) = A \cdot v, \quad A \in \mathfrak{g}, \ v \in \mathbb{F}^n,$$

这里我们将 $\mathbb{F}^n$ 中的元素写成列向量的形式, 而 $A \cdot v$ 表示矩阵乘法. 则 $(\rho,\mathbb{F}^n)$ 是 $\mathfrak{g}$ 的表示, 称为 $\mathfrak{gl}(n,\mathbb{F})$ 的**标准表示**或**自然表示**.

下面我们介绍子表示和不可约表示等重要概念. 为了叙述方便有时我们采用模的语言.

定义 1.6.4 设 (ρ,v) 为 Lie 代数 $\mathfrak{g}$ 的模, W 为 V 的子空间, 如果对任何 $x \in \mathfrak{g}, w \in W$, 有 $\rho(x,w) \in W$, 则称 W 为 V 的**子模**. 显然, 0 和 V 本身都是 V 的子模, 称为**平凡子模**. 一个 $\mathfrak{g}$ 的表示称为**不可约表示** (或**不可约模**), 如果它没有非平凡子模. 称表示 (ρ,V) 为**忠实表示**, 如果由 $\rho(x,v) = 0, \forall v \in V$ 可以推出 $x = 0$, 这等价于由 (ρ,V) 对应的 Lie 代数的同态 $\varphi : \mathfrak{g} \to \mathfrak{gl}(V)$ 的核为 0, 或者说 φ 是单同态.

思考题 1.6.5 试问例 1.6.2 中的表示什么时候是不可约的? 什么时候是忠实的? 并判断例 1.6.3 中的表示是否不可约, 是否为忠实表示.

思考题 1.6.6   设 $\mathfrak{g}$ 为非交换幂零 Lie 代数, 试证明 $\mathfrak{g}$ 的伴随表示一定不是不可约的.

本节我们主要介绍由已知的表示构造新的表示的方法, 先介绍表示的直和与对偶表示等概念. 下面这个定理的证明比较简单, 留作习题.

定理 1.6.7   设 (ρ_1, V_1), (ρ_2, V_2) 为 Lie 代数 $\mathfrak{g}$ 的两个表示, $V = V_1 \oplus V_2$ 为线性空间 V_1, V_2 的直和, 定义 $\mathfrak{g} \times V$ 到 V 的映射 ρ 为 $\rho(x, v_1 + v_2) = \rho(x, v_1) + \rho(x, v_2)$, 则 (ρ, V) 为 $\mathfrak{g}$ 的表示, 称为表示 (ρ_1, V_1) 和 (ρ_2, V_2) 的**直和**, 记为 $V_1 \oplus V_2$.

定理 1.6.8   设 (ρ, V) 为 Lie 代数 $\mathfrak{g}$ 的表示, V^* 为 V 的对偶空间, 定义 $\mathfrak{g} \times V^*$ 到 V^* 的映射 ρ^* 为

$$\rho^*(x, f)(v) = -f(\rho(x, v)), \quad x \in \mathfrak{g}, \ f \in V^*, \ v \in V.$$

则 (ρ^*, V^*) 为 $\mathfrak{g}$ 的表示, 称为 (ρ, V) 的**对偶表示 (对偶模)**, 记为 V^*.

证   显然满足定义 1.6.1 中的条件 (1) 和 (2). 又对任何 $x, y \in \mathfrak{g}$, 以及 $f \in V^*$, $v \in V$, 有

$$\begin{aligned}
\rho^*([x,y], f)(v) &= -f(\rho([x,y], v)) \\
&= -f(\rho(x, \rho(y, v)) - \rho(y, \rho(x, v))) \\
&= \rho^*(x, f)(\rho(y, v)) - \rho^*(y, f)(\rho(x, v)) \\
&= -\rho^*(y, \rho^*(x, f))(v) + \rho^*(x, \rho^*(y, f))(v) \\
&= [\rho^*(x, \rho^*(y, f)) - \rho^*(y, \rho^*(x, f))](v),
\end{aligned}$$

因此

$$\rho^*([x, y], f) = \rho^*(x, \rho^*(y, f)) - \rho^*(y, \rho^*(x, f)).$$

这说明 (ρ^*, V^*) 满足定义 1.6.1 中的条件 (3), 从而是 $\mathfrak{g}$ 的表示.

定义 1.6.9   设 (ρ, V) 为 Lie 代数 $\mathfrak{g}$ 的表示, 如果对任何 V 的子表示 W_1, 存在另一个子表示 W_2 使得 $V = W_1 \oplus W_2$, 则称 (ρ, V) 为**完全可约**的.

思考题 1.6.10   试证明半单 Lie 代数的伴随表示是完全可约的. 试举例说明, 存在可解 Lie 代数, 其伴随表示不是完全可约的.

值得注意的是, 按照定义, 不可约表示都是完全可约的. 此外由定义可以看出, 如果一个 $\mathfrak{g}$ 的有限维表示 V 是完全可约的, 则 V 一定可以写成有限个不可约表示的直和. Lie 代数理论中一个非常重要的结果是 Weyl 定理, 这是说任何半单 Lie 代数的表示都是完全可约的. 本书不会证明一般情形, 但是我们将在后面讨论一下复半单和实半单 Lie 代数的情形. 下面给出表示之间的同态与同构的定义.

定义 1.6.11   设 $(\rho_1, V_1), (\rho_2, V_2)$ 为 Lie 代数 $\mathfrak{g}$ 的两个表示, ϕ 为由 V_1 到 V_2 的线性映射, 如果对任何 $x \in \mathfrak{g}, v \in V_1$ 有 $\phi(\rho_1(x, v)) = \rho_2(x, \phi(v_1))$, 则称 ϕ 为**同态**, 如果一个同态还是线性同构, 则称该同态为**同构**.

表示理论的一个核心研究课题就是 Lie 代数的表示在同构意义下的分类. 本书中将会涉及最基本的内容. 下面的 Schur 引理在研究 Lie 代数的表示中是一个强大的武器.

定理 1.6.12 (Schur 引理)   设 $\mathfrak{g}$ 为代数闭域 $\mathbb{F}$ 上的 Lie 代数, (ρ, V) 为 $\mathfrak{g}$ 的不可约表示, ϕ 为 (ρ, V) 到自身的同态, 则存在 $\lambda \in \mathbb{F}$ 使得 $\phi = \lambda \mathrm{id}$.

证   由于 $\mathbb{F}$ 是代数闭域, 因此 $\phi : V \to V$ 作为线性变换存在特征值 $\lambda \in \mathbb{F}$. 考虑 ϕ 的特征子空间

$$W = E_\lambda(\phi) = \{v \in V | \phi(v) = \lambda v\},$$

则对任何 $x \in \mathfrak{g}$ 以及 $w \in W$, 有

$$\phi(\rho(x, w)) = \rho(x, \phi(w)) = \rho(x, \lambda w) = \lambda \rho(x, w).$$

这说明 $\rho(x, v) \in W$, 从而 W 是 V 的子模. 因 $W \neq 0$ 且 V 不存在非平凡子模, 故 $W = V$. 因此 $\phi = \lambda \mathrm{id}$.

最后我们介绍表示的张量积.

定理 1.6.13   设 $(V, \rho_1), (W, \rho_2)$ 为 Lie 代数 $\mathfrak{g}$ 的两个表示, $V \otimes W$ 为线性空间 V, W 的张量积. 定义 $\mathfrak{g} \times (V \otimes W)$ 到 $V \otimes W$ 的映射 $\rho_1 \otimes \rho_2$ 为

$$\rho_1 \otimes \rho_2(x, v \otimes w) = \rho_1(x, v) \otimes w + v \otimes \rho_2(x, w), \quad x \in \mathfrak{g}, v \in V, w \in W, \quad (1.6.6)$$

而且

$$\rho_1 \otimes \rho_2(x, v_1 \otimes w_1 + v_2 \otimes w_2)$$
$$= \rho_1 \otimes \rho_2(x, v_1 \otimes w_1) + \rho_1 \otimes \rho_2(x, v_2 \otimes w_2), \quad v_i \in V, w_i \in W, \quad (1.6.7)$$

则 $(\rho_1 \otimes \rho_2, V \otimes W)$ 为 $\mathfrak{g}$ 的表示, 称为表示 $(\rho_1, V), (\rho_2, W)$ 的张量积, 作为模一般简记为 $V \otimes W$.

证   由于张量积 $V \otimes W$ 中任何元素都可以表示成形如 $v \otimes w$ $(v \in V, w \in W)$ 的元素的有限和. 因此由 (1.6.6) 和 (1.6.7) 可以唯一确定由 $\mathfrak{g} \times (V \otimes W)$ 到 $V \otimes W$ 的映射. 显然映射 $\rho_1 \otimes \rho_2$ 满足定义 1.6.1 中的 (1) 和 (2). 又对任何 $x, y \in \mathfrak{g}, v \in V, w \in W$,

有

$$\rho_1 \otimes \rho_2([x,y], v \otimes w)$$

$$= \rho_1([x,y], v) \otimes w + v \otimes \rho_2([x,y], w)$$

$$= (\rho_1(x, \rho_1(y, v)) - \rho_1(y, \rho_1(x, v))) \otimes w + v \otimes (\rho_2(x, \rho_2(y, w)) - \rho_2(y, \rho_2(x, w)))$$

$$= \rho_1(x, \rho_1(y, v)) \otimes w + v \otimes \rho_2(x, \rho_2(y, w)) - [\rho_1(y, \rho_1(x, v)) \otimes w + v \otimes \rho_2(y, \rho_2(x, w))]$$

$$= \rho_1 \otimes \rho_2(x, \rho_1 \otimes \rho_2(y, v \otimes w)) - \rho_1 \otimes \rho_2(y, \rho_1 \otimes \rho_2(x, v \otimes w)).$$

由此我们容易看出 $\rho_1 \otimes \rho_2$ 满足定义 (1.6.1) 的条件 (3). 至此定理得证.

习　题　1.6

1. 设 (ρ_1, V), (ρ_2, W) 为 Lie 代数 $\mathfrak{g}$ 的两个表示. 记 $\mathrm{Hom}(V, W)$ 为所有由 V 到 W 的线性映射组成的集合, 则 $\mathrm{Hom}(V, W)$ 在上可以定义加法和纯量乘法使之成为线性空间. 定义 $\mathfrak{g} \times \mathrm{Hom}(V, W)$ 到 $\mathrm{Hom}(V, W)$ 的映射

$$\rho(x, f)(v) = \rho_2(x, f(v)) - f(\rho_1(x, v)), \quad x \in \mathfrak{g}, \ f \in \mathrm{Hom}(V, W), \ v \in V.$$

试证明 $(\rho, \mathrm{Hom}(V, W))$ 是 $\mathfrak{g}$ 的一个表示.

2. 设 (ρ, V) 为特征为零的代数闭域上的 Lie 代数 $\mathfrak{g}$ 的表示, β 为 V 上的对称双线性函数. 称 β 为不变双线性型, 如果满足条件

$$\beta(\rho(x, v), w) + \beta(v, \rho(x, w)) = 0, \quad \forall x \in \mathfrak{g}, v, w \in V.$$

试证明, 如果 (ρ, V) 是 $\mathfrak{g}$ 的不可约表示, 而且存在非退化的不变双线性型, 则在相差非零一个常数倍的意义下, 这样的非退化不变双线性型是唯一的.

3. 设 $\mathbb{F}$ 为特征为零的代数闭域. 习题 1.5 中我们已经证明 $\mathfrak{g} = \mathfrak{sl}(n, \mathbb{F})$ 是单 Lie 代数, 利用 2 题的结论证明 $\mathfrak{g}$ 的 Killing 型是 $B(x, y) = 2n\mathrm{tr}(xy)$.

4. 利用类似 3 题的方法证明 $\mathfrak{so}(n, \mathbb{C})$ $(n \geqslant 3, n \neq 4)$ 的 Killing 型是 $B(x, y) = (n-2)\mathrm{tr}(xy)$, 并直接证明上述结论对 $n = 4$ 也成立.

5. 证明 $\mathfrak{sp}(n, \mathbb{C})$ $(n \geqslant 3)$ 的 Killing 型是 $B(x, y) = 2(n+1)\mathrm{tr}(xy)$.

6. 设 V 为 Lie 代数 $\mathfrak{g}$ 上的模, W 为 V 的子模, 试证明商空间 V/W 上存在 $\mathfrak{g}$ 模的结构, 称为 V 对 W 的商模.

7. 设 ϕ 为 $\mathfrak{g}$ 模 V 到 W 的满同态, $\ker \phi$ 为映射 ϕ 的核, 试证明 $\ker \phi$ 是 V 的子模, 而且商模 $V/\ker \phi$ 与 W 同构.

8. 设 V 为 Lie 代数 $\mathfrak{g}$ 上的模, V_1, V_2 为 V 的子模, 证明 $V_1 + V_2$, $V_1 \cap V_2$ 也是 V 的子模, 而且 $(V_1 + V_2)/V_2$ 与 $V_1/(V_1 \cap V_2)$ 同构.

第 2 章 复半单 Lie 代数的 Dynkin 图

从现在开始我们主要考虑半单 Lie 代数的分类问题. 本章考虑复半单 Lie 代数的分类. 我们将介绍 Dynkin 图的理论. 粗略地说, 给定一个复半单 Lie 代数及其一个极大环面子代数, 我们都能构造出一个 Dynkin 图. 第 3 章我们将证明, 复半单 Lie 代数的 Dynkin 图与极大环面子代数的选取无关, 而且两个同构的复半单 Lie 代数一定会有相同的 Dynkin 图.

在研究复半单 Lie 代数的结构后, 我们将抽象出欧几里得空间中根系的概念, 并从抽象的角度来对根系进行研究. 特别地, 每一个根系都有一个 Dynkin 图与之对应. 我们将给出不可约根系的 Dynkin 图的完全分类, 而且给出这些 Dynkin 图的实现. 进一步, 第 3 章将要证明, 在本章的分类定理中出现的任一图一定是某个复单 Lie 代数的 Dynkin 图; 而且如果两个复半单 Lie 代数具有相同的 Dynkin 图, 则这两个 Lie 代数一定同构. 因此本章的分类事实上也就给出了复半单 Lie 代数的分类. 值得注意的是, Dynkin 图以及半单 Lie 代数的分类理论在复数域上来考虑和在一般的特征为零的代数闭域上来考虑没有任何区别, 因此本章和第 3 章的结果也给出了一般的特征为零的代数闭域上半单 Lie 代数的分类.

2.1 Casimir 元

半单 Lie 代数分类的一个重要技巧就是 Lie 代数的表示, 例如, 有关 3 维单 Lie 代数的表示的结果就在这里起着决定性的作用. 本节介绍与半单 Lie 代数表示密切相关的 Casimir 元的概念. 设 $\mathfrak{g}$ 是一个 n 维复半单 Lie 代数, (ρ, V) 是 $\mathfrak{g}$ 的一个忠实表示. 定义 $\mathfrak{g}$ 上的双线性型

$$\beta(x, y) = \mathrm{tr}\,(\rho(x)\rho(y)), \quad x, y \in \mathfrak{g}.$$

引理 2.1.1 β 是 $\mathfrak{g}$ 上的不变双线性型, 且非退化.

证 首先证明 β 是不变双线性型. 事实上, 对任意 $x, y, z \in \mathfrak{g}$,

$$
\begin{aligned}
\beta([x, y], z) &= \mathrm{tr}\,(\rho[x, y]\rho(z)) = \mathrm{tr}\,([\rho(x), \rho(y)]\rho(z)) \\
&= \mathrm{tr}\,(\rho(x)\rho(y)\rho(z) - \rho(y)\rho(x)\rho(z)) \\
&= \mathrm{tr}\,(\rho(x)\rho(y)\rho(z) - \rho(x)\rho(z)\rho(y)) \\
&= \mathrm{tr}\,(\rho(x)[\rho(y), \rho(z)]) = \mathrm{tr}\,(\rho(x)\rho([y, z])) \\
&= \beta(x, [y, z]).
\end{aligned}
$$

现在定义 $S = \{x \in \mathfrak{g} | \beta(x, y) = 0, \forall y \in \mathfrak{g}\}$. 由 β 的不变性知, S 是 $\mathfrak{g}$ 的理想. 下面证明 $\rho(S)$ 是可解的. 为此只需证明 $[\rho(S), \rho(S)] = \rho([S, S])$ 是幂零的. 设 $M_1 = [\rho(S), \rho(S)]$, $M_2 = \rho(S)$, 定义

$$
M = \{W \in \mathfrak{gl}(V) | [W, M_2] \subseteq M_1\}.
$$

易知 $\rho(S) \subseteq M$. 又对任意 $x, y \in S$, 以及 $Z \in M$, 有

$$
\mathrm{tr}\,(\rho([x, y])Z) = \mathrm{tr}\,(\rho(x)[\rho(y), Z]) = 0,
$$

其中最后一步成立是因为 $[\rho(y), Z] \in M_1$. 由定理 0.1.8 知 $\rho([x, y])$ 是幂零线性变换, 从而 $[\rho(S), \rho(S)]$ 是幂零 Lie 代数, 故 $\rho(S)$ 是可解 Lie 代数. 因为 ρ 是忠实表示, 由上面的证明知 S 是 $\mathfrak{g}$ 的可解理想. 进而 $S = 0$, 即 β 是非退化的.

设 $x_1, x_2, \cdots, x_n$ 是 $\mathfrak{g}$ 的一组基. 由引理 2.1.1 知, 存在 $\mathfrak{g}$ 的另一组基 $y_1, y_2, \cdots, y_n$ 使得

$$
\beta(x_i, y_j) = \delta_{ij}, \quad \forall 1 \leqslant i, j \leqslant n.
$$

定义 V 上的线性变换

$$
c_\rho = \sum_{i=1}^{n} \rho(x_i)\rho(y_i).
$$

思考题 2.1.2 试证明 c_ρ 与基的选取无关.

定理 2.1.3 对任意的 $x \in \mathfrak{g}$,

$$
c_\rho \rho(x) = \rho(x) c_\rho.
$$

进一步, $\mathrm{tr}(c_\rho) = \dim \mathfrak{g}$. 特别地, 如果 (ρ, V) 是 $\mathfrak{g}$ 的不可约表示, 则

$$
c_\rho = \frac{\dim \mathfrak{g}}{\dim V} \mathrm{id}.
$$

证 对任意 $x \in \mathfrak{g}$, 令 $[x, x_i] = \sum\limits_{j=1}^{n} a_{ij} x_j$, $[x, y_i] = \sum\limits_{j=1}^{n} b_{ij} y_j$. 由引理 2.1.1, $\beta([x, x_i], y_j) = -\beta(x_i, [x, y_j])$. 故 $a_{ij} = -b_{ji}$. 进而

$$
\begin{aligned}
[\rho(x), c_\rho] &= \left[\rho(x), \sum_{i=1}^{n} \rho(x_i)\rho(y_i)\right] = \sum_{i=1}^{n} [\rho(x), \rho(x_i)\rho(y_i)] \\
&= \sum_{i=1}^{n} ([\rho(x), \rho(x_i)]\rho(y_i) + \rho(x_i)[\rho(x), \rho(y_i)]) \\
&= \sum_{i,j=1}^{n} (a_{ij}\rho(x_j)\rho(y_i) + b_{ij}\rho(x_i)\rho(y_j)) \\
&= 0,
\end{aligned}
$$

即 $c_\rho \rho(x) = \rho(x) c_\rho$. 此外

$$
\operatorname{tr} c_\rho = \operatorname{tr} \sum_{i=1}^{n} \rho(x_i)\rho(y_i) = \sum_{i=1}^{n} \operatorname{tr}(\rho(x_i)\rho(y_i)) = \sum_{i=1}^{n} \beta(x_i, y_i) = \dim \mathfrak{g}.
$$

进一步, 如果 (ρ, V) 是 $\mathfrak{g}$ 的不可约表示, 则由 Schur 引理, $c_\rho = \lambda \operatorname{id}$. 故

$$
\operatorname{tr} c_\rho = \lambda \dim V = \dim \mathfrak{g}.
$$

注记 2.1.4 称 c_ρ 为 $\mathfrak{g}$ 的表示 (ρ, V) 的 **Casimir 元**.

<h2 style="text-align:center">习 题 2.1</h2>

1. 考虑 $\mathfrak{sl}(2, \mathbb{C})$ 的自然表示 $(\rho, \mathbb{C}^2)$ 的 Casimir 元 c_ρ, 直接验证 $c_\rho = \dfrac{3}{2}\operatorname{id}$.

2. 将上题推广到一般情形, 即计算 $\mathfrak{sl}(l, \mathbb{C})$ 的自然表示的 Casimir 元.

3. 试计算 $\mathfrak{sl}(l, \mathbb{C})$ 的伴随表示的 Casimir 元.

4. 设 (ρ, V) 为复半单 Lie 代数 $\mathfrak{g}$ 的非零模, 试证明 $\rho(\mathfrak{g}) \subseteq \mathfrak{sl}(V)$, 而且 $\operatorname{tr}(\rho(x)) = 0$, $\forall x \in \mathfrak{g}$.

5. 设 ρ 是复半单 Lie 代数 $\mathfrak{g}$ 的一个非忠实表示, 则 $\ker \rho$ 是 $\mathfrak{g}$ 的理想, 从而是 $\mathfrak{g}$ 分解成单理想直和中的部分理想的直和, 设 $\mathfrak{g}'$ 是 $\mathfrak{g}$ 的分解中剩下的单理想的直和 (因此 $\mathfrak{g}' \simeq \mathfrak{g}/\ker \rho$), 则 $\rho' = \rho|_{\mathfrak{g}'}$ 是 $\mathfrak{g}'$ 的忠实表示, 因此可以定义 $(\mathfrak{g}', \rho')$ 的 Casimir 元 $C_{\rho'}$. 试证明 $C_{\rho'}\rho(x) = \rho(x)C_{\rho'}$, $\forall x \in \mathfrak{g}$. 以后也将 $C_{\rho'}$ 称为 (V, ρ) 的 Casimir 元.

6. (J. P. Serre) 设 V 为复半单 Lie 代数 $\mathfrak{g}$ 的模, V_1 为 $\mathfrak{g}$ 的非平凡子模. 定义

$$
H_0 = \{T \in \operatorname{Hom}(V, V_1)\,|\, T|_{V_1} = 0\};
$$

$$
H_1 = \{T \in \operatorname{Hom}(V, V_1)\,|\, \exists c \in \mathbb{C}, T|_{V_1} = c\operatorname{id}\}.
$$

证明 H_0, H_1 都是 $\mathrm{Hom}(V, V_1)$ 的子模. 并证明, 如果存在 $T \in H_1$, 使得 $x \cdot T = 0$, $\forall x \in \mathfrak{g}$, 且 $T|_{V_1} = \mathrm{id}_{V_1}$, 则存在 V 的子模 V_2 使得 $V = V_1 \oplus V_2$.

7. 试证明: 一个 Lie 代数 $\mathfrak{g}$ 的表示 V 是完全可约的, 当且仅当对于 V 的任何非平凡子模 V_1, 存在子模 V_2 使得 $V = V_1 \oplus V_2$.

2.2　Weyl 定理及其应用

前面我们提到, 半单 Lie 代数分类的一个重要工具就是 Lie 代数的表示理论. 本节我们给出表示理论中非常重要的 Weyl 定理, 这是复半单 Lie 代数表示理论中的最重要的定理之一. 我们还将给出该定理若干重要的应用.

为了证明 Weyl 定理, 我们先做一些准备工作.

引理 2.2.1　设 (ρ, V) 为复半单 Lie 代数 $\mathfrak{g}$ 的表示, W 为 V 的余维数为 1 的不可约子模, 则存在 V 的子模 W' 使得 $V = W \oplus W'$.

证　不妨设 (ρ, V) 是 $\mathfrak{g}$ 的忠实表示, 因为否则我们考虑 $\mathfrak{g}$ 对于 ρ 的核的商代数的表示即可. 因 W 是子模, 故商空间 V/W 是 $\mathfrak{g}$ 的一个表示, 但 $\dim V/W = 1$, 于是 V/W 为 $\mathfrak{g}$ 的平凡表示, 这说明 $\forall x \in \mathfrak{g}, \rho(x)(V) \subseteq W$. 设 c 为表示 (ρ, V) 的 Casimir 元, 则由定义, c 是形如 $\rho(x)(x \in \mathfrak{g})$ 的元素的乘积的线性组合, 从而 $c(V) \subseteq W$. 于是 c 导出商空间 V/W 上的一个线性变换 (仍记为 c), 因此 c 是 V/W 上的零变换.

另一方面, 由于 W 是 $\mathfrak{g}$ 的不可约模, 由 Schur 引理, 存在 $\lambda \in \mathbb{C}$ 使得 $c|_W = \lambda \mathrm{id}_W$. 我们断定 $\lambda \neq 0$, 因为否则就有 $\mathrm{tr}(V_c) = 0$, 与定理 2.1.3 的结论矛盾.

现在考虑 c 作为 V 上线性变换的核 $\ker c$, 则显然 $\ker c$ 是 V 的子模, 且 $\dim \ker c = 1$. 另一方面, 由上面的分析可知 $W \cap \ker c = 0$. 于是 $V = W \oplus \ker W$. 至此引理证毕.

下面的引理中去掉了 W 是不可约子模的条件.

引理 2.2.2　设 (ρ, V) 为复半单 Lie 代数 $\mathfrak{g}$ 的表示, W 为 V 的余维数为 1 的子模, 则存在 V 的子模 W' 使得 $V = W \oplus W'$.

证　对 $\dim W$ 的维数用归纳法. 若 $\dim W = 1$, 则 $\dim V = 2$. 注意到 $W, V/W$ 都是 $\mathfrak{g}$ 的 1 维模. 故都是平凡模. 于是对任何 $x \in \mathfrak{g}, v \in V$, 有 $\rho(x)(v) \in W$. 从而对任何 $x, y \in \mathfrak{g}, v \in V$, 有 $\rho(x)\rho(y)(v) = 0$. 这说明 $\rho([x, y]) = 0$, 即 $\rho([\mathfrak{g}, \mathfrak{g}]) = 0$. 但因 $\mathfrak{g}$ 是半单 Lie 代数, 有 $[\mathfrak{g}, \mathfrak{g}] = \mathfrak{g}$. 因此 (ρ, V) 是平凡模, 结论自然成立.

现在假定结论对于 $\dim W \leqslant n - 1$ 成立. 设 $\dim W = n$, 由引理 2.2.1, 我们只需对 W 为可约表示的情形来证明, 这时存在 W 的不可约子模 W_1, 使得 $0 < \dim W_1 < \dim W$. 于是商模 W/W_1 的维数 $\leqslant n - 1$, 而且是商模 V/W_1 的子模. 注意到 $\dim(W/W_1) = \dim W - \dim W_1 = \dim V - 1 - \dim W_1 = \dim(V/W_1) - 1$, 由归纳假设, 存在 V/W_1 的子模 V_1/W_1 使得 $V/W_1 = W/W_1 \oplus V_1/W_1$, 这里 V_1 是 V 的

子模, 且 $W_1 \subseteq V_1$. 因 $\dim V_1/W_1 = 1$, 故 W_1 在 V_1 中余维数为 1, 由归纳假设, 存在 V_1 的子模 W_2, 使得 $V_1 = W_1 \oplus W_2$.

现在我们证明 $V = W \oplus W_2$. 事实上, 对任何 $v \in V$, 由 $V/W_1 = W/W_1 \oplus V_1/W_1$ 可知存在 $w_1 \in W, v_1 \in V_1$, 使得 $v + W_1 = (w_1 + W_1) + (v_1 + W_1)$, 即 $v - w_1 - v_1 \in W_1$. 另一方面, 由 $V_1 = W_1 \oplus W_2$, 存在 $w_1' \in W_1 \subset W, w_2 \in W_2$ 使得 $v_1 = w_1' + w_2$. 于是 $v - w_1 - w_1' - w_2 \in W_1 \subset W$, 从而 $v - w_2 \in W$. 这说明 $V = W + W_2$. 另一方面, 由 $V/W_1 = W/W_1 \oplus V_1/W_1$ 知 $W \cap V_1 \subseteq W_1$, 从而 $W \cap W_2 \subseteq W_1$, 故 $W \cap W_2 \subseteq W_1 \cap W_2 = 0$. 于是 $V = W \oplus W_2$. 故结论对于 $\dim W = n$ 也成立. 引理得证.

定理 2.2.3 (Weyl 定理) 复半单 Lie 代数的有限维表示是完全可约的.

证 设 V 为复半单 Lie 代数 $\mathfrak{g}$ 的表示, 如果 V 是不可约的, 结论已经成立. 若 V 可约, 则存在 V 的非平凡子模 V_1. 下面我们给出的证明事实上也给出了习题 2.1 6 题的一个解答. 我们分几步来证明. 定义

$$H_0 = \{T \in \mathrm{Hom}(V, V_1) \mid T|_{V_1} = 0\};$$
$$H_1 = \{T \in \mathrm{Hom}(V, V_1) \mid \exists c \in \mathbb{C}, T|_{V_1} = c\,\mathrm{id}\,\}.$$

(1) H_0, H_1 都是 $\mathfrak{g}$ 模 $\mathrm{Hom}(V, V_1)$ 的子模, 且对任何 $x \in \mathfrak{g}$, $x(H_1) \subseteq H_0$. 事实上, 设 $f \in H_1$, 则存在 $\lambda \in \mathbb{C}$, 使得 $f|_{V_1} = \lambda \mathrm{id}_{V_1}$, 于是对任何 $x \in \mathfrak{g}, v \in V_1$, 有 $(x \cdot f)(v) = x(f(v)) - f(x(v)) = x(\lambda v) - \lambda x(v) = 0$. 故 $x \cdot f \in H_0$.

(2) $\dim H_1/H_0 = 1$. 任取 V_1 在 V 中的补子空间 V_1'(不一定是子模), 定义 $f_1 : V \to V_1$, 使得 $f(v + v') = v, v \in V_1, v' \in V_1'$, 可知 $f_1 \in H_1, f_1 \notin H_0$. 此外, 若 $f_2 \in H_1$, 设 $f_2|_{V_1} = \lambda_1 \mathrm{id}_{V_1}$, 则显然 $f_2 - \lambda_2 f_1 \in H_0$. 故结论成立.

(3) 由引理 2.2.2, 存在 H_1 的维数为 1 的子模 H_1' 使得 $H_1 = H_0 \oplus H_1'$. 取定 H_1' 的一组基 g, 不妨设 $g|_{V_1} = \mathrm{id}_{V_1}$, 考虑 g 作为线性空间 V 到 V_1 的线性映射的核 $\ker g$. 我们断定 $\ker g$ 是 V 的子模. 事实上, 对任何 $x \in \mathfrak{g}, u \in \ker g$, 因 H_1' 为 H_1 的 1 维子模, $x \cdot g = 0$. 于是 $g(x(u)) = (x \cdot g)(u) - x(g(u)) = 0 - x(0) = 0$. 故结论成立.

(4) 任取 $v \in V$, 则 $g(v) \in V_1$, 因此 $g(v - g(v)) = g(v) - g(g(v)) = g(v) - g(v) = 0$, 故 $v - g(v) \in \ker g$. 故 $V = V_1 + \ker g$. 又若 $w \in V_1 \cap \ker g$, 则由 $g|_{V_1} = \mathrm{id}_{V_1}$, $w = g(w) = 0$. 故 $V = V_1 \oplus \ker g$.

至此定理证毕.

注记 2.2.4 Weyl 定理最初是由 Weyl 用 Lie 群的方法证明的. 将 Lie 代数的表示化成 Lie 群的问题, 这个定理的证明相当于证明任何紧 Lie 群的有限维表示都是完全可约的. 而这可以由经典的 Weyl 酉技巧 (Weyl's Unitary Trick) 得到: 任何紧 Lie 群的有限维表示空间上都存在不变内积, 从而任何子模的正交补也是子模.

很显然, 这个证明方法不能推广到一般的域上. 本节给出的证明是 Serre 给出的, 这是一个纯代数的证明, 因此可以毫无困难地推广到任何特征为零的代数闭域上.

下面给出 Weyl 定理的一个应用. 回忆一下在预备知识中介绍过的 Jordan-Chevalley 分解定理: 如果 $\mathcal{A}$ 是 n 维复线性空间 V 上的线性变换, 则存在唯一的半单线性变换 $\mathcal{A}_s$ 和幂零线性变换 $\mathcal{A}_n$ 使得 $\mathcal{A} = \mathcal{A}_s + \mathcal{A}_n$, 且 $[\mathcal{A}_s, \mathcal{A}_n] = \mathcal{A}_s\mathcal{A}_n - \mathcal{A}_n\mathcal{A}_s = 0$, 分别称 $\mathcal{A}_s, \mathcal{A}_n$ 为 $\mathcal{A}$ 的半单部分和幂零部分. 现在我们进一步证明:

定理 2.2.5　设 $\mathfrak{g}$ 是 $\mathfrak{gl}(V)$ 的复半单子代数, 其中 V 是有限维复线性空间. 则 $\mathfrak{g}$ 包含其任意元素的半单部分和幂零部分.

证　设 $x \in \mathfrak{g} \subset \mathfrak{gl}(V)$, 且 $x = x_s + x_n$ 是 x 的 Jordan-Chevalley 分解. 自然地, (id, V) 是 $\mathfrak{g}$ 模. 对任意的 V 的 $\mathfrak{g}$ 子模 W, 定义

$$\mathfrak{g}_W = \{y \in \mathfrak{gl}(V) | y(W) \subset W, \mathrm{tr}\,(y|_W) = 0\}.$$

可以验证, $\mathfrak{g}_W$ 是 $\mathfrak{gl}(V)$ 的子代数. 因为 $\mathfrak{g}$ 是半单的, 所以 $\mathfrak{g} \subset \mathfrak{g}_W$, 因此 $(\mathrm{ad}, \mathfrak{g}_W)$ 是 $\mathfrak{g}$ 模. 将 V 的所有子模组成的集合记为 $\mathcal{S}$, 定义

$$\mathfrak{g}' = N_{\mathfrak{gl}(V)}(\mathfrak{g}) \cap \bigcap_{W \in \mathcal{S}} \mathfrak{g}_W.$$

容易看出, $x_s, x_n \in \mathfrak{g}'$, 且 $\mathfrak{g}'$ 是 $\mathfrak{g}$ 模. 由 Weyl 定理, 存在 $\mathfrak{g}$ 模 M 使得

$$\mathfrak{g}' = \mathfrak{g} \oplus M.$$

故 $[\mathfrak{g}, M] \subseteq \mathfrak{g} \cap M = 0$. 由 Weyl 定理, $\mathfrak{g}$ 模 V 是完全可约的, 即 V 可以分解成

$$V = W_1 \oplus W_2 \oplus \cdots \oplus W_m,$$

其中 W_i 是 V 的 $\mathfrak{g}$ 不可约子模. 于是由 Schur 引理, 对任意 $y \in M$ 以及 W_i, 存在常数 λ, 使得 $y|_{W_i} = \lambda \mathrm{id}|_{W_i}$. 由 M 以及 $\mathfrak{g}'$ 的定义知 $y|_{W_i} = 0$. 故 $y|_V = 0$, 即 $y = 0$, 进而 $M = 0$, 且 $\mathfrak{g} = \mathfrak{g}'$. 因此, $x_s, x_n \in \mathfrak{g}$.

定理 2.2.5 中考虑的是复半单线性 Lie 代数的元素的 Jordan-Chevalley 分解. 对于一般的复半单 Lie 代数, 有下面的命题.

命题 2.2.6　设 $\mathfrak{g}$ 是复半单 Lie 代数, 则对任意 $x \in \mathfrak{g}$, 存在唯一确定的 $s, n \in \mathfrak{g}$ 使得 $x = s + n$, 其中 $[s, n] = 0$, 且 $\mathrm{ad}\, s$ 是半单的, $\mathrm{ad}\, n$ 是幂零的.

证　对任意 $x \in \mathfrak{g}$, 令 $\mathrm{ad}\, x = (\mathrm{ad}\, x)_s + (\mathrm{ad}\, x)_n$ 是 $\mathrm{ad}\, x \in \mathfrak{gl}(\mathfrak{g})$ 的 Jordan-Chevalley 分解. 我们首先断定 $(\mathrm{ad}\, x)_s, (\mathrm{ad}\, x)_n \in \mathrm{Der}(\mathfrak{g})$, 这一结论的证明作为思考题留给读者. 由定理 1.5.11, 存在 $s, n \in \mathfrak{g}$ 使得

$$(\mathrm{ad}\, x)_s = \mathrm{ad}\, s, \quad (\mathrm{ad}\, x)_n = \mathrm{ad}\, n.$$

同时 $\mathrm{ad}\,[s,n] = [\mathrm{ad}\,s, \mathrm{ad}\,n] = [(\mathrm{ad}\,x)_s, (\mathrm{ad}\,x)_n] = 0$. 又因为 $\ker \mathrm{ad} = C(\mathfrak{g}) = 0$, 故 s, n 是唯一确定的, 且 $[s,n] = 0$.

思考题 2.2.7　对于复半单 Lie 代数 $\mathfrak{g}$ 的任意元素 x, 证明 $(\mathrm{ad}\,x)_s, (\mathrm{ad}\,x)_n \in \mathrm{Der}(\mathfrak{g})$.

命题 2.2.6 中的分解 $x = s + n$ 称为 x 的**抽象 Jordan-Chevalley 分解**, s, n 分别称为 x 的**半单部分**和**幂零部分**.

思考题 2.2.8　设 V 为复线性空间, $\mathfrak{g}$ 为 $\mathfrak{gl}(V)$ 的复半单子代数, 则对任意的 $x \in \mathfrak{g}$, x 有 Jordan-Chevalley 分解和抽象的 Jordan 分解. 试证明这两种分解是一致的.

最后我们证明一个有用的推论.

推论 2.2.9　设 $\mathfrak{g}$ 是复半单 Lie 代数, (ρ, V) 是 $\mathfrak{g}$ 的有限维表示. 如果 $x = s + n$ 是 $x \in \mathfrak{g}$ 的抽象的 Jordan 分解, 则 $\rho(x) = \rho(s) + \rho(n)$ 是 $\rho(x)$ 的 Jordan-Chevalley 分解.

证　首先, $\rho(\mathfrak{g})$ 是 $\mathfrak{gl}(V)$ 的半单子代数. 由 Jordan-Chevalley 分解和抽象的 Jordan 分解的一致性, 只需要证明 $\mathrm{ad}\,(\rho(x)) = \mathrm{ad}\,(\rho(s)) + \mathrm{ad}\,(\rho(n))$ 是 $\mathrm{ad}\,(\rho(x))$ 的 Jordan-Chevalley 分解, 即证明 $\mathrm{ad}\,(\rho(s))$ 半单, $\mathrm{ad}\,(\rho(n))$ 幂零, 且

$$[\mathrm{ad}\,(\rho(s)), \mathrm{ad}\,(\rho(n))] = 0.$$

容易看出

$$[\mathrm{ad}\,(\rho(s)), \mathrm{ad}\,(\rho(n))] = \mathrm{ad}\,[\rho(s), \rho(n)] = \mathrm{ad}\,(\rho[s,n]) = 0.$$

下证 $\mathrm{ad}\,(\rho(s))$ 半单. 考虑 $\mathfrak{g}$ 相对于 $\mathrm{ad}\,s$ 的特征子空间分解

$$\mathfrak{g} = E_{\lambda_1}(\mathrm{ad}\,s) \oplus E_{\lambda_2}(\mathrm{ad}\,s) \oplus \cdots \oplus E_{\lambda_r}(\mathrm{ad}\,s),$$

其中 $E_{\lambda_i}(\mathrm{ad}\,s) = \{x \in \mathfrak{g} \mid \mathrm{ad}\,s(x) = \lambda_i(x)\}$. 对任意 $x \in E_{\lambda_i}(\mathrm{ad}\,s)$, 有

$$\mathrm{ad}\,(\rho(s))(\rho(x)) = [\rho(s), \rho(x)] = \rho[s,x] = \lambda_i \rho(x).$$

因此, $\mathrm{ad}\,(\rho(s))$ 半单. 同理可以证明 $\mathrm{ad}\,(\rho(n))$ 幂零.

习　题　2.2

1. 设 $\mathfrak{g}$ 为复数域上的可解 Lie 代数, 证明 $\mathfrak{g}$ 的任何不可约表示都是 1 维的.

2. 一个域 $\mathbb{F}$ 上的 Lie 代数 $\mathfrak{g}$ 称为约化 Lie 代数, 如果它的根基 $\mathrm{Rad}(\mathfrak{g})$ 等于它的中心 $C(\mathfrak{g})$. 试证明: $\mathfrak{g}$ 是约化 Lie 代数当且仅当 $\mathfrak{g}$ 的伴随表示是完全可约的. 特别地, 若 $\mathfrak{g}$ 为约化

Lie 代数, 则 $\mathfrak{g}$ 是 $C(\mathfrak{g})$ 和 $[\mathfrak{g},\mathfrak{g}]$ 的理想直和: $\mathfrak{g}=C(\mathfrak{g})\oplus[\mathfrak{g},\mathfrak{g}]$, 而且若 $[\mathfrak{g},\mathfrak{g}]\neq 0$, 则 $[\mathfrak{g},\mathfrak{g}]$ 是半单的.

3. 利用上题证明, 1.1 节给出的所有古典 Lie 代数都是半单的.

4. 设 $\mathfrak{g}$ 是域 $\mathbb{F}$ 上的 Lie 代数, $\mathfrak{r}$ 是 $\mathfrak{g}$ 的根基, 试证明 $[\mathfrak{r},\mathfrak{g}]$ 等于使得 $\mathfrak{g}/\mathfrak{a}$ 为约化 Lie 代数的 $\mathfrak{g}$ 的最小理想 $\mathfrak{a}$.

5. 设 $\mathfrak{g}_1$ 为复半单 Lie 代数 $\mathfrak{g}$ 的半单子代数, 且 $x\in\mathfrak{g}_1$. 试证明 x 在 $\mathfrak{g}_1$ 中的 Jordan-Chevalley 分解和在 $\mathfrak{g}$ 中的 Jordan-Chevalley 分解是一致的.

2.3 $\mathfrak{sl}(2,\mathbb{C})$ 的表示

3 维复单 Lie 代数 $\mathfrak{sl}(2,\mathbb{C})$ 的表示理论是复半单 Lie 代数分类的重要工具. 本节讨论 $\mathfrak{sl}(2,\mathbb{C})$ 的有限维表示, 并给出有限维不可约表示的分类. 考虑 $\mathfrak{sl}(2,\mathbb{C})$ 的一组基:

$$H=\begin{pmatrix}1&0\\0&-1\end{pmatrix},\quad X=\begin{pmatrix}0&1\\0&0\end{pmatrix},\quad Y=\begin{pmatrix}0&0\\1&0\end{pmatrix}.$$

则 $[H,X]=2X,[H,Y]=-2Y,[X,Y]=H$. 设 (ρ,V) 是 $\mathfrak{sl}(2,\mathbb{C})$ 的有限维表示. 因为 $\mathrm{ad}\,H$ 是 $\mathfrak{sl}(2,\mathbb{C})$ 上的半单线性变换, 由推论 2.2.9 知, $\rho(H)$ 是 V 上的半单线性变换. 因此

$$V=V_{\lambda_1}\oplus V_{\lambda_2}\oplus\cdots\oplus V_{\lambda_s},$$

其中, $V_{\lambda_i}=\{v\in V|\rho(H)(v)=\lambda_i v\}$. 现在我们给出一个定义.

定义 2.3.1　如果 $V_\lambda\neq 0$, 则 λ 称为表示 (ρ,V) 的**权**, V_λ 称为属于权 λ 的**权空间**.

设 $v\in V_\lambda$, 则

$$\begin{aligned}\rho(H)(\rho(X)(v))&=[\rho(H),\rho(X)](v)+\rho(X)(\rho(H)(v))\\&=\rho([H,X])(v)+\lambda\rho(X)(v)\\&=(\lambda+2)\rho(X)(v),\\\rho(H)(\rho(Y)(v))&=[\rho(H),\rho(Y)](v)+\rho(Y)(\rho(H)(v))\\&=\rho([H,Y])(v)+\lambda\rho(Y)(v)\\&=(\lambda-2)\rho(Y)(v).\end{aligned}$$

也就是说, 下面的引理成立.

引理 2.3.2　若 $v\in V_\lambda$, 则 $\rho(X)(v)\in V_{\lambda+2}$ 且 $\rho(Y)(v)\in V_{\lambda-2}$.

由此引理以及 V 是有限维的, 存在权 λ, 即 $V_\lambda\neq 0$, 使得

$$\rho(X)(v)=0,\quad \forall v\in V_\lambda.$$

定义 2.3.3 权空间 V_λ 中的非零向量 v 称为**极大向量**, 如果 $\rho(X)(v) = 0$.

上面的讨论说明, $\mathfrak{sl}(2,\mathbb{C})$ 的任意有限维表示必存在极大向量. 由 Weyl 定理知, $\mathfrak{sl}(2,\mathbb{C})$ 有限维表示是完全可约的, 即任意有限维表示是不可约表示的直和. 因此 $\mathfrak{sl}(2,\mathbb{C})$ 的有限维表示的研究归结于 $\mathfrak{sl}(2,\mathbb{C})$ 的有限维不可约表示的研究. 下面的定理描述了 $\mathfrak{sl}(2,\mathbb{C})$ 的有限维不可约表示的结构.

定理 2.3.4 假设 (ρ, V) 是 $\mathfrak{sl}(2,\mathbb{C})$ 的有限维不可约表示, $v_0 \in V_\lambda$ 是一个极大向量. 定义

$$v_{-1} = 0, \quad v_i = \frac{1}{i!}(\rho(Y))^i(v_0) \quad (i \geqslant 0).$$

则下面的结论成立:

(1) $\rho(H)(v_i) = (\lambda - 2i)v_i$;

(2) $\rho(Y)(v_i) = (i+1)v_{i+1}$;

(3) $\rho(X)(v_i) = (\lambda - i + 1)v_{i-1}$;

(4) 令 $S = \{t \mid v_t \neq 0 \text{ 且 } v_{t+1} = 0\}$, m 是集合 S 的最小整数, 则 $\{v_0, v_1, \cdots, v_m\}$ 线性无关, 且张成线性空间 V;

(5) $\lambda = m$, 即极大向量对应的权是整数 $\dim V - 1$, 称为 V 的**最高权**.

证 由引理 2.3.2 知, $v_i \in V_{\lambda - 2i}$, 即 (1) 式成立. 因为

$$\rho(Y)(v_i) = \frac{1}{i!}(\rho(Y))^{i+1}(v_0) = (i+1)\frac{1}{(i+1)!}(\rho(Y))^{i+1}(v_0) = (i+1)v_{i+1},$$

因此 (2) 式成立. 下面用归纳法证明 (3) 式成立. 当 $i = 0$ 时, 等式显然成立. 假设 $i = k$ 时, 等式成立, 即 $\rho(X)(v_k) = (\lambda - k + 1)v_{k-1}$. 则当 $i = k + 1$ 时,

$$
\begin{aligned}
(k+1)\rho(X)(v_{k+1}) &= \rho(X)(\rho(Y)(v_k)) = [\rho(X), \rho(Y)](v_k) + \rho(Y)(\rho(X)(v_k)) \\
&= \rho(H)(v_k) + (\lambda - k + 1)\rho(Y)(v_{k-1}) \\
&= (\lambda - 2k)v_k + k(\lambda - k + 1)v_k \\
&= (k+1)(\lambda - k)v_k.
\end{aligned}
$$

下面我们证明 (4). 首先由 m 的取法知, 对任意的 $0 \leqslant i \leqslant m$, $v_i \neq 0$. 由 (1), v_i 是 $\rho(H)$ 的特征值为 $\lambda - 2i$ 的特征向量. 故由线性代数的知识, $\{v_0, v_1, \cdots, v_m\}$ 线性无关. 以 V_1 表示由 $\{v_0, v_1, \cdots, v_m\}$ 线性生成的 V 的子空间. 上面的讨论说明, V_1 是 V 的子表示, 且不为零. 因 (ρ, V) 是不可约表示, 故 $V_1 = V$. 最后, 在 (3) 中, 取 $i = m + 1$, 则有

$$0 = \rho(X)(v_{m+1}) = (\lambda - (m+1) + 1)v_m.$$

因此, $\lambda = m$. 至此定理证毕.

定理 2.3.4 给出了 $\mathfrak{sl}(2,\mathbb{C})$ 的有限维不可约表示的完全分类. 事实上, 可以证明:

定理 2.3.5　设 (ρ, V) 是 $\mathfrak{sl}(2, \mathbb{C})$ 的有限维不可约表示.

(1) V 相对于 $\rho(H)$ 有权空间的直和分解:

$$V = V_m \oplus V_{m-2} \oplus \cdots \oplus V_{-m},$$

其中 $m = \dim V - 1$, 且每个权空间都是一维的.

(2) V 的极大向量在相差一个非零常数的意义下存在唯一, 其对应的权是 m.

这一定理的证明留给读者. 从这个定理我们看出, 对于任何正整数 m, 存在 $\mathfrak{sl}(2, \mathbb{C})$ 的不可约表示 (ρ, V), 使得 V 的维数为 m, 而且容易看出, 在同构意义下 $\mathfrak{sl}(2, \mathbb{C})$ 的 m 维不可约表示是唯一的.

下面讨论 $\mathfrak{sl}(2, \mathbb{C})$ 的一般的有限维表示. 设 (ρ, V) 为 $\mathfrak{sl}(2, \mathbb{C})$ 的有限维表示, 由 Weyl 定理, V 可以分解为

$$V = V^1 \oplus V^2 \oplus \cdots \oplus V^k,$$

其中 V^i 是 $\mathfrak{sl}(2, \mathbb{C})$ 的有限维不可约表示. 于是由上面的讨论我们可以得到下面的结论.

推论 2.3.6　(1) $\rho(H) \in \mathfrak{gl}(V)$ 的特征值都是整数, 任意特征值的相反数也是特征值, 而且出现的次数相同.

(2) $k = \dim V_0 + \dim V_1$.

习　题　2.3

1. 试证明复数域上的 3 维单 Lie 代数一定与 $\mathfrak{sl}(2, \mathbb{C})$ 同构.

2. 将 $\mathfrak{sl}(2, \mathbb{C})$ 看成 $\mathfrak{sl}(3, \mathbb{C})$ 的子代数

$$\begin{pmatrix} A & 0 \\ 0 & 0 \end{pmatrix}, \quad A \in \mathfrak{sl}(2, \mathbb{C}).$$

考虑 $\mathfrak{g} = \mathfrak{sl}(3, \mathbb{C})$ 的伴随表示在 $\mathfrak{sl}(2, \mathbb{C})$ 上的限制, 则 $\mathfrak{g}$ 可以看成一个 $\mathfrak{sl}(2, \mathbb{C})$- 模. 试将 $\mathfrak{g}$ 分解为不可约子模的直和.

3. 设 ρ 为 $\mathfrak{sl}(2, \mathbb{C})$ 在 $\mathbb{C}^2$ 上的自然表示, 设 X_1, X_2 为 $\mathbb{C}^2$ 的一组基, 将这一表示利用导性: $x(fg) = x(f)g + fx(g)$, 自然扩充成 $\mathfrak{sl}(2, \mathbb{C})$ 在 $\mathbb{C}^2$ 上二元多项式集合 $\mathbb{C}[X_1, X_2]$ 上的作用, 得到一个 $\mathfrak{sl}(2, \mathbb{C})$ 在 $\mathbb{C}[X_1, X_2]$ 上的表示, 仍记为 ρ. 试证明, 对任何 $m > 0$, 由所有 m 次齐次多项式组成的 $\mathfrak{sl}(2, \mathbb{C})$ 的线性子空间构成的一个子表示, 而且该表示是不可约的, 最高权为 m. 这一表示给出了 $\mathfrak{sl}(2, \mathbb{C})$ 的最高权为 m 的不可约表示的实现, 因此也记为 $V(m)$.

4. 将上题的方法应用到 $\mathfrak{sl}(l, \mathbb{C})$ 在 $\mathbb{C}^l$ 上的自然表示, 我们得到 $\mathfrak{sl}(l, \mathbb{C})$ 在 $\mathbb{C}[X_1, X_2, \cdots, X_l]$ 上的一个表示, 试证明由所有 $\mathbb{C}$ 上的 m ($m > 0$) 次齐次多项式构成的集合构成上述表示的一个子表示, 试问这一表示是否是 $\mathfrak{sl}(l, \mathbb{C})$ 的不可约表示?

5. 设 H, X, Y 为 $\mathfrak{sl}(2,\mathbb{C})$ 的标准基, 试证明, 对于 $\mathfrak{sl}(2,\mathbb{C})$ 的任何有限维表示 ρ, $\rho(H)$ 一定是半单线性变换, 而 $\rho(X), \rho(Y)$ 一定是幂零线性变换.

6. 设 H, X, Y 如上题, (V,ρ) 为 $\mathfrak{sl}(2,\mathbb{C})$ 的一个表示 (可能是无穷维的), v 为 V 中的一个非零元素, 满足下面的条件:

(1) $\rho(X)v = 0$;

(2) 存在整数 $m \geqslant 1$ 使得 $\rho^m(Y) = 0$;

(3) 存在 $\lambda \in \mathbb{C}$ 使得 $\rho(H)v = \lambda v$.

试证明 λ 一定是一个整数.

7. 设 H, X, Y 如上题, (V,π) 为 $\mathfrak{sl}(2,\mathbb{C})$ 的一个有限维表示, 满足条件:

(1) $\pi(H)$ 的任何特征根都是 1 重的;

(2) $\pi(H)$ 的任何两个特征根的差都是偶数. 试证明 (V,π) 一定是 $\mathfrak{sl}(2,\mathbb{C})$ 的不可约表示.

8. 试将 $\mathfrak{sl}(2,\mathbb{C})$ 的不可约模 V_m, V_n 的张量积 $V_m \otimes V_n$ 分解成不可约子模的直和.

2.4 复半单 Lie 代数的根空间分解

本节我们研究复半单 Lie 代数的结构. 我们采用的方法是, 将 Lie 代数分解成若干相互交换的半单元在伴随作用下的公共特征子空间的直和. 回忆一下, 如果 V 是一个有限维复线性空间, $\mathcal{A}$ 是 V 上的一个半单线性变换, 则 V 可以写成 $\mathcal{A}$ 的特征子空间的直和. 如果 $\mathcal{A}_1, \mathcal{A}_2$ 是两个交换的半单线性变换, 则 V 可以写成它们的公共特征子空间的直和. 现在设 $\mathfrak{g}$ 是复半单 Lie 代数, $x = x_s + x_n$ 是 $\mathfrak{g}$ 中的元素 x 的抽象 Jordan 分解, 我们先证明:

引理 2.4.1 存在 $x \in \mathfrak{g}$ 使得其抽象 Jordan 分解的半单部分 x_s 是非零的.

证 事实上, 如果对任意 $x \in \mathfrak{g}$, $\mathrm{ad}\, x = \mathrm{ad}\, n$ 幂零, 则 $\mathfrak{g}$ 是 ad-幂零 Lie 代数, 由 Engel 定理, $\mathfrak{g}$ 是幂零 Lie 代数, 这和 $\mathfrak{g}$ 是复半单 Lie 代数矛盾.

这一引理引导我们给出下面的定义.

定义 2.4.2 复半单 Lie 代数 $\mathfrak{g}$ 的子代数 $\mathfrak{h}$ 称为**环面子代数**, 如果对任意的 $x \in \mathfrak{h}$, $\mathrm{ad}\, x$ 是 $\mathfrak{g}$ 上半单线性变换. 一个环面子代数称为**极大环面子代数**, 如果它不真包含于另一个环面子代数.

现在我们证明:

命题 2.4.3 设 $\mathfrak{h}$ 是复半单 Lie 代数 $\mathfrak{g}$ 的环面子代数, 则 $[\mathfrak{h},\mathfrak{h}] = 0$, 即 $\mathfrak{h}$ 是交换 Lie 代数.

证 因 $\mathfrak{h}$ 是复半单 Lie 代数 $\mathfrak{g}$ 的子代数, 对任意的 $h \in \mathfrak{h}$, $[h,\mathfrak{h}] \subset \mathfrak{h}$, 故 $\mathfrak{h}$ 是 $\mathrm{ad}\, h$ 的不变子空间. 又因 $\mathrm{ad}\, h$ 是 $\mathfrak{g}$ 上的半单线性变换, 故 $\mathrm{ad}\, h$ 是 $\mathfrak{h}$ 上的半单线性变换. 假设 $h' \in \mathfrak{h}$ 是 $\mathrm{ad}\, h$ 的任意特征向量, 即存在 $a \in \mathbb{C}$, 使得 $\mathrm{ad}\, h(h') = ah'$. 则有

$$(\mathrm{ad}\, h')^2(h) = \mathrm{ad}\, h'(\mathrm{ad}\, h'(h)) = -\mathrm{ad}\, h'(ah') = 0.$$

另一方面, $\operatorname{ad} h'$ 也是 $\mathfrak{h}$ 上的半单线性变换, 故 $\mathfrak{h}$ 相对于 $\operatorname{ad} h'$ 也有特征子空间分解

$$\mathfrak{h} = \mathfrak{h}_0 \oplus \mathfrak{h}_{\lambda_1} \oplus \cdots \oplus \mathfrak{h}_{\lambda_k}.$$

这里 $\lambda_1, \lambda_2, \cdots, \lambda_k$ 是非零特征值. 设 $h = h_0 + h_1 + \cdots + h_k$ 是 h 相对于上式的分解. 则由上面的结论我们得到

$$0 = (\operatorname{ad} h')^2(h) = \sum_{i=1}^{k} \lambda_i^2 h_i.$$

故 $h = h_0$, 即 $\operatorname{ad} h(h') = 0$. 注意到 $\mathfrak{h}$ 中任何元素都是 $\operatorname{ad} h$ 的特征向量的线性组合, 因此 $[h, \mathfrak{h}] = 0$. 由 h 的任意性, $\mathfrak{h}$ 是交换 Lie 代数. 至此命题证毕.

取定 $\mathfrak{g}$ 的极大环面子代数 $\mathfrak{h}$. 因为 $\mathfrak{h}$ 是交换的, 所以对任意的 $h, h' \in \mathfrak{h}$,

$$\operatorname{ad} h \cdot \operatorname{ad} h' - \operatorname{ad} h' \cdot \operatorname{ad} h = [\operatorname{ad} h, \operatorname{ad} h'] = \operatorname{ad}[h, h'] = 0.$$

故 $\{\operatorname{ad} h\}_{h \in \mathfrak{h}}$ 是 $\mathfrak{g}$ 上一族两两交换的半单线性变换. 由线性代数的知识, $\mathfrak{g}$ 相对于这一族线性变换, 有公共的特征子空间分解:

$$\mathfrak{g} = \sum_{\alpha \in \mathfrak{h}^*} \mathfrak{g}_\alpha,$$

其中 $\mathfrak{g}_\alpha = \{x \in \mathfrak{g} | [h, x] = \alpha(h)x, \forall h \in \mathfrak{h}\}$. 特别地, $\mathfrak{g}_0 = C_{\mathfrak{g}}(\mathfrak{h}) \supset \mathfrak{h}$.

定义 2.4.4　集合 $\Phi = \{\alpha \in \mathfrak{h}^*, \alpha \neq 0 | \mathfrak{g}_\alpha \neq 0\}$ 称为 $\mathfrak{g}$ 相对于 $\mathfrak{h}$ 的**根系**, Φ 中的元素称为 $\mathfrak{g}$ 相对于 $\mathfrak{h}$ 的**根**.

由上面的分析, 可以得到下列性质:

(1) 对任何 $\forall \alpha, \beta \in \Phi \cup \{0\}$, 有 $[\mathfrak{g}_\alpha, \mathfrak{g}_\beta] \subseteq \mathfrak{g}_{\alpha+\beta}$. 特别地, 对任意 $\alpha \in \Phi$ 及 $x \in \mathfrak{g}_\alpha$, $\operatorname{ad} x$ 是幂零的.

(2) 如果 $\alpha, \beta \in \Phi \cup \{0\}$ 且 $\alpha + \beta \neq 0$, 则 $B(x, y) = 0, \forall x \in \mathfrak{g}_\alpha, y \in \mathfrak{g}_\beta$, 其中 B 表示 $\mathfrak{g}$ 的 Killing 型. 特别地, B 在 $\mathfrak{g}_0$ 上的限制是非退化的.

思考题 2.4.5　证明上面的性质.

现在我们进一步研究 $\mathfrak{g}_0 = C_{\mathfrak{g}}(\mathfrak{h})$ 的性质. 首先, 对任意 $x \in C_{\mathfrak{g}}(\mathfrak{h})$, 若 $x = s + n$ 是 x 的抽象 Jordan 分解, 则 $s, n \in C_{\mathfrak{g}}(\mathfrak{h})$. 由于 $\operatorname{ad} s$ 是半单的, 且 $[s, y] = 0, \forall y \in \mathfrak{h}$, 因此 $\mathfrak{h}$ 和 s 线性张成一个环面子代数. 再由 $\mathfrak{h}$ 的极大性知 $s \in \mathfrak{h}$. 这说明 $C_{\mathfrak{g}}(\mathfrak{h})$ 上的线性变换 $\operatorname{ad} x = \operatorname{ad} n$ 是幂零线性变换. 由 Engel 定理, $C_{\mathfrak{g}}(\mathfrak{h})$ 是幂零 Lie 代数.

接下来我们证明 $\mathfrak{g}$ 的 Killing 型在 $\mathfrak{h}$ 上的限制是非退化的. 事实上, 假设存在 $h \in \mathfrak{h}$, 使得

$$B(h, h') = 0, \quad \forall h' \in \mathfrak{h},$$

则由 $[h, n] = 0$, 即 $\operatorname{ad}[h, n] = [\operatorname{ad} h, \operatorname{ad} n] = 0$, 可得 $\operatorname{ad} h \cdot \operatorname{ad} n$ 是幂零线性变换. 故

$$B(h, n) = \operatorname{tr}(\operatorname{ad} h \cdot \operatorname{ad} n) = 0.$$

因此 $B(h, y) = 0$, $\forall y \in C_{\mathfrak{g}}(\mathfrak{h})$. 由 B 在 $C_{\mathfrak{g}}(\mathfrak{h})$ 上的限制非退化知 $h = 0$. 这就证明了我们的断言.

对任意的 $h \in \mathfrak{h}$, $y, y' \in C_{\mathfrak{g}}(\mathfrak{h})$, $B(h, [y, y']) = B([h, y], y') = 0$. 由于 $\mathfrak{g}$ 的 Killing 型在 $\mathfrak{h}$ 上的限制非退化, 有

$$\mathfrak{h} \cap [C_{\mathfrak{g}}(\mathfrak{h}), C_{\mathfrak{g}}(\mathfrak{h})] = 0.$$

如果 $[C_{\mathfrak{g}}(\mathfrak{h}), C_{\mathfrak{g}}(\mathfrak{h})] \neq 0$, 则存在 $0 \neq z \in C(C_{\mathfrak{g}}(\mathfrak{h})) \cap [C_{\mathfrak{g}}(\mathfrak{h}), C_{\mathfrak{g}}(\mathfrak{h})]$. 设 $z = z_s + z_n$ 是 z 的抽象 Jordan 分解, 则 $0 \neq z_n \in C(C_{\mathfrak{g}}(\mathfrak{h}))$. 因此, 对任意的 $y \in C_{\mathfrak{g}}(\mathfrak{h})$,

$$B(z_n, y) = \operatorname{tr}(\operatorname{ad} z_n \cdot \operatorname{ad} y) = 0.$$

最后一个等式成立是因为 $[\operatorname{ad} z_n, \operatorname{ad} y] = \operatorname{ad}[z_n, y] = 0$ 以及 $\operatorname{ad} z_n$ 幂零. 由 B 在 $C_{\mathfrak{g}}(\mathfrak{h})$ 上的限制非退化知 $z_n = 0$. 这是不可能的. 因而 $C_{\mathfrak{g}}(\mathfrak{h})$ 是交换 Lie 代数.

最后, 对任意的 $y \in C_{\mathfrak{g}}(\mathfrak{h})$, 我们有 $[n, y] = 0$, 因此 $[\operatorname{ad} n, \operatorname{ad} y] = 0$. 进而

$$B(n, y) = \operatorname{tr}(\operatorname{ad} n \cdot \operatorname{ad} y) = 0.$$

由于 B 在 $C_{\mathfrak{g}}(\mathfrak{h})$ 上的限制非退化, 故 $n = 0$.

上面的结论总结起来就得到下面的定理.

定理 2.4.6 $C_{\mathfrak{g}}(\mathfrak{h}) = \mathfrak{h}$.

定义 2.4.7 设 $\mathfrak{g}$ 是复半单 Lie 代数, $\mathfrak{h}$ 是 $\mathfrak{g}$ 的极大环面子代数, 则 $\mathfrak{g}$ 相对于 $\mathfrak{h}$ 的分解为

$$\mathfrak{g} = \mathfrak{h} \oplus \sum_{\alpha \in \Phi} \mathfrak{g}_\alpha, \tag{2.4.1}$$

称为 $\mathfrak{g}$ 相对于 $\mathfrak{h}$ 的**根子空间分解**.

思考题 2.4.8 证明对任意的 $\beta \in \mathfrak{h}^*$, 存在唯一的 $t_\beta \in \mathfrak{h}$ 使得 $\beta(h) = B(t_\beta, h), \forall h \in \mathfrak{h}$.

现在我们来进一步研究 Lie 代数的根子空间分解. 我们将根子空间分解的基本性质写成一些引理和推论. 首先我们证明:

引理 2.4.9 对任意 $\alpha \in \Phi$, 有 $-\alpha \in \Phi$, 且 $\alpha(t_\alpha) = B(t_\alpha, t_\alpha) \neq 0$.

证 首先注意, 因为对任何 $\alpha, \beta \in \Phi \cup \{0\}$, 只要 $\alpha + \beta \neq 0$, 就有 $B(\mathfrak{g}_\alpha, \mathfrak{g}_\beta) = 0$, 由 $\mathfrak{g}$ 的非退化性可知, 对任何 $\alpha \in \Phi$, $-\alpha \in \Phi$. 现在证明第二个结论. 采用反证法. 反设 $\alpha(t_\alpha) = 0$, 则对任意 $x \in \mathfrak{g}_\alpha$, $y \in \mathfrak{g}_{-\alpha}$, 有

$$[t_\alpha, x] = 0 = [t_\alpha, y].$$

取 $x \in \mathfrak{g}_\alpha, y \in \mathfrak{g}_{-\alpha}$ 使得 $B(x,y) = 1$, 则 $[x,y] = t_\alpha$. 容易验证 $\{x, y, t_\alpha\}$ 是 3 维可解 Lie 代数, 且 $(\mathrm{ad}, \mathfrak{g})$ 是此 Lie 代数的表示. 由 Lie 定理以及 $[x,y] = t_\alpha$ 可以看出 $\mathrm{ad}\, t_\alpha$ 是幂零的. 另一方面, $\mathrm{ad}\, t_\alpha$ 又是半单线性变换, 故 $\mathrm{ad}\, t_\alpha = 0$, 即 $t_\alpha \in C(\mathfrak{g})$. 这与 $\mathfrak{g}$ 是复半单 Lie 代数矛盾.

引理 2.4.10 对任意 $\alpha \in \Phi$, $x \in \mathfrak{g}_\alpha, y \in \mathfrak{g}_{-\alpha}$, $[x,y] = B(x,y)t_\alpha$.

证 设 $\alpha \in \Phi$. 对任意 $x \in \mathfrak{g}_\alpha, y \in \mathfrak{g}_{-\alpha}, h \in \mathfrak{h}$,

$$B(h, [x,y]) = B([h,x], y) = \alpha(h)B(x,y) = B(h, t_\alpha)B(x,y) = B(h, B(x,y)t_\alpha).$$

由于 B 限制在 $\mathfrak{h}$ 上是非退化的, 且 $[x,y] \in \mathfrak{h}$, 故 $[x,y] = B(x,y)t_\alpha$.

引理 2.4.11 在根子空间分解 (2.4.1) 中, 对任何 $\alpha \in \Phi$, 有 $-\alpha \in \Phi$, 而且 $\dim \mathfrak{g}_\alpha = 1$.

证 由引理 2.4.9 看出, 存在 $x_\alpha \in \mathfrak{g}_\alpha, y_\alpha \in \mathfrak{g}_{-\alpha}$ 使得 $B(x_\alpha, y_\alpha) = 1$. 假定存在 $\alpha \in \Phi$, 使得 $\dim \mathfrak{g}_\alpha \geqslant 2$, 则存在 $z \in \mathfrak{g}_\alpha, z \neq 0$, 使得 $B(z, y_\alpha) = 0$. 记 $z_{-1} = 0, z_n = (\mathrm{ad}\, x_\alpha)^n z, n = 0, 1, 2, \cdots$.

我们先用归纳法证明

$$[y_\alpha, z_n] = -\frac{n(n+1)}{2}\alpha(t_\alpha)z_{n-1}, \quad n = 0, 1, 2, \cdots.$$

由引理 2.4.10, 当 $n = 0$ 时结论成立. 若结论对于 n 成立, 则由 $z_n \in \mathfrak{g}_{(n+1)\alpha}$, 得到

$$
\begin{aligned}
[y_\alpha, z_{n+1}] &= [y_\alpha, [x_\alpha, z_n]] = [[y_\alpha, x_\alpha], z_n] + [x_\alpha, [y_\alpha, z_n]] \\
&= [-B(y_\alpha, x_\alpha)t_\alpha, z_n] + \left[x_\alpha, -\frac{n(n+1)}{2}\alpha(t_\alpha)z_{n-1}\right] \\
&= -(n+1)\alpha(t_\alpha)z_n - \frac{n(n+1)}{2}\alpha(t_\alpha)z_n \\
&= -\frac{(n+1)(n+2)}{2}\alpha(t_\alpha)z_n.
\end{aligned}
$$

这就证明了结论对于 $n+1$ 成立. 至此证明了我们的断言.

现在由上面的结论和引理 2.4.9 我们看出, 对任何 $n \geqslant 0$, 都有 $z_n \neq 0$, 但这与 $\mathrm{ad}\, x_\alpha$ 是一个幂零线性变换矛盾. 至此引理得证.

引理 2.4.12 在根子空间分解 (2.4.1) 中, $\mathfrak{h}$ 的对偶空间 $\mathfrak{h}^*$ 可由 Φ 中元素线性张成.

证 事实上, 如果 Φ 线性张成的线性空间不等于 $\mathfrak{h}^*$, 则存在 $h \in \mathfrak{h}, h \neq 0$ 使得 $\alpha(h) = 0, \forall \alpha \in \Phi$, 于是 $[h, \mathfrak{g}_\alpha] = 0, \forall \alpha \in \Phi$. 另一方面, 因 $\mathfrak{h}$ 交换, 又有 $[h, \mathfrak{h}] = 0$, 因此 $[h, \mathfrak{g}] = 0$. 这与 $\mathfrak{g}$ 是半单 Lie 代数矛盾.

推论 2.4.13 对任意 $\alpha \in \Phi$, $[\mathfrak{g}_\alpha, \mathfrak{g}_{-\alpha}]$ 是 $\mathfrak{h}$ 中的 1 维线性子空间, 且 t_α 是其一组基.

证 由引理 2.4.11, $\dim \mathfrak{g}_\alpha = \dim \mathfrak{g}_{-\alpha} = 1$, 故 $\dim[\mathfrak{g}_\alpha, \mathfrak{g}_{-\alpha}] \leqslant 1$. 于是由引理 2.4.10 以及 B 的非退化性可得本推论.

引理 2.4.14 对任意 $\alpha \in \Phi$, 以及非零的 $x_\alpha \in \mathfrak{g}_\alpha$, 存在 $y_\alpha \in \mathfrak{g}_{-\alpha}$ 使得 x_α, y_α, 而且 $h_\alpha = [x_\alpha, y_\alpha]$ 线性张成 $\mathfrak{g}$ 的 3 维复单李子代数.

证 设 $\alpha \in \Phi$. 对任意 $0 \neq x_\alpha \in \mathfrak{g}_\alpha$, 存在 $y_\alpha \in \mathfrak{g}_{-\alpha}$ 满足条件 $B(x_\alpha, y_\alpha) = \dfrac{2}{B(t_\alpha, t_\alpha)}$. 记 $h_\alpha = \dfrac{2t_\alpha}{B(t_\alpha, t_\alpha)}$. 容易验证:

$$[h_\alpha, x_\alpha] = 2x_\alpha, \quad [h_\alpha, y_\alpha] = -2y_\alpha, \quad [x_\alpha, y_\alpha] = h_\alpha.$$

故 $x_\alpha, y_\alpha, h_\alpha$ 线性张成 $\mathfrak{g}$ 的 3 维复单李子代数.

由上面的证明过程容易得到下面的推论.

推论 2.4.15 $h_\alpha = -h_{-\alpha} = \dfrac{2t_\alpha}{B(t_\alpha, t_\alpha)}$.

总结上面的结论我们得到这样的事实: 对任意 $\alpha \in \Phi$, 存在 $\mathfrak{g}$ 的 3 维复单李子代数使得该子代数有一组基 $x_\alpha, y_\alpha, h_\alpha$ 满足 $x_\alpha \in \mathfrak{g}_\alpha$, $y_\alpha \in \mathfrak{g}_{-\alpha}$, $h_\alpha \in \mathfrak{h}$, 且 $[h_\alpha, x_\alpha] = 2x_\alpha, [h_\alpha, y_\alpha] = -2y_\alpha, [x_\alpha, y_\alpha] = h_\alpha$. 特别地, 这个 3 维单 Lie 代数同构于 $\mathfrak{sl}(2, \mathbb{C})$. 这就使得利用 $\mathfrak{sl}(2, \mathbb{C})$ 的表示理论进一步研究复半单 Lie 代数的结构成为可能. 方便起见, 今后用 S_α 表示由 $x_\alpha, y_\alpha, h_\alpha$ 线性张成的 3 维复单 Lie 代数.

现在我们利用 3 维单 Lie 代数的表示理论来研究一般半单 Lie 代数的进一步的性质. 下面的结论是非常重要的.

定理 2.4.16 若 $\alpha \in \Phi$, $c \in \mathbb{C}$ 且 $c\alpha \in \Phi$, 则 $c = \pm 1$.

证 对任意 $\alpha \in \Phi$, 定义

$$M = \mathfrak{h} \oplus \sum_{c\alpha \in \Phi} \mathfrak{g}_{c\alpha}.$$

则 (ad, M) 是 S_α 的表示, 且表示的权是 0 和 $2c = c\alpha(h_\alpha)$. 因 3 维单 Lie 代数的有限维表示的权都是整数, 故 c 是 $\dfrac{1}{2}$ 的非零整数倍. 因为 M 中 0 权的重数是 $\dim \mathfrak{h}$, 而子模

$$\ker \alpha \oplus S_\alpha \subset M$$

是 $\dim \mathfrak{h}$ 个 S_α 的含 0 权的不可约表示的直和, 而且 0 权的重数也是 $\dim \mathfrak{h}$, 故 $\ker \alpha \oplus S_\alpha$ 包含了 M 的所有含 0 权的不可约子模. 这说明 M 中的偶数权只能是 $0, 2$. 因此, 2α 不是根. 进而 $\dfrac{1}{2}\alpha$ 也不是根, 因为否则与 $\alpha = 2\left(\dfrac{1}{2}\alpha\right)$ 是一个根矛盾. 这说明 $1 = \dfrac{1}{2}\alpha(h_\alpha)$ 不是权. 由此我们得到 $M = \ker \alpha \oplus S_\alpha$, 故只有当 $c = \pm 1$ 时, $c\alpha \in \Phi$. 定理证毕.

最后, 对任意 $\alpha, \beta \in \Phi$ 且 $\beta \neq \pm\alpha$, 定义

$$K = \sum_{i \in \mathbb{Z}} \mathfrak{g}_{\beta+i\alpha}.$$

容易验证 (ad, K) 是 S_α 表示, 表示的权 $\beta(h_\alpha) + 2i$. 因为这些整数的奇偶性是一致的, 所以在表示 (ad, K) 中 0 权或 1 权只能出现一次. 又因为 $\dim \mathfrak{g}_\alpha = 1$, $\forall \alpha \in \Phi$, 所以 (ad, K) 是 S_α 的不可约表示.

总结上面的结论, 我们得到

定理 2.4.17 (1) 如果 $\alpha, \beta \in \Phi$, 则 $\beta(h_\alpha) \in \mathbb{Z}$. 称 $\beta(h_\alpha)$ 为 Cartan **整数**.

(2) 设 $\alpha, \beta \in \Phi$ 且 $\beta \neq \pm\alpha$. 以 r, q 分别表示使得 $\beta - r\alpha$, $\beta + q\alpha$ 是根的最大整数, 则对任意 $-r \leqslant i \leqslant q$, $\beta + i\alpha \in \Phi$, 且 $\beta(h_\alpha) = r - q$. 由根 $\beta - r\alpha, \cdots, \beta, \cdots, \beta + q\alpha$ 构成的链称为**过 β 的 α 链**. 特别地, $\beta - \beta(h_\alpha)\alpha \in \Phi$.

(3) 若 α, β, 且 $\alpha + \beta \in \Phi$, 则 $[\mathfrak{g}_\alpha, \mathfrak{g}_\beta] = \mathfrak{g}_{\alpha+\beta}$.

习 题 2.4

1. 试证明 $\mathfrak{sl}(l, \mathbb{C})(l \geqslant 2)$ 中的所有对角矩阵构成 $\mathfrak{sl}(l, \mathbb{C})$ 的一个极大环面子代数 $\mathfrak{h}$, 并写出 $\mathfrak{sl}(l, \mathbb{C})$ 对于 $\mathfrak{h}$ 的根系, 以及 $\mathfrak{sl}(l, \mathbb{C})$ 对于 $\mathfrak{h}$ 的根子空间分解.

2. 试证明 $\mathfrak{sl}(2, \mathbb{C})$ 的任何极大环面子代数都是 1 维的.

3. 试找出 $\mathfrak{sl}(3, \mathbb{C})$ 的一个极大环面子代数 $\mathfrak{h}_1$, 使得 $\mathfrak{h}_1$ 中任何一个元素都不是对角矩阵.

4. 试证明不存在 4, 5 维或 7 维的复半单 Lie 代数.

5. 试证明 8 维的复半单 Lie 代数一定是单 Lie 代数.

6. 试构造一个 6 维和一个 9 维的复半单 Lie 代数. 这样的 Lie 代数可以是单的吗?

7. 试给出维数不大于 11 的复半单 Lie 代数的分类.

8. 设 $\mathfrak{h}$ 为复半单 Lie 代数 $\mathfrak{g}$ 的极大环面子代数, Φ 为 $\mathfrak{g}$ 相对于 $\mathfrak{h}$ 的根系. 对于 $\alpha \in \Phi$, 取定 $e_\alpha \in \mathfrak{g}_\alpha, e_{-\alpha} \in \mathfrak{g}_{-\alpha}$ 使得 $B(e_\alpha, e_{-\alpha}) = 1$. 若 $\alpha, \beta \in \Phi$ 且 $\alpha + \beta \neq 0$, 定义 $N_{\alpha,\beta} \in \mathbb{C}$ 使得

(1) $[e_\alpha, e_\beta] = N_{\alpha,\beta} e_{\alpha+\beta}$, 若 $\alpha + \beta \in \Phi$;

(2) $N_{\alpha,\beta} = 0$, 若 $\alpha + \beta \notin \Phi$.

试证明:

(1) $N_{\alpha,\beta} = -N_{\beta,\alpha}$;

(2) 若 $\alpha, \beta, \gamma \in \Phi$ 且 $\alpha + \beta + \gamma = 0$, 则 $N_{\alpha,\beta} = N_{\beta,\gamma} = N_{\gamma,\alpha}$.

9. 设 $\mathfrak{g}, \mathfrak{h}, \Phi, N_{\alpha,\beta}$ 如上题. 现设 $\alpha, \beta \in \Phi$, 且 $\alpha + \beta \in \Phi$. 又 $\beta + s\alpha$ $(p \leqslant s \leqslant q)$ 是 α 过 β 的根链. 试证明

$$N_{\alpha,\beta} N_{-\alpha,-\beta} = -\frac{q(1-p)}{2} \alpha(t_\alpha).$$

10. 设 $\mathfrak{g}$, $\mathfrak{h}$, Φ, $N_{\alpha,\beta}$ 如上. 设 $\alpha,\beta,\gamma,\delta \in \Phi$, 且其中任何两个相加都不为 0, 而且 $\alpha + \beta + \gamma + \delta = 0$. 试证明

$$N_{\alpha,\beta}N_{\gamma,\delta} + N_{\beta,\gamma}N_{\alpha,\delta} + N_{\gamma,\alpha}N_{\beta,\delta} = 0.$$

2.5 复半单 Lie 代数的根系

本节我们研究复半单 Lie 代数的根系的结构及其主要性质. 设 $\mathfrak{g}$ 是复半单 Lie 代数, $\mathfrak{h}$ 是 $\mathfrak{g}$ 的极大环面子代数, $\mathfrak{g} = \mathfrak{h} \oplus \sum_{\alpha \in \Phi} \mathfrak{g}_\alpha$ 是 $\mathfrak{g}$ 相对于 $\mathfrak{h}$ 的根子空间分解. 定义 $\mathfrak{h}^*$ 上的一个双线性型为

$$(\gamma,\delta) = B(t_\gamma, t_\delta), \quad \gamma,\delta \in \mathfrak{h}^*.$$

思考题 2.5.1 证明 $(\cdot,\cdot)$ 是 $\mathfrak{h}^*$ 上对称、非退化的双线性型.

特别地, 对任意 $\alpha,\beta \in \Phi$, 有

$$\alpha(h_\beta) = B(t_\alpha, h_\beta) = \frac{2B(t_\alpha, t_\beta)}{B(t_\beta, t_\beta)} = \frac{2(\alpha,\beta)}{(\beta,\beta)}.$$

在 Φ 中取 $\mathfrak{h}^*$ 的一组基 $\alpha_1, \alpha_2, \cdots, \alpha_l$, 则任意 $\beta \in \Phi$ 都可以表示成 $\beta = \sum_{i=1}^{l} c_i \alpha_i$, 其中 $c_i \in \mathbb{C}$. 进而对任意的 $1 \leqslant j \leqslant l$,

$$\frac{2(\beta,\alpha_j)}{(\alpha_j,\alpha_j)} = \sum_{i=1}^{l} c_i \frac{2(\alpha_i,\alpha_j)}{(\alpha_j,\alpha_j)}.$$

这说明 $c_1, c_2, \cdots, c_l$ 是一个整系数的线性方程组的解, 故 $c_i \in \mathbb{Q}$. 设 E 为由 $\{\alpha_1, \alpha_2, \cdots, \alpha_l\}$ 生成的实线性空间, 则 $\Phi \subset E$, 而且

$$(\beta,\beta) = B(t_\beta, t_\beta) = \sum_{\alpha \in \Phi} \alpha(t_\beta)\alpha(t_\beta) = \sum_{\alpha \in \Phi} (\alpha,\beta)^2.$$

等式两边同时除以 $(\beta,\beta)^2$ 可得 $(\beta,\beta) \in \mathbb{Q}$, 进而 $(\alpha,\beta) \in \mathbb{Q}$, 而且 $(\beta,\beta) = 0$ 当且仅当 $(\alpha,\beta) = 0, \forall \alpha \in \Phi$, 当且仅当 $\beta = 0$. 这证明了下面的定理.

定理 2.5.2 双线性型 $(\cdot,\cdot)$ 是实线性空间 E 上的一个内积.

现在从复半单 Lie 代数的根系的基本性质中我们抽象出欧几里得空间中一般的根系的概念.

定义 2.5.3 设 Φ 是欧几里得空间 $(E, (\cdot,\cdot))$ 中的一个由非零元素组成的有限子集, 称 Φ 为 $(E, (\cdot,\cdot))$ 中的一个**根系**, 如果它满足下面四个条件:

(1) Φ 线性张成 E;

(2) 若 $\alpha \in \Phi, c \in \mathbb{R}$, 则 $c\alpha \in \Phi$ 当且仅当 $c = \pm 1$;

(3) 对任何 $\alpha \in \Phi$, 设 σ_α 为由 α 决定的镜面反射, 则 $\sigma_\alpha(\Phi) = \Phi$;

(4) 对任何 $\alpha, \beta \in \Phi$, $\langle \beta, \alpha \rangle = \dfrac{2(\beta, \alpha)}{(\alpha, \alpha)} \in \mathbb{Z}$.

回忆一下, 由 α 决定的镜面反射 σ_α 是

$$\sigma_\alpha(\gamma) = \gamma - \frac{2(\gamma, \alpha)}{(\alpha, \alpha)}\alpha, \quad \gamma \in V.$$

由上面的定义以及复半单 Lie 代数的性质容易看出, 任何复半单 Lie 代数相对于一个极大环面子代数的根系构成一个由根系中元素实线性生成的欧几里得空间中抽象意义下的根系. 下面我们将从抽象的层面对根系的性质进行全面的研究.

定义 2.5.4 一个根系 Φ 称为**不可约**的, 如果 Φ 不能表示成为 Φ 的两个互相正交的非空真子集的并.

定义 2.5.5 设 Φ 为一个根系, Φ 的一个子集 Δ 称为 Φ 的**基**, 如果

(1) Δ 是 E 的基;

(2) 任意 $\beta \in \Phi$ 都可以表示成 $\beta = \sum\limits_{\alpha \in \Delta} k_\alpha \alpha$, 其中 k_α 为同时非正或同时非负的整数.

下面我们来证明每一个根系都存在一个基.

记 $P_\alpha = \{h \in E | (h, \alpha) = 0\}$. 由线性代数的知识可知 (参看文献 [1]), $E \setminus \bigcup\limits_{\alpha \in \Phi} P_\alpha$ 不是空集.

定义 2.5.6 一个 E 中元素 γ 称为**正则元**, 如果 $\gamma \notin \bigcup\limits_{\alpha \in \Phi} P_\alpha$. 取定一个正则元 γ, 定义

$$\Phi^+(\gamma) = \{\alpha \in \Phi | (\gamma, \alpha) > 0\}.$$

则显然有 $\Phi = \Phi^+(\gamma) \cup -\Phi^+(\gamma)$, 以下记 $\Phi^-(\gamma) = -\Phi^+(\gamma)$. $\Phi^+(\gamma)$ 中一个元素 α 称为**可分解**的, 如果存在 $\beta_1, \beta_2 \in \Phi^+(\gamma)$ 使得

$$\alpha = \beta_1 + \beta_2;$$

否则称为**不可分解**的. 以 $\Delta(\gamma)$ 表示 $\Phi^+(\gamma)$ 中不可分解的根的全体.

下面我们证明 $\Delta(\gamma)$ 是 Φ 的一个基. 先证明 $\Phi^+(\gamma)$ 中的根是 $\Delta(\gamma)$ 中元素的非负整线性组合. 否则, 集合 $S = \{\alpha \in \Phi^+(\gamma) \mid \alpha$ 不是 $\Delta(\gamma)$ 中元素的非负整线性组合$\}$ 是非空的, 于是存在 $\beta \in S$ 使得 (γ, β) 达到最小. 由 S 的定义, $\beta \notin \Delta(\gamma)$, 因此存在 $\beta_1, \beta_2 \in \Phi^+(\gamma)$ 使得

$$\beta = \beta_1 + \beta_2.$$

容易看出, β_1, β_2 中至少有一个属于 S. 不妨假设 $\beta_1 \in S$, 于是

$$(\gamma, \beta) = (\gamma, \beta_1 + \beta_2) > (\gamma, \beta_1).$$

这与 β 的取法矛盾, 因此结论成立.

接下来证明 $\Delta(\gamma)$ 是线性无关组. 我们将证明分成两步:

1) 如果 $\alpha, \beta \in \Delta(\gamma)$ 且 $\alpha \neq \beta$, 则 $(\alpha, \beta) \leqslant 0$. 若不然, 则 $(\alpha, \beta) > 0$. 考虑过 α 的 β 链, 由 Cauchy 不等式

$$\frac{2(\alpha, \beta)}{(\beta, \beta)} \cdot \frac{2(\beta, \alpha)}{(\alpha, \alpha)} < 4,$$

因此正整数 $\dfrac{2(\alpha, \beta)}{(\beta, \beta)}$, $\dfrac{2(\beta, \alpha)}{(\alpha, \alpha)}$ 中至少有一个为 1, 不妨设 $\dfrac{2(\beta, \alpha)}{(\alpha, \alpha)} = 1$, 则 $\sigma_\alpha(\beta) = \beta - \dfrac{2(\beta, \alpha)}{(\alpha, \alpha)} \alpha = \beta - \alpha \in \Phi$. 于是 $\alpha - \beta \in \Phi$. 如果 $\alpha - \beta \in \Phi^+(\gamma)$, 则 $\alpha = (\alpha - \beta) + \beta$; 如果 $\alpha - \beta \in \Phi^-(\gamma)$, 则 $\beta - \alpha \in \Phi^+(\gamma)$, 故 $\beta = (\beta - \alpha) + \alpha$. 但这与 $\alpha, \beta \in \Delta(\gamma)$ 矛盾.

2) $\Delta(\gamma)$ 是线性无关组. 假设存在不全为零的 $r_\alpha \in \mathbb{R}$ 使得 $\sum\limits_{\alpha \in \Delta(\gamma)} r_\alpha \alpha = 0$. 将上述等式里系数是负数的项移到等式的右边. 这样上式可以重写为

$$\sum s_\alpha \alpha = \sum t_\beta \beta, \quad s_\alpha, t_\beta > 0.$$

因此

$$\left(\sum s_\alpha \alpha, \sum s_\alpha \alpha \right) = \left(\sum s_\alpha \alpha, \sum t_\beta \beta \right) = \sum_{\alpha, \beta} s_\alpha t_\beta (\alpha, \beta) \leqslant 0.$$

故 $\sum s_\alpha \alpha = 0$. 因此

$$0 = \left(\gamma, \sum s_\alpha \alpha \right) = \sum s_\alpha (\gamma, \alpha).$$

这说明 $s_\alpha = 0$. 同理 $t_\beta = 0$. 但是这与 r_α 不全为零矛盾. 因此 $\Delta(\gamma)$ 是线性无关组.

最后, 由 $\Phi = \Phi^+(\gamma) \cup -\Phi^+(\gamma)$ 知 $\Delta(\gamma)$ 是 Φ 的基. 至此我们证明了根系的基的存在性.

定义 2.5.7 设 Φ 为欧几里得空间 $(E, (\cdot, \cdot))$ 中的一个根系, Δ 为 Φ 的一个基. 称 Δ 中的根为**单根**, 定义 $\mathrm{ht}\beta = \sum\limits_{\alpha \in \Delta} k_\alpha$, 称为根 β 的**高度**. 若 $\mathrm{ht}\beta > 0$, 则称 β 为**正根**; $\mathrm{ht}\beta < 0$, 则称 β 为**负根**. 正根的全体记为 Φ^+, 负根的全体记为 Φ^-. 称 Δ 是**不可约的**, 如果 Δ 不能分为 Δ 的两个相互正交的真子集的并.

显然, 一个根为正根或负根, 以及根的高度和 Δ 的选取有关. 现在我们证明下面的定理.

定理 2.5.8 若 $\gamma \in E$ 是正则元, 则 $\Delta(\gamma)$ 是 Φ 的基. 而且 Φ 的任意一组基都可以通过这种方法得到.

证 第一个结论已经证明, 下面我们证明后一个结论. 设 Δ 是 Φ 的基. 则存在 $\gamma \in E$ 使得 $(\gamma, \alpha) > 0, \forall \alpha \in \Delta$ (见下面的思考题). 由基的定义, $\Phi^+ \subset \Phi^+(\gamma)$ 及 $\Phi^- \subset \Phi^-(\gamma)$. 故 $\Phi^+ = \Phi^+(\gamma)$ 及 $\Phi^- = \Phi^-(\gamma)$. 由此知 $\Delta \subset \Delta(\gamma)$, 即 $\Delta = \Delta(\gamma)$.

思考题 2.5.9 证明存在 $\gamma \in E$ 使得 $(\gamma, \alpha) > 0, \forall \alpha \in \Delta$.

命题 2.5.10 设 Φ 是欧几里得空间 E 中的根系, Δ 是 Φ 的基. 若 $\alpha \in \Phi^+$ 且 $\alpha \notin \Delta$, 则存在 $\beta \in \Delta$ 使得 $\alpha - \beta \in \Phi^+$.

证 我们先说明, 存在 $\beta \in \Delta$ 使得 $(\alpha, \beta) > 0$. 事实上, 如果 $(\alpha, \beta) \leqslant 0, \forall \beta \in \Delta$, 那么用证明 $\Delta(\gamma)$ 是线性无关组的方法同样可以证明 $\Delta \cup \alpha$ 线性无关, 这与基的定义矛盾. 因此断言成立. 利用过 α 的 β 链, 我们得到 $\alpha - \beta \in \Phi$. 再由基的定义知 $\alpha - \beta \in \Phi^+$.

注记 2.5.11 由命题 2.5.10, 对任意的 $\beta \in \Phi^+$, 存在 $\alpha_1, \alpha_2, \cdots, \alpha_k \in \Delta$, 使得 $\beta = \alpha_1 + \alpha_2 + \cdots + \alpha_k$, 且 $\alpha_1 + \alpha_2 + \cdots + \alpha_i \in \Phi^+, \forall 1 \leqslant i \leqslant k$.

命题 2.5.12 设 Φ 是欧几里得空间 E 中的根系, Δ 是 Φ 的基. 则 Φ 不可约当且仅当 Δ 不可约.

证 "$\Longleftarrow$" 假设 Φ 的子集 Φ_1, Φ_2 满足 $\Phi = \Phi_1 \cup \Phi_2$ 及 $(\Phi_1, \Phi_2) = 0$. 因为 Δ 不可约, 所以 $\Delta \subset \Phi_1$ 或 $\Delta \subset \Phi_2$. 对应地, Φ_2 是空集或 Φ_1 是空集, 即 Φ 不可约.

"$\Longrightarrow$" 否则, 存在 Δ 的真子集 Δ_1, Δ_2 使得 $\Delta = \Delta_1 \cup \Delta_2$ 且 $(\Delta_1, \Delta_2) = 0$. 定义 $\Phi_i = \Phi \cap L(\Delta_i)$. 易知, $(\Phi_1, \Phi_2) = 0$. 下面证明 $\Phi = \Phi_1 \cup \Phi_2$. 只需要证明正根的情形. 首先, 如果 $\mathrm{ht}\,\alpha = 1$, 即 $\alpha \in \Delta$, 结论成立. 假设当 $\mathrm{ht}\,\alpha = n$ 时, $\alpha \in \Phi_1 \cup \Phi_2$. 当 $\mathrm{ht}\,\alpha = n+1$ 时, 存在 $\alpha_i \in \Delta$ 使得 $\alpha - \alpha_i$ 是高度为 n 的正根. 由归纳假设, 不妨假设 $\alpha - \alpha_i \in \Phi_1$. 如果 $\alpha_i \in \Delta_2$, 则 $(\alpha - \alpha_i, \alpha_i) = 0$. 考虑过 $\alpha - \alpha_i$ 的 α_i 链, 由 $\alpha \in \Phi$ 知 $(\alpha - \alpha_i) - \alpha_i \in \Phi$. 这和基的定义矛盾, 故 $\alpha_i \in \Delta_1$. 进而 $\alpha \in \Phi_1$. 故结论成立.

命题 2.5.13 设 Φ 是复半单 Lie 代数 $\mathfrak{g}$ 相对于 $\mathfrak{h}$ 的根系, 则 $\mathfrak{g}$ 是单 Lie 代数当且仅当 Φ 不可约.

证 "$\Longrightarrow$" 假设 Φ 的真子集 Φ_1, Φ_2 满足 $\Phi = \Phi_1 \cup \Phi_2$ 及 $(\Phi_1, \Phi_2) = 0$. 令 $\mathfrak{h}_i$ 表示由 $\{t_{\alpha_j} | \alpha_j \in \Phi_i\}$ 线性张成的 $\mathfrak{h}$ 的子空间, $\mathfrak{g}_i = \mathfrak{h}_i \oplus \sum_{\alpha \in \Phi_i} \mathfrak{g}_\alpha$. 作为线性空间, $\mathfrak{g} = \mathfrak{g}_1 \oplus \mathfrak{g}_2$. 进一步, 对任意 $\alpha_1, \beta_1 \in \Phi_1, \alpha_2, \beta_2 \in \Phi_2$, 则有:

(1) 若 $\alpha_i + \beta_i \in \Phi$, 则必有 $\alpha_i + \beta_i \in \Phi_i$. 只需对 $i = 1$ 证明. 若不然, 假设 $\alpha_1 + \beta_1 \in \Phi_2$. 由 $(\Phi_1, \Phi_2) = 0$ 知 $(\alpha_1 + \beta_1, \alpha_1 + \beta_1) = 0$, 即 $\alpha_1 + \beta_1 = 0$. 这与 $\alpha_1 + \beta_1 \in \Phi$ 矛盾, 故 $\alpha_1 + \beta_1 \in \Phi_1$.

(2) $\alpha_1 + \alpha_2 \notin \Phi$. 若不然, 假设 $\alpha_1 + \alpha_2 \in \Phi$, 不妨假设 $\alpha_1 + \alpha_2 \in \Phi_1$. 则

$0 = (\alpha_1 + \alpha_2, \alpha_2) = (\alpha_2, \alpha_2)$, 即 $\alpha_2 = 0$. 这与 $\alpha_2 \in \Phi_2$ 矛盾, 故 $\alpha_1 + \alpha_2 \notin \Phi$.

上面两个结论说明 $\mathfrak{g}_i$ 是 $\mathfrak{g}$ 的非平凡理想. 换言之, $\mathfrak{g}$ 不是单 Lie 代数.

" $\Longleftarrow$ " 设 $\mathfrak{g}$ 不是单 Lie 代数, 不妨假设 $\mathfrak{g} = \mathfrak{g}_1 \oplus \mathfrak{g}_2$ 为非零理想的直和. 任取 $x \in \mathfrak{h}$, 则有 $x = x_1 + x_2$, 这里 $x_i \in \mathfrak{g}_i$. 对任意 $h \in \mathfrak{h}$,

$$0 = [x, h] = [x_1, h] + [x_2, h] \subset \mathfrak{g}_1 \oplus \mathfrak{g}_2.$$

因此, $[x_1, h] = [x_2, h] = 0$. 又 $\operatorname{ad} x_1, \operatorname{ad} x_2$ 是 $\mathfrak{g}$ 上半单线性变换, 故 $x_1, x_2 \in \mathfrak{h}$, 即

$$\mathfrak{h} = (\mathfrak{h} \cap \mathfrak{g}_1) \oplus (\mathfrak{h} \cap \mathfrak{g}_2).$$

令 $\mathfrak{h}_i = \mathfrak{h} \cap \mathfrak{g}_i$, $\mathfrak{g}_i = \mathfrak{h}_i \oplus \sum_{\alpha \in \Phi_i} \mathfrak{g}_\alpha^i$ 是 $\mathfrak{g}_i$ 相对于 $\mathfrak{h}_i$ 的根子空间分解. 对任意的 $\alpha \in \Phi_1, \beta \in \Phi_2$, 分别定义 $\mathfrak{h}^*$ 中的元素 $\alpha' = (\alpha, 0), \beta' = (0, \beta)$. 记 $\Phi'_1 = \{\alpha' | \alpha \in \Phi_1\}$, $\Phi'_2 = \{\beta' | \beta \in \Phi_2\}$. 则

$$\mathfrak{g} = \mathfrak{h}_1 \oplus \sum_{\alpha \in \Phi_1} \mathfrak{g}_\alpha^1 \oplus \mathfrak{h}_2 \oplus \sum_{\beta \in \Phi_2} \mathfrak{g}_\beta^2 = \mathfrak{h} \oplus \sum_{\alpha' \in \Phi'_1} \mathfrak{g}_{\alpha'} \oplus \sum_{\beta' \in \Phi'_2} \mathfrak{g}_{\beta'}$$

是 $\mathfrak{g}$ 相对于 $\mathfrak{h}$ 的根子空间分解. 此时 $\Phi = \Phi'_1 \cup \Phi'_2$ 且 $(\Phi'_1, \Phi'_2) = 0$. 这说明 Φ 不是不可约的.

命题 2.5.14 设 Φ 是复单 Lie 代数 $\mathfrak{g}$ 相对于 $\mathfrak{h}$ 的不可约根系. 则存在唯一的 $\beta \in \Phi$ 使得 $\operatorname{ht}\beta$ 最大, 称为**最高根**. 进一步, 若 Δ 是 Φ 的基, $\beta = \sum_{\alpha \in \Delta} k_\alpha \alpha$, 则对任意 $\alpha \in \Delta$, $k_\alpha > 0$.

证 首先证明第二个结论. 若不然, 定义 $\Delta_1 = \{\alpha \in \Delta | k_\alpha > 0\}$, $\Delta_2 = \{\alpha \in \Delta | k_\alpha = 0\}$. 对任意 $\alpha_j \in \Delta_2$, $(\beta, \alpha_j) \leqslant 0$. 如果 $(\beta, \alpha_j) < 0$, 考虑过 β 的 α 链, 我们将得到 $\beta + \alpha_j \in \Phi$. 这与 β 是最高根矛盾. 故 $(\beta, \alpha_j) = 0$, 即 $(\beta, \Delta_2) = 0$, 由此容易看出 $(\Delta_1, \Delta_2) = 0$. 由 Δ 的不可约性, $\Delta_2 = \varnothing$.

另一方面, 上面的推理说明对任意 $\alpha \in \Delta$, $(\beta, \alpha) \geqslant 0$. 于是一定存在 $\alpha \in \Delta$, 使得 $(\beta, \alpha) > 0$, 否则 $\beta \cup \Delta$ 是线性无关的, 与基的定义矛盾. 现在设 β' 是另一个最高根. 则 $(\beta', \beta) > 0$. 故或者 $\beta' - \beta$ 是根, 或者 $\beta' = \beta$. 第一种情形与 β, β' 是最高根矛盾, 故 $\beta' = \beta$, 即最高根存在且唯一.

思考题 2.5.15 对任意 $\alpha \in \Phi^+$, 下面的命题等价:

(1) $\operatorname{ht}(\alpha) = \max\{\operatorname{ht}(\beta) | \beta \in \Phi^+\}$;

(2) 对任意 $\alpha_i \in \Delta$, $\alpha + \alpha_i \notin \Phi^+$;

(3) 对任意 $\beta \in \Phi^+$, $\alpha + \beta \notin \Phi^+$;

(4) $\alpha = \sum_{\gamma \in \Delta} k_\gamma \gamma$, $k_\gamma > 0$, 而且若 $\beta = \sum_{\gamma \in \Delta} l_\gamma \gamma$, 则 $k_\gamma \geqslant l_\gamma$.

习　题　2.5

1. 本题给出构造根系的基的另一种方法. 设 Φ 为欧几里得空间 $(E, (\cdot, \cdot))$ 中的一个根系. 任意取定 E 作为线性空间的一组基 $\varepsilon_1, \varepsilon_2, \cdots, \varepsilon_n$, 称 E 中一个非零向量 γ 为正向量, 如果将 γ 表达成 $\varepsilon_1, \varepsilon_2, \cdots, \varepsilon_n$ 的线性组合时, 系数中的第一个非零实数为正数, 否则称 γ 为负向量. 将 Φ 中的正 (负) 向量组成的集合记为 Φ^+ (Φ^-). 称 Φ^+ 中一个根 α 为不可分解的, 如果 α 不能写成两个 Φ^+ 中元素的和. 试证明: Φ^+ 中全体不可分解的根的全体构成 Φ 的一个基, 而且其对应的正根集为 Φ^+, 负根集为 Φ^-.

2. 试证明任何根系 Φ 的一个基都可以用上题的方法得到.

3. 设 $(E, (\cdot, \cdot))$ 为欧几里得空间, 如同本节第 1 题定义了正向量和负向量的概念. 试证明, 如果 $\beta_1, \beta_2, \cdots, \beta_s$ 都是正向量, 而且当 $i \neq j$ 时, $(\beta_i, \beta_j) \leqslant 0$, 则 $\beta_1, \beta_2, \cdots, \beta_s$ 一定线性无关.

4. 设 Φ 为欧几里得空间 $(E, (\cdot, \cdot))$ 中的一个根系, Δ 为 Φ 的基, 对应的正根集为 Φ^+. 试证明: 若 $\alpha \in \Delta$, $\beta \in \Phi^+$, 且 $\beta \neq \alpha$, 则 $\sigma_\alpha(\beta) \in \Phi^+$ 且 $\sigma_\alpha(\beta) \neq \alpha$.

5. 设 Φ, Δ 如上题, 记 $\delta = \dfrac{1}{2} \sum\limits_{\beta \in \Phi^+} \beta$, 试证明 $\sigma_\alpha(\delta) = \delta - \alpha$, $\forall \alpha \in \Delta$.

6. 设 Φ 为欧几里得空间 $(E, (\cdot, \cdot))$ 中的一个根系. 对 $\alpha \in \Phi$ 定义 $\alpha^\vee = \dfrac{2\alpha}{(\alpha, \alpha)}$, 并记 $\Phi^\vee = \{\alpha^\vee | \alpha \in \Phi\}$.

(1) 试证明 $\Phi^\vee$ 也是欧几里得空间 $(E, (\cdot, \cdot))$ 中的一个根系. 称为 Φ 的**对偶根系**.

(2) 若 Δ 是 Φ 的一个基, 则 $\Delta^\vee = \{\alpha^\vee | \alpha \in \Delta\}$ 是 $\Phi^\vee$ 的一个基.

(3) 证明 Φ 是不可约根系当且仅当 $\Phi^\vee$ 是不可约根系.

(4) 证明 $(\Phi^\vee)^\vee = \Phi$.

7. 设 Φ, Φ' 分别是欧几里得空间 $(E, (\cdot, \cdot))$ 和 $(E', (\cdot, \cdot)')$ 中的根系. 对 $\alpha, \beta \in \Phi$, $\alpha', \beta' \in \Phi'$, 记

$$\langle \beta, \alpha \rangle = \frac{2(\beta, \alpha)}{(\alpha, \alpha)}, \quad \langle \beta', \alpha' \rangle' = \frac{2(\beta', \alpha')'}{(\alpha', \alpha')'}.$$

称 Φ 与 Φ' 是同构的, 如果存在 E 到 E' 的线性同构 (注意不一定是等距同构) ϕ 使得 $\phi(\Phi) = \Phi'$, 且 $\langle \beta, \alpha \rangle = \langle \phi(\beta), \phi(\alpha) \rangle'$, $\forall \alpha, \beta \in \Phi$. 试证明: 若 Φ 与 Φ' 同构, 则 $\Phi^\vee$ 与 $(\Phi')^\vee$ 同构.

8. 试给出 1 维和 2 维欧几里得空间中的根系在同构意义下的分类.

9. 设 $\{\mathfrak{g}^+, \mathfrak{g}^-, f\}$ 是复半单 Lie 代数 $\mathfrak{g}$ 的一个双极化, 则存在唯一 $z \in \mathfrak{g}$ 使得 $f(x) = B(z, x)$, $\forall x \in \mathfrak{g}$. 试证明 z 一定是半单元素.

10. Lie 代数 $\mathfrak{g}$ 的一个双极化 $\{\mathfrak{g}^+, \mathfrak{g}^-, f\}$ 称为对称的, 如果作为 Lie 代数 $\mathfrak{g}^+$ 与 $\mathfrak{g}^-$ 同构. 试证明任何复半单 Lie 代数的双极化都是对称的.

11. 试举例说明在可解 Lie 代数上可能存在不对称的双极化.

2.6 Dynkin 图

本节我们给出欧几里得空间中根系的 **Dynkin 图**的概念, 并给出不可约根系的 Dynkin 图的分类. 我们前面提到过, 若 $\mathfrak{g}$ 是复半单 Lie 代数, $\mathfrak{h}$ 是 $\mathfrak{g}$ 的极大环面子代数, $\mathfrak{g} = \mathfrak{h} \oplus \sum\limits_{\alpha \in \Phi} \mathfrak{g}_\alpha$ 是 $\mathfrak{g}$ 相对于 $\mathfrak{h}$ 的根子空间分解, $\Delta = \{\alpha_1, \alpha_2, \cdots, \alpha_l\}$ 是 Φ 的基. 则 Φ 是由 Δ 张成的欧几里得空间中的一个根系, 因此本章的分类结果也将最终导出复单 Lie 代数的分类.

我们先给出根系的 Cartan 矩阵的概念.

定义 2.6.1 矩阵 $\left(\dfrac{2(\alpha_i, \alpha_j)}{(\alpha_j, \alpha_j)} \right)$ 称为 Φ 相对于 Δ 的 **Cartan 矩阵**.

注意, $\dfrac{2(\alpha_i, \alpha_j)}{(\alpha_j, \alpha_j)}$ 是整数, 称为 Cartan 整数.

定义 2.6.2 根系 Φ 相对于 Δ 的 **Dynkin 图**包含下面三个部分:

(1) l 个顶点, 第 i 个顶点表示 α_i. 这里以 $\circ$ 表示顶点.

(2) 第 i 个顶点和第 j 个顶点之间用 $\dfrac{2(\alpha_i, \alpha_j)}{(\alpha_i, \alpha_i)} \dfrac{2(\alpha_i, \alpha_j)}{(\alpha_j, \alpha_j)}$ 条线段相连.

(3) 在相连的顶点之间, 添加由长根指向短根的箭头.

思考题 2.6.3 证明下面的性质:

(1) 对任意的 $\alpha_i, \alpha_j \in \Delta$ 且 $i \neq j$, 则 $\dfrac{2(\alpha_i, \alpha_j)}{(\alpha_j, \alpha_j)}$ 只可能为 $0, -1, -2$ 或 -3.

(2) Φ 是不可约的当且仅当其 Dynkin 图是连通的.

(3) 由 Cartan 矩阵可以确定 Dynkin 图, 反之亦然.

(4) 同构的复半单 Lie 代数具有相同的 Dynkin 图.

本节的目标是决定不可约根系 Φ 相对于 $\Delta = \{\alpha_1, \alpha_2, \cdots, \alpha_l\}$ 的所有可能的 Dynkin 图. 这样也就决定了所有复单 Lie 代数的 Dynkin 图. 我们先证明一些基本性质.

引理 2.6.4 任意给定 Δ 的子集 $\{\alpha_{i_1}, \alpha_{i_2}, \cdots, \alpha_{i_k}\}$, 则其中有线段相连的点对不超过 $k-1$ 对. 特别地, Dynkin 图中不存在环路.

证 记 $\alpha = \sum\limits_{j=1}^{k} \dfrac{\alpha_{i_j}}{|\alpha_{i_j}|}$, 则 $\alpha \neq 0$, 从而

$$(\alpha, \alpha) = \left(\sum_{j=1}^{k} \frac{\alpha_{i_j}}{|\alpha_{i_j}|}, \sum_{j=1}^{k} \frac{\alpha_{i_j}}{|\alpha_{i_j}|} \right) = k + \sum_{j \neq l} \frac{2(\alpha_{i_j}, \alpha_{i_l})}{|\alpha_{i_j}||\alpha_{i_l}|} > 0.$$

由思考题 2.6.3 的 (1) 知子集 $\{\alpha_{i_1}, \alpha_{i_2}, \cdots, \alpha_{i_k}\}$ 中最多有 $k-1$ 个相连的点对. 而任意 k 个点构成的环路都至少有 k 个相连的点对, 故 Dynkin 图中没有环路.

引理 2.6.5 固定 Dynkin 图中的一个顶点, 则与该顶点相连的线段最多 3 条.

证 设 $\alpha \in \Delta$, $\alpha_1, \alpha_2, \cdots, \alpha_k$ 是 Δ 中与 α 相连的顶点. 由引理 2.6.4, 当 $i \neq j$ 时, α_i 与 α_j 没有线段相连, 故 $(\alpha_i, \alpha_j) = 0$. 将 $\{\alpha_1, \cdots, \alpha_k\}$ 扩充为由 $\{\alpha, \alpha_1, \cdots, \alpha_k\}$ 张成的线性子空间的正交基 $\{\alpha_0, \alpha_1, \cdots, \alpha_k\}$, 则有 $\alpha = \sum\limits_{i=0}^{k} \dfrac{(\alpha, \alpha_i)}{(\alpha_i, \alpha_i)} \alpha_i$ 且 $(\alpha, \alpha_0) \neq 0$. 因此

$$\sum_{i=1}^{k} \frac{4(\alpha, \alpha_i)^2}{(\alpha_i, \alpha_i)(\alpha, \alpha)} < \sum_{i=0}^{k} \frac{4(\alpha, \alpha_i)^2}{(\alpha_i, \alpha_i)(\alpha, \alpha)} - \frac{4}{(\alpha, \alpha)} \sum_{i=0}^{k} \frac{(\alpha, \alpha_i)^2}{(\alpha_i, \alpha_i)}$$
$$= \frac{4}{(\alpha, \alpha)} \left(\alpha, \sum_{i=0}^{k} \frac{(\alpha, \alpha_i)}{(\alpha_i, \alpha_i)} \alpha_i \right)$$
$$= 4.$$

故结论成立.

下面设 $\{\alpha_1, \alpha_2, \cdots, \alpha_k\} \subseteq \Delta$ 且 $\{\alpha_1, \alpha_2, \cdots, \alpha_k\}$ 构成 Dynkin 图中如下的子图:

则由上面证明的引理, 我们得到下面的简单事实:

(1) 这个子集以外的任何一个顶点最多只能和子集中的一个顶点有连线.

(2) 如果子集外有两个顶点和子集中的顶点有连线, 则这两个顶点不相连.

记 $\alpha = \alpha_1 + \alpha_2 + \cdots + \alpha_k$, $\Delta' = (\Delta \backslash \{\alpha_1, \alpha_2, \cdots, \alpha_k\}) \cup \{\alpha\}$. 利用根系 Φ 相对于 Δ 的 Dynkin 图的定义的方式, 同样可以定义欧几里得空间 $(E, (\cdot, \cdot))$ 的子集 Δ' 的图. 形象地说, 这个图其实就是将上面单线相连的子图看成一个点后得到的. 利用类似上面的方法可以证明:

引理 2.6.6 (1) Δ' 的任意的包含 k 个顶点的子集最多有 $k - 1$ 个相连的点对.

(2) 与 Δ' 中任意顶点相连的线段总数小于等于 3 条.

思考题 2.6.7 证明引理 2.6.6.

由引理 2.6.6, 不可约根系 Φ 相对于 Δ 的 Dynkin 图最多能包含一条三重线, 而且如果包含一条三重线, 则该图只能有两个顶点. 同样, 任何不可约根系的 Dynkin 图最多包含一条二重线, 或者一个三岔点, 而且不能同时包含二重线和三岔点. 下面我们分别决定这些情形下可能的图. 由上面的结论, 我们首先有:

引理 2.6.8 包含三重线的 Dynkin 图是 $\Longleftarrow\!\!\Longrightarrow$, 记为 G_2.

现在假设一个连通的 Dynkin 图包含一个二重线, 即如下图:

令 $\alpha = \sum\limits_{k=1}^{p} k\alpha_k$, $\beta = \sum\limits_{l=1}^{q} l\beta_l$. 由 $(\alpha, \beta)^2 < (\alpha, \alpha)(\beta, \beta)$, 可得

$$(p-1)(q-1) < 2.$$

由此不等式容易看出, 只有下面三种情形:

(1) $p = q = 2$, 将相应的 Dynkin 图记为 F_4.

(2) $p = 1$, q 任意, 相应的 Dynkin 图记为 C_l.

(3) $q = 1$, p 任意, 相应的 Dynkin 图记为 B_l.

假设 Dynkin 图包含一个三岔点, 即如下图:

令 $\alpha = \sum\limits_{i=1}^{p} i\alpha_i$, $\beta = \sum\limits_{j=1}^{q} j\beta_j$, $\gamma = \sum\limits_{k=1}^{r} k\gamma_k$. 容易看出 $\delta, \alpha, \beta, \gamma$ 线性无关, 与引理 2.6.5 中的证明类似, 可以得到

$$\frac{(\delta, \alpha)^2}{(\delta, \delta)(\alpha, \alpha)} + \frac{(\delta, \beta)^2}{(\delta, \delta)(\beta, \beta)} + \frac{(\delta, \gamma)^2}{(\delta, \delta)(\gamma, \gamma)} < 1.$$

注意到 α, β, γ 是相互正交的, 我们得到 $(\alpha, \beta) = (\beta, \gamma) = (\alpha, \gamma) = 0$. 另一方面, 直接计算容易得到

$$(\alpha, \alpha) = \frac{1}{2}p(p+1)(\delta, \delta), \quad (\beta, \beta) = \frac{1}{2}q(q+1)(\delta, \delta),$$

$$(\gamma, \gamma) = \frac{1}{2}r(r+1)(\delta, \delta), \quad (\alpha, \delta) = -\frac{1}{2}p(\delta, \delta),$$

$$(\beta, \delta) = -\frac{1}{2}q(\delta, \delta), \quad (\gamma, \delta) = -\frac{1}{2}r(\delta, \delta).$$

由此得到

$$\frac{p}{2(p+1)} + \frac{q}{2(q+1)} + \frac{r}{2(r+1)} < 1.$$

上式可以写成

$$\left(1 - \frac{1}{p+1}\right) + \left(1 - \frac{1}{q+1}\right) + \left(1 - \frac{1}{r+1}\right) < 2,$$

即

$$\frac{1}{p+1} + \frac{1}{q+1} + \frac{1}{r+1} > 1.$$

不失一般性, 假设 $p \geqslant q \geqslant r \geqslant 1$. 那么由上面的不等式容易看出, 只有下面四种情形:

(1) $r = 1$, $q = 1$, p 任意, 此图记为 D_{p+3}.

(2) $r = 1$, $q = 2$, $p = 2$, 此图记为 E_6;

(3) $r = 1$, $q = 2$, $p = 3$, 此图记为 E_7;

(4) $r = 1$, $q = 2$, $p = 4$, 此图记为 E_8.

如果 Dynkin 图不含三重线、二重线以及三岔点, 则此图记为 A_l. 综上所述, 我们得到下面的分类定理.

定理 2.6.9　不可约根系 Φ 相对于 $\Delta = \{\alpha_1, \alpha_2, \cdots, \alpha_l\}$ 的 Dynkin 图是下列图形之一:

(1) A_l $(l \geqslant 1)$:

(2) B_l $(l \geqslant 2)$:

(3) C_l $(l \geqslant 3)$:

(4) D_l $(l \geqslant 4)$:

(5) E_6 :

(6) E_7 :

(7) E_8 :

(8) F_4 :

(9) G_2 :

一个自然的问题是, 给定上面的一个图, 是否真的存在一个欧几里得空间中的根系使得其对应的 Dynkin 图恰好就是该图? 进一步, 如果存在这样的根系, 那么是否存在一个复单 Lie 代数使得该 Lie 代数对应的根系恰好就是这个根系? 另外一个重要的问题是, 如果两个复单 Lie 代数导出的 Dynkin 图是相同的, 这两个 Lie

代数是否一定同构? 如果对于这些问题的回答都是肯定的, 那么上面的定理就给出了复单 Lie 代数在同构意义下的分类 (因此也就给出了复半单 Lie 代数在同构意义下的分类). 我们将在第 3 章来回答这些问题.

习 题 2.6

1. 试决定古典 Lie 代数的 Dynkin 图.

2. 计算 G_2 的根系.

3. 试写出定理 2.6.9 中的所有图对应的 Cartan 矩阵并求出其行列式.

4. 设 Φ 为欧几里得空间 $(E, (\cdot, \cdot))$ 中的根系, $\alpha, \beta \in \Phi$ 且 $\alpha + \beta \in \Phi$. 试证明 $(\mathbb{Z}\alpha + \mathbb{Z}\beta) \cap \Phi$ 是一个根系, 且其对应的 Dynkin 图为 A_2, B_2 或 G_2.

5. 设 Φ 为欧几里得空间 $(E, (\cdot, \cdot))$ 中的不可约根系, $\Delta = \{\alpha_1, \alpha_2, \cdots, \alpha_l\}$ 为基, $\omega_1, \omega_2, \cdots,$ ω_l 是由 $2(\omega_i, \alpha_j) = \delta_{ij}(\alpha_j, \alpha_j)$ 决定的一组向量组, 试证明 $\alpha_1 + \alpha_2 + \cdots + \alpha_l \in \Phi$ 且

$$\omega_1 + \omega_2 + \cdots + \omega_l = \frac{1}{2} \sum_{\alpha \in \Phi^+} \alpha.$$

6. 假定定理 2.6.9 中的图都是某个不可约根系的 Dynkin 图, 并且用同样的记号来表示. 试证明除了 B_l, C_l 外, 任何不可约根系都与自己的对偶根系同构, 而 B_l 与 C_l 互为对偶.

7. 设 $\mathfrak{g}_1, \mathfrak{g}_2$ 为复单 Lie 代数, 而且 $\mathfrak{g}_1$ 的 Dynkin 图是 $\mathfrak{g}_2$ 的 Dynkin 图中的一个子图. 试证明 $\mathfrak{g}_1$ 一定同构于 $\mathfrak{g}_2$ 的一个单子代数.

8. 设 $\mathfrak{g}$ 为复半单 Lie 代数, $\mathfrak{h}$ 为极大环面子代数, Φ 为 $\mathfrak{g}$ 相对于 $\mathfrak{h}$ 的根系, Δ 为一个基, Φ^+ 为对应的正根系. 令 $\mathfrak{b} = \mathfrak{h} + \sum_{\alpha \in \Phi^+} \mathfrak{g}_\alpha$. 下面我们来分步骤证明 $\mathfrak{b}$ 是完备 Lie 代数.

(1) 设 D 为 $\mathfrak{b}$ 的导子, 则存在 $\alpha \in \Phi^+$ 及 $x_\alpha \in \mathfrak{g}_\alpha$ 使得对任何 $h \in \mathfrak{h}$,

$$Dh = h' + \sum_{\alpha \in \Phi^+} \alpha(h) x_\alpha,$$

而且 x_α 仅依赖于 D, 而与 h 无关.

(2) 若 D 为导子, 则 $D(\mathfrak{h}) \subseteq \mathfrak{h}$ 当且仅当 $D(h) = 0, \forall h \in \mathfrak{h}$.

(3) 若 D 为导子且 $D(\mathfrak{h}) \subseteq \mathfrak{h}$, 则 $D|_{\mathfrak{g}_\alpha} = c_\alpha \mathrm{id}, \forall \alpha \in \Phi^+$, 其中 $c_\alpha \in \mathbb{C}$ 满足 $c_{\alpha+\beta} = c_\alpha + c_\beta$; 若 $\alpha, \beta \in \Phi^+$, 且 $\alpha + \beta \in \Phi^+$.

(4) 若 D 为导子且 $D(\mathfrak{h}) \subseteq \mathfrak{h}$, 则存在 $h_0 \in \mathfrak{h}$ 使得 $D = \mathrm{ad}\, h_0$.

(5) 证明 $\mathfrak{b}$ 的导子都是内导子.

(6) 证明 $\mathfrak{b}$ 是完备 Lie 代数.

9. 设 $\mathfrak{g}$ 为复半单 Lie 代数, $\mathfrak{h}$ 为极大环面子代数, Φ 为 $\mathfrak{g}$ 相对于 $\mathfrak{h}$ 的根系, Δ 为一个基, Φ^+ 为对应的正根系. 取定 Δ 的一个子集 $\Pi \in \Delta$, 设 Φ_1 为 Φ 的一个由这样的根 β 组成的集

合, 当我们将 β 写成 Δ 中元素的整系数组合时, 只有 Π 中元素前面的系数可以非零. 定义

$$\mathfrak{p} = \mathfrak{h} + \sum_{\alpha \in \Phi^+ \cup \Phi_1} \mathfrak{g}_\alpha.$$

利用上题类似的方法证明 $\mathfrak{p}$ 是完备 Lie 代数.

2.7　Dynkin 图的实现

2.6 节我们证明了任何一个根系的 Dynkin 图必须是定理 2.6.9 中的某一个. 一个自然的问题是, 该定理中出现的图是否确实是某个欧几里得空间中的根系的 Dynkin 图. 本节我们将解决这个问题. 事实上, 我们将对于定理 2.6.9 中的任何一个 Dynkin 图构造出具体的根系与其对应. 当然对于前四类 A_l, B_l, C_l, D_l, 我们在 2.6 节的习题中已经知道, 四类古典 Lie 代数对于某个极大环面子代数的根系恰好就是这样的 Dynkin 图. 但是直接构造出根系显然更为直观.

以下假定 $\mathbb{R}^n$ 为带有标准内积 $(\cdot, \cdot)$ 的欧几里得空间, 而 $e_1, e_2, \cdots, e_n$ 是通常的标准正交基. 令 I 为 $e_1, e_2, \cdots, e_n$ 的所有整数组合组成的集合.

A_l $(l \geqslant 1)$: 在 $\mathbb{R}^{l+1}$ 中令 $\varepsilon = e_1 + e_2 + \cdots + e_{l+1}$, 而 $E = \varepsilon^\perp$. 自然 E 是一个 l 维欧几里得空间. 令 $\Phi = \{\alpha \in E \cap I | (\alpha, \alpha) = 2\}$. 直接计算容易看出, $\Phi = \{e_i - e_j | i \neq j, 1 \leqslant i, j \leqslant l+1\}$.

现在我们证明 Φ 是欧几里得空间 E 中的根系, 而且 $\{e_1 - e_2, e_2 - e_3, \cdots, e_l - e_{l+1}\}$ 是 Φ 的一个基. 事实上, 显然 $e_1 - e_2, e_2 - e_3, \cdots, e_l - e_{l+1}$ 是一组线性无关的向量, 因此构成 E 的一组基, 故 (R1) 成立; (R2) 显然是成立的. 又对任何 $i \neq j, k \neq l$, 不妨设 $i < j, k < l$, 则

$$\sigma_{e_i - e_j}(e_k - e_l) = \sigma_{e_i - e_j}(e_k) - \sigma_{e_i - e_j}(e_l)$$
$$= e_k - \frac{2(e_k, e_i - e_j)}{(e_i - e_j, e_i - e_j)}(e_i - e_j) - \left(e_l - \frac{2(e_l, e_i - e_j)}{(e_i - e_j, e_i - e_j)}(e_i - e_j)\right).$$

于是, 若 i, j, k, l 两两不同, 则

$$\sigma_{e_i - e_j}(e_k - e_l) = e_k - e_l.$$

若 $k = i, j \neq l$, 则

$$\sigma_{e_i - e_j}(e_k - e_l) = e_j - e_l.$$

若 $k \neq i, j = l$, 则

$$\sigma_{e_i - e_j}(e_k - e_l) = e_k - e_i.$$

若 $k=i, j=l$, 则

$$\sigma_{e_i-e_j}(e_k-e_l)=e_j-e_i.$$

若 $k=j$, 则 $i\neq l$, 从而

$$\sigma_{e_i-e_j}(e_k-e_l)=e_i-e_l.$$

因此 (R3) 成立. 最后, 因 $\langle e_m, e_n\rangle=2\delta_{mn}$, 对任何 $i\neq j, k\neq l$,

$$\langle e_i-e_j, e_k-e_l\rangle=\delta_{ki}-\delta_{kj}-\delta_{li}+\delta_{lj}\in\mathbb{Z}.$$

故 (R4) 成立. 因此 Φ 是 E 中的一个根系.

因对任何 $i<j$, $e_i-e_j=(e_i-e_{i+1})+(e_{i+1}-e_{i+2})+\cdots+(e_{j-1}-e_j)$, 故 $\Delta=\{e_1-e_2, e_2-e_3, \cdots, e_l-e_{l+1}\}$ 是 Φ 的一个基. 直接计算容易求出 Δ 的 Cartan 矩阵为

$$\begin{pmatrix} 2 & -1 & 0 & 0 & \cdots & 0 & 0 \\ -1 & 2 & -1 & 0 & \cdots & 0 & 0 \\ \vdots & \vdots & \vdots & \vdots & \ddots & \vdots & \vdots \\ 0 & 0 & 0 & 0 & \cdots & -1 & 2 \end{pmatrix}.$$

因此 Φ 对于 Δ 的 Dynkin 图恰为 A_l.

B_l $(l\geqslant 2)$: 令 $E=\mathbb{R}^l$, $\Phi=\{\alpha\in I|(\alpha,\alpha)=1$ 或 $2\}$. 直接计算可知

$$\Phi=\{\pm e_i, \pm(e_i\pm e_j), 1\leqslant i, j\leqslant l, i\neq j\}.$$

显然 $\Delta=\{e_1-e_2, e_2-e_3, \cdots, e_{l-1}-e_l, e_l\}$ 是一组线性无关的向量组, 因此构成 E 的一组基, 故 (R1) 成立. (R2) 显然成立. 与 A_l 的情形类似可以验证 (R3), (R4) 也成立. 于是 Φ 是 E 中的一个根系. 又对任何 $1\leqslant i<l$,

$$e_i=(e_i-e_{i+1})+(e_{i+1}-e_{i+2})+\cdots+(e_{l-1}-e_l)+e_l.$$

由此我们看出, 任何 Φ 中元素都是 Δ 的非负整数组合或非正整数组合, 因此 Δ 构成 Φ 的一个基. 直接计算可得该基对应的矩阵为

$$\begin{pmatrix} 2 & -1 & 0 & 0 & \cdots & 0 & 0 & 0 \\ -1 & 2 & -1 & 0 & \cdots & 0 & 0 & 0 \\ \vdots & \vdots & \vdots & \vdots & \ddots & \vdots & \vdots & \vdots \\ 0 & 0 & 0 & 0 & \cdots & 2 & -1 & 0 \\ 0 & 0 & 0 & 0 & \cdots & -1 & 2 & -2 \\ 0 & 0 & 0 & 0 & \cdots & 0 & -1 & 2 \end{pmatrix}.$$

因此 Φ 对于 Δ 的 Dynkin 图为 B_l.

C_l ($l \geqslant 3$): C_l 可以看成 B_l 的对偶根系. 因此在 $E = \mathbb{R}^l$ 中令

$$\Phi = \{\pm 2e_i, \pm(e_i \pm e_j) \mid 1 \leqslant i, \leqslant l, i \neq j\}.$$

它的一个基是 $\Delta = \{e_1 - e_2, e_2 - e_3, \cdots, e_{l-1} - e_l, 2e_l\}$. 容易看出 Δ 对应的 Cartan 矩阵是

$$\begin{pmatrix} 2 & -1 & 0 & 0 & \cdots & 0 & 0 & 0 \\ -1 & 2 & -1 & 0 & \cdots & 0 & 0 & 0 \\ \vdots & \vdots & \vdots & \vdots & \ddots & \vdots & \vdots & \vdots \\ 0 & 0 & 0 & 0 & \cdots & 2 & -1 & 0 \\ 0 & 0 & 0 & 0 & \cdots & -1 & 2 & -1 \\ 0 & 0 & 0 & 0 & \cdots & 0 & -2 & 2 \end{pmatrix}.$$

因此其 Dynkin 图是 C_l.

D_l ($l \geqslant 4$): 在 $E = \mathbb{R}^l$ 中考虑 $\Phi = \{\alpha \in I \mid (\alpha, \alpha) = 2\} = \{\pm(e_i \pm e_j) \mid 1 \leqslant i, j \leqslant l, i \neq j\}$. 令 $\Delta = \{e_1 - e_2, e_2 - e_3, \cdots, e_{l-1} - e_l, e_{l-1} + e_l\}$. 则 Δ 是 E 的一组基, 因此 (R1) 成立. (R2) 显然成立. 类似前面的方法可以证明 (R3) 也成立. 又对 $\alpha_1 = e_i + e_j, i \neq j, \beta_1 = e_k + e_l, k \neq l$, 有

$$\langle \beta_1, \alpha_1 \rangle = \delta_{ki} + \delta_{kj} + \delta_{li} + \delta_{lj} \in \mathbb{Z}.$$

类似可证对任何 $\alpha, \beta \in \Phi, \langle \beta, \alpha \rangle \in \mathbb{Z}$, 故 (R4) 也成立. 这说明 Φ 是 E 中的一个根系. 容易验证, 任何 Φ 中元素都可以写成 Δ 中元素的非正整数或非负整数组合, 从而 Δ 是 Φ 的一个基. 直接计算可知 Δ 的 Cartan 矩阵是

$$\begin{pmatrix} 2 & -1 & 0 & 0 & \cdots & 0 & 0 & 0 & 0 \\ -1 & 2 & -1 & 0 & \cdots & 0 & 0 & 0 & 0 \\ \vdots & \vdots & \vdots & \vdots & \ddots & \vdots & \vdots & \vdots & \vdots \\ 0 & 0 & 0 & 0 & \cdots & 2 & -1 & 0 & 0 \\ 0 & 0 & 0 & 0 & \cdots & -1 & 2 & -1 & -1 \\ 0 & 0 & 0 & 0 & \cdots & 0 & -1 & 2 & 0 \\ 0 & 0 & 0 & 0 & \cdots & 0 & -1 & 0 & 2 \end{pmatrix}.$$

因此其对应的 Dynkin 图是 D_l.

下面我们构造例外情形的根系. 显然, 如果我们能构造根系 Φ 及基 Δ 使得其 Dynkin 图为 E_8, 则只需取出其一个合适的子图, 就可以得到根系及其基, 使得其 Dynkin 图就是 E_6 或 E_7. 因此我们只需构造根系及其基使得其 Dynkin 图分别为 E_8, F_4, G_2 即可.

E_8: 考虑 $E = \mathbb{R}^8$ 中的子集

$$S_1 = \{\pm(e_i \pm e_j) \mid i \neq j\}$$

和

$$S_2 = \left\{ \frac{1}{2}\sum_{i=1}^{8}(-1)^{k(i)}e_i \,\middle|\, k(i) = 0 \text{ 或 } 1, \text{ 且 } \sum_{i=1}^{8}k(i) \in 2\mathbb{Z} \right\}.$$

令 $\Phi = S_1 \cup S_2$, $\Delta = \left\{ e_1 + e_2, e_2 - e_1, e_3 - e_2, e_4 - e_3, e_5 - e_4, e_6 - e_5, e_7 - e_6, \frac{1}{2}(e_1 + e_8 - (e_2 + \cdots + e_7)) \right\}$. 显然, Δ 是 E 的一组基, 因此 (R1) 成立. (R2) 显然成立. 为了验证 (R3), 我们需要考虑各种情形. 首先, 若 $\alpha, \beta \in S_1$, 则显然 $\sigma_\alpha(\beta) \in S_1$ (参看上面几类根系的证明). 若 $\alpha \in S_1$ 且 $\beta \in S_2$, 不妨设 $\alpha = e_i + e_j$, $\beta = \frac{1}{2}\sum_{l=1}^{8}(-1)^{k(l)}e_l$, 则

$$\begin{aligned}
\sigma_{e_i+e_j}\left(\frac{1}{2}\sum_{l=1}^{8}(-1)^{k(l)}e_l\right) &= \frac{1}{2}\sum_{l=1}^{8}(-1)^{k(l)}e_l - \frac{2\left(\frac{1}{2}\sum_{l=1}^{8}(-1)^{k(l)}e_l, e_i+e_j\right)}{(e_i+e_j, e_i+e_j)}(e_i+e_j) \\
&= \frac{1}{2}\sum_{l=1}^{8}(-1)^{k(l)}e_l - \frac{1}{2}((-1)^{k(i)}+(-1)^{k(j)})(e_i+e_j) \\
&= \frac{1}{2}\sum_{l\neq i,j}(-1)^{k(l)}e_l + \frac{1}{2}(-1)^{k(i)+1}e_j + \frac{1}{2}(-1)^{k(j)+1}e_i.
\end{aligned}$$

注意到若 $k(i) = 0$, 则 $(-1)^{k(i)+1} = (-1)^1$; 若 $k(i) = 1$, 则 $(-1)^{k(i)+1} = (-1)^0$, 这说明上述过程中有两个指标同时改变了奇偶性, 因此 $\sigma_{e_i+e_j}\left(\frac{1}{2}\sum_{l=1}^{8}(-1)^{k(l)}e_l\right) \in S_2$. 类似可证对任何 $\alpha \in S_1, \beta \in S_2$ 有 $\sigma_\alpha\beta \in S_2$. 进一步可以证明, 若 $\alpha \in S_2, \beta \in S_1$, 则 $\sigma_\alpha\beta \in S_2$; 若 $\alpha, \beta \in S_2$, 则 $\sigma_\alpha\beta \in S_2$ (留作习题). 于是 (R3) 成立. 最后, 容易验证 (R4) 也成立 (留作习题). 因此 Φ 是 E 中一个根系. 又容易验证, 任何 $\beta \in \Phi$ 都是 Δ 中元素的非正整数或非负整数组合, 因此 Δ 是 Φ 的一个基.

直接计算容易看出, Δ 对应的 Cartan 矩阵是

$$\begin{pmatrix}
2 & 0 & -1 & 0 & 0 & 0 & 0 & 0 \\
0 & 2 & 0 & -1 & 0 & 0 & 0 & 0 \\
-1 & 0 & 2 & -1 & 0 & 0 & 0 & 0 \\
0 & -1 & -1 & 2 & -1 & 0 & 0 & 0 \\
0 & 0 & 0 & -1 & 2 & -1 & 0 & 0 \\
0 & 0 & 0 & 0 & -1 & 2 & -1 & 0 \\
0 & 0 & 0 & 0 & 0 & -1 & 2 & -1 \\
0 & 0 & 0 & 0 & 0 & 0 & -1 & 2
\end{pmatrix}.$$

因此 Φ 对于 Δ 的 Dynkin 图是 E_8.

F_4: 在 $E = \mathbb{R}^4$ 中定义

$$\Phi = \left\{ \pm e_i, \pm(e_i \pm e_j), \pm\frac{1}{2}(e_1 \pm e_2 \pm e_3 \pm e_4) \,\middle|\, 1 \leqslant i, j \leqslant 4, i \neq j \right\}.$$

令

$$\Delta = \left\{ e_2 - e_3, e_3 - e_4, e_4, \frac{1}{2}(e_1 - e_2 - e_3 - e_4) \right\}.$$

则可以证明 (见本节习题) Φ 是 E 中的一个根系, 且 Δ 是一个基, 其对应的 Cartan 矩阵是

$$\begin{pmatrix} 2 & -1 & 0 & 0 \\ -1 & 2 & -2 & 0 \\ 0 & -1 & 2 & -1 \\ 0 & 0 & -1 & 2 \end{pmatrix}.$$

因此 Φ 对于 Δ 的 Dynkin 图是 F_4.

G_2: 在 $\mathbb{R}^3$ 中令 $E = (e_1 + e_2 + e_3)^\perp$. 定义

$$\Phi = \{\pm(e_1 - e_2), \pm(e_2 - e_3), \pm(e_1 - e_3), \pm(2e_1 - e_2 - e_3), \pm(2e_2 - e_1 - e_3), \pm(2e_3 - e_1 - e_2)\}.$$

令

$$\Delta = \{e_1 - e_2, -2e_1 + e_2 + e_3\}.$$

则可以证明 (见本节习题) Φ 是欧几里得空间 E 中的一个根系, 且 Δ 是一个基, 其对应的 Cartan 矩阵是

$$\begin{pmatrix} 2 & -1 \\ -3 & 2 \end{pmatrix}.$$

因此 Φ 对于 Δ 的 Dynkin 图是 G_2.

<h2 style="text-align:center">习　题　2.7</h2>

1. 试证明在 B_l 中构造的根系 Φ, 对任何 $\alpha, \beta \in \Phi$, 有 $\sigma_\alpha \beta \in \Phi$, 且 $\langle \beta, \alpha \rangle \in \mathbb{Z}$, 即条件 (R3), (R4) 成立.

2. 试证明在根系 E_8 的构造中, 若 $\alpha \in S_2, \beta \in S_1$, 则 $\sigma_\alpha \beta \in S_2$; 若 $\alpha, \beta \in S_2$, 则 $\sigma_\alpha \beta \in S_2$.

3. 试证明在 E_8 的构造中, 集合 Φ 满足条件 (R4).

4. 试证明在 F_4 和 G_2 中构造的集合 Φ 是 E 中一个根系, 且 Δ 是一个基.

2.8 Weyl 群

本节我们介绍根系的 Weyl 群的概念及其基本性质. Weyl 群在研究 Lie 代数与 Lie 群的自同构和 Lie 群与齐性空间上的微分几何时非常有用. 我们先给出其定义.

定义 2.8.1 设 Φ 为欧几里得空间 E 中的一个根系, 则由 σ_α $(\alpha \in \Phi)$ 生成的 $O(E)$ 的子群, 称为 Φ 的 Weyl 群, 记为 $W(\phi)$(在不会引起混淆时, 简记为 W).

按照定义, W 自然是一个有限生成群, 其实 W 还有更好的性质. 事实上, 由条件 (R3) 知, 任何 σ_α $(\alpha \in \Phi)$ 都是 Φ 的一个置换, 而 Φ 又是 E 的一组生成元, 由此可以看出, $\sigma \mapsto \sigma|_\Phi$ 是 W 到 Φ 的全置换群 (对称群) S_Φ 的一个单同态, 从而同构于 S_Φ 的一个子群, 因此是有限群.

下面来研究 Weyl 群的基本性质, 我们的目标是要证明对于根系 Φ 的任意两个基 Δ_1, Δ_2, 一定存在一个 Weyl 群 W 中元素 σ, 使得 $\sigma(\Delta_1) = \Delta_2$, 这说明根系的 Dynkin 图与基的选取无关.

我们先回忆一下根系的基的选取过程. 设 Φ 为欧几里得空间 E 中的根系, 一个元素 $\gamma \in E$ 称为正则元, 如果对任何 $\alpha \in \Phi$, 有 $(\alpha, \gamma) \neq 0$. 对 $\alpha \in \Phi$, 我们称超平面 $P_\alpha = \{\delta \in E | (\alpha, \delta) = 0\}$ 为由 α 决定的 Weyl 墙, 而集合 $E \backslash \bigcup_{\alpha \in \Phi} P_\alpha$ 中的任何一个连通分支称为一个 Weyl 房. 显然, 任何 Weyl 房一定是一个凸集, 且元素 $\gamma \in E$ 是正则元当且仅当 γ 落在某个 Weyl 房内. 我们先证明

引理 2.8.2 Weyl 房与基之间存在一个一一对应.

证 若 $\mathfrak{C}$ 是一个 Weyl 房, 则必有 $\Phi^+(\gamma_1) = \Phi^+(\gamma_2)$, $\forall \gamma_1, \gamma_2 \in \mathfrak{C}$. 事实上, 若不然设存在 $\alpha \in \Phi$, 使得 $(\alpha, \gamma_1) > 0$ 而 $(\alpha, \gamma_2) < 0$, 则在 γ_1, γ_2 的连线中必存在 γ_3, 使得 $(\alpha, \gamma_2) = 0$, 这与 $\mathfrak{C}$ 是一个凸集矛盾. 故结论成立.

由上述结论, 对任何 Weyl 房 $\mathfrak{C}$, 可以任取 $\gamma \in \mathfrak{C}$, 然后得到 $\Phi^+(\gamma)$ 以及由 $\Phi^+(\gamma)$ 中不可分解元素组成的一组基 $\mathfrak{C}(\gamma)$, 这样的集合只与 $\mathfrak{C}$ 有关而与 γ 的选取无关, 因此我们可以将基 $\mathfrak{C}(\gamma)$ 记为 $\Delta(\mathfrak{C})$, 这样就得到一个从 Weyl 房的集合到基的集合之间的映射: $\mathfrak{C} \mapsto \Delta(\mathfrak{C})$. 因为任何一个正则元只能落在一个 Weyl 房中, 这一映射是单射. 此外, 由基的构造方法可知这一映射是满射.

以后我们将对应到基 Δ 的 Weyl 房记为 $\mathfrak{C}(\Delta)$, 称为对于 Δ 的基本 Weyl 房. 此外, 我们将正则元 $\gamma \in E$ 所在的 Weyl 房记为 $\mathfrak{C}(\gamma)$. 显然, 对任何 $\sigma \in W$, $\sigma(\mathfrak{C}(\gamma)) = \mathfrak{C}(\sigma(\gamma))$, 因此 σ 将一个 Weyl 房变为另一个 Weyl 房. 我们现在证明

引理 2.8.3 若 Δ 为 Φ 的基, 则对任何 $\sigma \in W$, $\sigma(\Delta)$ 也是 Φ 的基.

证 设 Δ 对应的 Weyl 房为 $\mathfrak{C}$, 在 $\mathfrak{C}$ 中任取 γ, 则 Δ 是由 $\Phi^+(\gamma)$ 中的不可分解元素组成的. 因 $\sigma(\gamma) \in \sigma(\mathfrak{C})$, $\sigma(\Phi^+(\gamma)) = \Phi^+(\sigma(\gamma))$, 且 $\beta \in \Phi^+(\gamma)$ 可分解当且

仅当 $\sigma(\beta)$ 在 $\Phi^+(\sigma(\gamma))$ 中可分解. 故 $\sigma(\Delta)$ 是由 $\Phi^+(\sigma(\gamma))$ 中不可分解元素组成的, 因而也是 Φ 的基.

现在我们总结一下上面出现的两种群作用. 一方面, 群 $\mathcal{W}$ 在 Weyl 房的集合上有一个作用: $\sigma(\mathfrak{C}(\gamma)) = \mathfrak{C}(\sigma(\gamma))$; 另一方面, $\mathcal{W}$ 在 Φ 的基的集合上也有一个作用: $\sigma(\Delta(\gamma)) = \Delta(\sigma(\gamma))$. 显然这两个作用与引理 2.8.2 中的对应是相容的.

设 Φ 是欧几里得空间中的根系, Δ 是 Φ 的一个基. 我们考虑群 $\mathcal{W}$ 中由 $\sigma_\alpha(\alpha \in \Delta)$ 生成的子群 $\mathcal{W}_1$ (后面将证明 $\mathcal{W}_1 = \mathcal{W}$). 我们先证明一些引理.

引理 2.8.4　对任何正则元 $\gamma \in E$, 存在 $\sigma \in \mathcal{W}_1$ 使得 $(\sigma(\gamma), \alpha) > 0, \forall \alpha \in \Delta$. 特别地, $\mathcal{W}_1$ 在 Weyl 房的集合上的作用是可递的.

证　为了证明这个引理, 我们先考察一下 $\mathcal{W}_1$ 中的元素 σ_α, 其中 $\alpha \in \Delta$. 将由基 Δ 决定的正根集 $\Phi^+(\Delta)$ 简记为 Φ^+. 如果 $\beta \in \Phi^+$, 则存在非负整数 l_γ 使得 $\beta = \sum\limits_{\gamma \in \Delta} l_\gamma \gamma$. 假设 $\beta \neq \alpha$, 则至少有一个 $\gamma \neq \alpha$, 使得 $l_\gamma > 0$, 于是元素 $\sigma_\alpha(\beta) = \beta - \langle \beta, \alpha \rangle \alpha$ 中 γ 前面的系数也是正的, 这说明 $\sigma_\alpha(\beta)$ 也是正根. 又 $\sigma(\alpha)(\pm\alpha) = \mp\alpha$. 这说明 σ_α 导出集合 $\Phi^+ - \{\alpha\}$ 的一个置换. 特别地, 如果我们令 $\delta = \frac{1}{2}\sum\limits_{\gamma \in \Phi^+} \gamma$, 则有 $\sigma_\alpha(\delta) = \delta - \alpha, \forall \alpha \in \Delta$.

现在回到引理的证明. 由于 $\mathcal{W}_1$ 是有限群, 存在 $\sigma \in \mathcal{W}_1$ 使得 $(\sigma(\gamma), \delta)$ 达到最大. 又对任何 $\alpha \in \Delta$, $\sigma_\alpha\sigma \in \mathcal{W}_1$, 因此 $(\sigma_\alpha\sigma(\gamma), \delta) \leqslant (\sigma(\gamma), \delta)$. 另一方面

$$(\sigma_\alpha\sigma(\gamma), \delta) = (\sigma(\gamma), \sigma_\alpha(\delta)) = (\sigma(\gamma), \delta - \alpha)$$
$$= (\sigma(\gamma), \delta) - (\sigma(\gamma), \alpha).$$

这说明 $(\sigma(\gamma), \alpha) \geqslant 0, \forall \alpha \in \Delta$. 注意到 $\sigma(\gamma)$ 是正则元, 因此 $(\sigma(\gamma), \alpha) \neq 0$, 于是 $(\sigma(\gamma), \alpha) > 0, \forall \alpha \in \Delta$.

最后, 如果 $\mathfrak{C}_1, \mathfrak{C}_2$ 是两个 Weyl 房, 任取 $\gamma \in \mathfrak{C}_1$, 则由上述结果, 存在 $\sigma \in \mathcal{W}_1$, 使得 $(\sigma(\gamma), \alpha) > 0, \forall \alpha \in \Delta(\mathfrak{C}_2)$, 这里 $\Delta(\mathfrak{C}_2)$ 是 $\mathfrak{C}_2$ 对应的基. 于是 $\sigma(\gamma) \in \mathfrak{C}_2$, 从而 $\sigma(\mathfrak{C}_1) = \mathfrak{C}_2$. 故 $\mathcal{W}_1$ 在 Weyl 房的集合上的作用是可递的.

由 Weyl 房与基的一一对应我们得到

推论 2.8.5　群 $\mathcal{W}_1$ 在 Φ 的基的集合上的作用是可递的.

现在我们可以证明下面的重要结果:

定理 2.8.6　设 Φ 为欧几里得空间 E 中的一个根系, 则对任何 $\alpha \in \Phi$, 存在 Φ 的一个基 Δ 使得 $\alpha \in \Delta$.

证　不妨设 $\dim E \geqslant 2$. 注意到对任何 $\beta \in \Phi$, $P_\beta = \{\gamma \in E | (\beta, \gamma) = 0\}$ 是 E 中的 $\dim E - 1$ 维线性子空间, 而对任何 $\beta_1, \beta_2 \in \Phi$, $\beta_1 \neq \pm\beta_2$, β_1, β_2 必线性无关, 因此 $P_{\beta_1} \neq P_{\beta_2}$, 从而 $\dim P_{\beta_1} \cap P_{\beta_2} < \dim E - 1$. 于是 $\bigcup\limits_{\beta \in \Phi \setminus \{\pm\alpha\}} (P_\beta \cap P_\alpha) \neq P_\alpha$.

因此我们可以取到 $\gamma_1 \in P_\alpha$ 使得 $\gamma_1 \notin P_\beta$, $\forall \beta \neq \pm\alpha$. 由连续性容易看出, 存在正则元 γ_2, 满足 $0 < (\gamma_2, \alpha) < |(\gamma_2, \beta)|$ $(\forall \beta \neq \pm\alpha)$. 于是 $\alpha \in \Phi^+(\gamma_2)$, 且不可分解, 即 $\alpha \in \Delta(\gamma_2)$.

推论 2.8.7 设 Φ 为欧几里得空间 E 中的根系, Δ 为一个基, 则 σ_α $(\alpha \in \Delta)$ 是 Weyl 群 $\mathcal{W}$ 的一组生成元.

证 同前面一样, 令 $\mathcal{W}_1$ 为由 σ_α $(\alpha \in \Delta)$ 生成的 $\mathcal{W}$ 的子群. 只需证明 $\sigma_\beta \in \mathcal{W}_1$, $\forall \beta \in \Phi$. 由定理 2.8.6, 对任何 $\beta \in \Phi$, 存在 Φ 的基 Δ_1 使得 $\beta \in \Delta_1$, 又由 $\mathcal{W}_1$ 在基的集合上作用的可递性, 存在 $\sigma \in \mathcal{W}_1$ 使得 $\sigma(\Delta_1) = \Delta$. 于是 $\sigma(\beta) = \gamma \in \Delta$, 从而 $\sigma_\gamma = \sigma_{\sigma(\beta)} = \sigma\sigma_\beta\sigma^{-1}$, 即 $\sigma_\beta = \sigma^{-1}\sigma_\gamma\sigma \in \mathcal{W}_1$.

由上面的讨论, Weyl 群在根系的基的集合以及 Weyl 房的集合上的作用都是可递的. 下面我们证明一个进一步的结果, 即上述作用都是单可递的. 由于根系的基与 Weyl 房之间存在一一对应, 我们只需对基来证明.

我们先考察群中元素的表达方法. 由上面的讨论, 任何 $\sigma \in \mathcal{W}$ 都可以写成 σ_α $(\alpha \in \Delta)$ 的有限积. 当然我们希望将 $\mathcal{W}$ 中元素尽可能写成最少的形如 σ_α $(\alpha \in \Delta)$ 的元素乘积. 下面的引理给出了这方面的重要结论.

引理 2.8.8 设 $\sigma \in \mathcal{W}$, $\sigma = \sigma_{\alpha_1}\sigma_{\alpha_2}\cdots\sigma_{\alpha_t}$, $\alpha_i \in \Delta$, $1 \leqslant i \leqslant t$, 且 t 达到最小, 则一定有 $\sigma(\alpha_t) \in \Phi^-(\Delta)$.

证 我们采用反证法. 设 $\sigma(\alpha_t) \in \Phi^+(\Delta)$. 则由 $\sigma_{\alpha_t}(\alpha_t) = -\alpha_t$ 知 $\sigma_{\alpha_1}\sigma_{\alpha_2}\cdots\sigma_{\alpha_{t-1}}(\alpha_t) \in \Phi^-(\Delta)$. 考察序列 $\gamma_i = \sigma_{\alpha_{i+1}}\sigma_{\alpha_{i+2}}\cdots\sigma_{\alpha_{t-1}}(\alpha_t)$, $0 \leqslant i \leqslant t-1$, $\gamma_t = \alpha_t$, 则 $\gamma_0 \in \Phi^-$, 而 $\gamma_t \in \Phi^+$, 因此必存在最小的指标 s 使得 $\gamma_s \in \Phi^+$, 于是 $\sigma_{\alpha_s}(\gamma_s) \in \Phi^-(\Delta)$. 由于 σ_{α_s} 在 $\Phi^+(\Delta) - \{\pm\alpha_s\}$ 上的限制是一个置换, 我们得到 $\gamma_s = \alpha_s$, 从而 $\sigma_{\alpha_s} = (\sigma_{\alpha_{s+1}}\sigma_{\alpha_{s+2}}\cdots\sigma_{\alpha_{t-1}})\sigma_{\alpha_t}(\sigma_{\alpha_{t-1}}\sigma_{\alpha_{t-2}}\cdots\sigma_{\alpha_{s+1}})$. 这样就得到 $\sigma_{\alpha_1}\sigma_{\alpha_2}\cdots\sigma_{\alpha_t} = \sigma_{\alpha_1}\sigma_{\alpha_2}\cdots\sigma_{\alpha_{s-1}}\sigma_{\alpha_{s+1}}\cdots\sigma_{\alpha_{t-1}}$, 与 t 达到最小矛盾.

现在假定 $\sigma \in \mathcal{W}$, $\sigma \neq \text{id}$, 我们将 σ 写成尽量少的形如 σ_α $(\alpha \in \Delta)$ 的元素的乘积, 则由上述引理, 一定存在 $\gamma \in \Delta$ 使得 $\sigma(\gamma) \in \Phi^-(\Delta)$. 这说明 $\sigma(\Delta) \neq \Delta$. 总结起来, 我们有

定理 2.8.9 Weyl 群在基的集合和 Weyl 房的集合上的作用都是单可递的.

习 题 2.8

1. 试在平面中画出根系 A_2 的 Weyl 房, 并找出其对应的基与正根集.

2. 试在平面中画出根系 B_2 的 Weyl 房, 并找出其对应的基与正根集.

3. 试在平面中画出根系 G_2 的 Weyl 房, 并找出其对应的基与正根集.

4. 试求出 G_2 的 Weyl 群.

5. 设 Φ 为欧几里得空间 E 中的根系, 称 Φ 为可约的, 如果 Φ 可以写成两个互相正交的非空子集的并, 即存在非空子集 Φ_1, Φ_2, 使得 $\Phi = \Phi_1 \cup \Phi_2$, 且 $(\alpha_1, \alpha_2) = 0, \forall \alpha_1 \in \Phi_1, \alpha_2 \in \Phi_2$; 否则称 Φ 为不可约的. 试证明 Φ 可约当且仅当其 Weyl 群可以分解为两个非平凡正规子群的直积.

6. 试证明根系 A_l 的 Weyl 群同构于 S_{l+1}.

7. 试证明 $B_l(l \geqslant 2)$ 的 Weyl 群同构于 $(\mathbb{Z}_2)^l$ 与 S_l 的半直积, 其中 $(\mathbb{Z}_2)^l$ 是正规子群, $\mathbb{Z}_2 = \{-1, 1\}$, 乘法为数的普通乘法. 群运算为

$$((a_1, a_2, \cdots, a_l), \tau_1) \cdot ((b_1, b_2, \cdots, b_l), \tau_2)$$
$$= ((a_{\tau_1\tau_2(1)} b_{\tau_1\tau_2(1)}, a_{\tau_1\tau_2(2)} b_{\tau_1\tau_2(2)}, \cdots, a_{\tau_1\tau_2(l)} b_{\tau_1\tau_2(l)}), \tau_1\tau_2),$$

这里 $a_i, b_i \in \{-1, 1\}$, $i = 1, 2, \cdots, l$, $\tau_1, \tau_2 \in S_l$.

8. 试证明互为对偶的根系具有同构的 Weyl 群, 并由此求出 C_l 的 Weyl 群.

9. 试给出 D_l $(l \geqslant 4)$ 的 Weyl 群 $\mathcal{W}$ 的一个刻画, 并证明 $\mathcal{W}$ 同构于 $(\mathbb{Z}_2)^{l-1}$ 与 S_l 的半直积.

10. 设 Φ 为欧几里得空间 E 中的根系, Δ 为一个基, 且 $\beta \in \Phi^+(\Delta)$, $\beta \notin \Delta$. 试证明存在 $\alpha \in \Delta$, 使得 $\beta - \alpha$ 为一个根.

11. 假设 Φ, Δ 如上题, 试证明任何 $\beta \in \Phi^+$ 都可以写成 $\beta = \alpha_1 + \alpha_2 + \cdots + \alpha_m$ 的形式, 其中 $\alpha_i \in \Delta$(可以重复), 且对任何 $1 \leqslant j \leqslant m$, $\alpha_1 + \alpha_2 + \cdots + \alpha_j$ 都是一个根.

第 3 章 复半单 Lie 代数的分类

本章我们将给出复半单 Lie 代数的分类定理. 第 2 章我们指出, 给定任何一个复半单 Lie 代数和它的一个极大环面子代数, 都有一个 Dynkin 图与之对应. 本章我们将证明, 一个复半单 Lie 代数的 Dynkin 图与其极大环面子代数的选取无关. 我们首先给出 Cartan 子代数的概念, 并证明在复半单 Lie 代数中, Cartan 子代数和极大环面子代数这两个概念是等价的. 接下来我们证明 Cartan 子代数的共轭定理, 进而证明一个复单 Lie 代数只与一个 Dynkin 图相对应, 并且具有相同的 Dynkin 图的两个复单 Lie 代数必定是同构的. 由于连通 Dynkin 图的分类问题已解决, 故复单 Lie 代数的分类问题就化成了 Dynkin 图的实现问题, 也就是需要研究对于第 2 章最后给定的任何一个 Dynkin 图, 是否存在一个复单 Lie 代数使得其对应的 Dynkin 图恰好就是该图. 这一问题的答案是肯定的, 这就是著名的 Serre 定理.

为了证明本章的主要结果, 我们必须证明复半单 Lie 代数的极大环面子代数是相互共轭的, 为此先引入一般 Lie 代数的 Cartan 子代数的概念. 在复半单的情形下, 这一概念与极大环面子代数是等价的, 但一般情形这一结论并不成立. 接下来我们证明复半单 Lie 代数的 Cartan 子代数是相互共轭的, 从而完成本章主要结论的证明.

值得注意的是, 特征为零的代数闭域上的任何 Lie 代数的 Cartan 子代数都是相互共轭的, 但是为了简单起见我们不给出一般情形的证明. 此外, 证明复半单 Lie 代数的 Cartan 子代数的共轭性可以通过 Lie 群的途径来完成, 而且更为直接. 我们将在 Lie 群的教材中做详细介绍.

3.1 Cartan 子代数

Cartan 子代数在 Lie 代数的结构及表示理论中具有非常重要的地位. 由 Cartan 分解引进分次的概念, 是研究 Lie 代数的结构及表示的常用方法, 而且对半单 Lie

代数特别有效. 设 $\mathfrak{g}$ 为 Lie 代数, $\mathfrak{g}$ 的一个子代数 $\mathfrak{h}$ 称为一个 **Cartan 子代数**, 如果 $\mathfrak{h}$ 是幂零子代数, 且 $N_{\mathfrak{g}}(\mathfrak{h}) = \mathfrak{h}$. 注意这种定义没有指出其存在性 (事实上, 有限域上 Lie 代数的 Cartan 子代数的存在性问题至今尚未完全解决).

下面我们假设 $\mathfrak{g}$ 是特征为零的代数闭域 $\mathbb{F}$ 上的有限维 Lie 代数. 由 0.1 节知, 若 V 是 $\mathbb{F}$ 上的有限维线性空间, $\mathcal{A} \in \mathrm{End}V$, 则 V 是所有 $V_a = \ker(\mathcal{A} - a \cdot \mathrm{id})^m$ 的直和, 其中 m 是 a 作为 $\mathcal{A}$ 的特征多项式的根的重数. 每一个 V_a 在 $\mathcal{A}$ 下是不变的, 且 $\mathcal{A}$ 在 V_a 上的限制是一个纯量变换 $a\,\mathrm{id}$ 和一个幂零线性变换之和. 现在我们将这一结论用于一个元素 x 在 Lie 代数 $\mathfrak{g}$ 上的伴随作用. 记 $\mathfrak{g} = \mathfrak{g}_0(\mathrm{ad}\,x) \oplus \mathfrak{g}_*(\mathrm{ad}\,x)$, 这里 $\mathfrak{g}_*(\mathrm{ad}\,x)$ 表示那些 $\mathfrak{g}_a(\mathrm{ad}\,x)(a \neq 0)$ 的和, $\mathfrak{g}_a(\mathrm{ad}\,x) = \{y \in \mathfrak{g} \mid (\mathrm{ad}\,x - a\,\mathrm{id})^m y = 0\} = \ker(\mathrm{ad}\,x - a\,\mathrm{id})^m$. 更一般地, 如果 $\mathfrak{k}$ 是 $\mathfrak{g}$ 的一个子代数, 它在 $\mathrm{ad}\,x$ 下不变, 则 $\mathfrak{k}$ 可写为 $\mathfrak{k} = \mathfrak{k}_0(\mathrm{ad}\,x) \oplus \mathfrak{k}_*(\mathrm{ad}\,x)$. 值得注意的是, 即使 $x \notin \mathfrak{k}$, 上式也成立.

引理 3.1.1 设 $a, b \in \mathbb{F}$, 则 $[\mathfrak{g}_a(\mathrm{ad}\,x), \mathfrak{g}_b(\mathrm{ad}\,x)] \subseteq \mathfrak{g}_{a+b}(\mathrm{ad}\,x)$. 特别地, $\mathfrak{g}_0(\mathrm{ad}\,x)$ 是 $\mathfrak{g}$ 的一个子代数, 且当 $a \neq 0$ 时, $\mathfrak{g}_a(\mathrm{ad}\,x)$ 的每一个元素都是 ad-幂零的.

证 用归纳法容易验证:

$$(\mathrm{ad}\,x - (a+b)\mathrm{id})^m [y, z] = \sum_{i=0}^{m} \binom{m}{i} [(\mathrm{ad}\,x - a \cdot \mathrm{id})^i(y), (\mathrm{ad}\,x - b \cdot \mathrm{id})^{m-i}(z)].$$

则对任何 $y \in \mathfrak{g}_a(\mathrm{ad}\,x), z \in \mathfrak{g}_b(\mathrm{ad}\,x)$, 只要 m 取得足够大, 就可以使右边的各项都是 0. 因此结论成立.

定义 3.1.2 设 $x \in \mathfrak{g}$, 则 $\mathfrak{g}_0(\mathrm{ad}\,x)$ 是 $\mathfrak{g}$ 的子代数, 称为 $\mathfrak{g}$ 的一个**Engel子代数**.

思考题 3.1.3 在 Lie 代数 $\mathfrak{sl}(n, \mathbb{C})$ 中令 $x_1 = \mathrm{diag}(1, 2, \cdots, n)$, $x_2 = \mathrm{diag}(1, 2, 2, \cdots, 2)$, 试求出对应的 Engel 子代数 $\mathfrak{g}_0(\mathrm{ad}\,x_1)$, $\mathfrak{g}_0(\mathrm{ad}\,x_2)$.

下面我们来系统研究一下 Engel 子代数的性质.

引理 3.1.4 设 $\mathfrak{k}$ 是 $\mathfrak{g}$ 的子代数.

(1) 取定 $z \in \mathfrak{k}$, 使得 $\mathfrak{g}_0(\mathrm{ad}\,z)$ 在所有 Engel 子代数 $\mathfrak{g}_0(\mathrm{ad}\,x)$ $(x \in \mathfrak{k})$ 中为极小的. 若 $\mathfrak{k} \subseteq \mathfrak{g}_0(\mathrm{ad}\,z)$, 则 $\mathfrak{g}_0(\mathrm{ad}\,z) \subseteq \mathfrak{g}_0(\mathrm{ad}\,x)$, $\forall x \in \mathfrak{k}$.

(2) 若 $\mathfrak{k}$ 包含一个 Engel 子代数, 则 $\mathfrak{k}$ 是自正规的, 即 $N_{\mathfrak{g}}(\mathfrak{k}) = \mathfrak{k}$. 特别地, 任意 Engel 子代数是自正规的.

证 (1) 记 $\mathfrak{k}_0 = \mathfrak{g}_0(\mathrm{ad}\,z)$. 任取 $x \in \mathfrak{k}$. 考虑 $\mathfrak{g}$ 上的线性变换 $\mathrm{ad}\,(z + \mu x)$, $\forall \mu \in \mathbb{F}$. 因为 $\mathfrak{k} \subseteq \mathfrak{k}_0$ 且 $z + \mu x \in \mathfrak{k}$, 故 $\mathrm{ad}\,(z + \mu x)$ 保持 $\mathfrak{k}_0$ 不变, 从而诱导出商空间 $\mathfrak{g}/\mathfrak{k}_0$ 的线性变换. 设 $r = \dim \mathfrak{k}_0$, $n = \dim \mathfrak{g}$, 则可设 $\mathrm{ad}\,(z + \mu x)$ 在 $\mathfrak{k}_0$ 和 $\mathfrak{g}/\mathfrak{k}_0$ 上的特征多项式分别为

$$f_\mu(\lambda) = \lambda^r + a_1(\mu)\lambda^{r-1} + a_2(\mu)\lambda^{r-2} + \cdots + a_r(\mu),$$

$$g_\mu(\lambda) = \lambda^{n-r} + b_1(\mu)\lambda^{n-r-1} + b_2(\mu)\lambda^{n-r-2} + \cdots + b_{n-r}(\mu), \qquad (3.1.1)$$

其中系数 $a_i(\mu), b_i(\mu)$ 与 $z + \mu x$ 有关, 且当 z, x 固定而 μ 变化时, 这些系数分别是

关于 μ 的次数至多为 i 次的多项式, 并且 $\mathrm{ad}\,(z+\mu x)$ 在 $\mathfrak{g}$ 上的特征多项式为两个特征多项式的乘积 $f_\mu(\lambda)g_\mu(\lambda)$ (先选取 $\mathfrak{k}_0$ 的一组基再扩充成 $\mathfrak{g}$ 的基, 考虑 $\mathfrak{g}$ 上线性变换 $\mathrm{ad}\,(z+\mu x)$ 在这组基下的矩阵, 即可看出这一点).

根据定义, $\mathrm{ad}\,z$ 的特征值 0 只出现在子空间 $\mathfrak{k}_0$ 中, 即 $\lambda=0$ 不是 $g_0(\lambda)$ 的根, 也就是说 $b_{n-r}(0)\neq 0$. 因此 $b_{n-r}(\mu)$ 关于 μ 不是恒等于 0 的多项式, 所以可找到任意多个 μ, 如 $\mu_1,\mu_2,\cdots,\mu_{r+1}$ 都不是 $b_{n-r}(\mu)$ 的零点, 即 $b_{n-r}(\mu_i)\neq 0, i=1,2,\cdots,r+1$. 也就是说, 0 不是 $\mathrm{ad}\,(z+\mu_i x)$ 在商空间 $\mathfrak{g}/\mathfrak{k}_0$ 上的特征值, 因此 $\mathfrak{g}_0(\mathrm{ad}\,(z+\mu_i x))\subseteq \mathfrak{k}_0$. 由于条件 $\mathfrak{k}_0=\mathfrak{g}_0(\mathrm{ad}\,z)$ 是极小的, 所以 $\mathfrak{k}_0=\mathfrak{g}_0(\mathrm{ad}\,z)=\mathfrak{g}_0(\mathrm{ad}\,(z+\mu_i x))$. 这就说明 $\mathrm{ad}\,(z+\mu_i x)$ 在 $\mathfrak{k}_0$ 上仅有 0 特征值, 即 $f_{\mu_i}(\lambda)=\lambda^r$. 从而由 (3.1.1) 得知, 每一个多项式 $a_1(\mu),a_2(\mu),\cdots,a_r(\mu)$ (关于 μ 的次数至多为 r) 有 $r+1$ 个零点 $\mu_1,\mu_2,\cdots,\mu_{r+1}$, 从而这些多项式恒等于 0, 即 $\mathrm{ad}\,(z+\mu x)$ 在 $\mathfrak{k}_0$ 的特征多项式为 $f_\mu(\lambda)=\lambda^r$, 也就是说, $\mathfrak{k}_0\subseteq\mathfrak{g}_0(\mathrm{ad}\,(z+\mu x)),\forall\mu\in\mathbb{F}$. 由于 x 和 μ 都是任意的, 把 x 换成 $x-z$, 并取 $\mu=1$, 我们就得到 $\mathfrak{g}_0(\mathrm{ad}\,z)\subseteq\mathfrak{g}_0(\mathrm{ad}\,x)$.

(2) 因为 $\mathfrak{k}$ 是 $\mathfrak{g}$ 的子代数并且包含某个 Engel 子代数, 所以 $\exists\,y\in\mathfrak{g}$ 使 $\mathfrak{k}\supseteq\mathfrak{g}_0(\mathrm{ad}\,y)$. 则 $y\in\mathfrak{g}_0(\mathrm{ad}\,y)\subseteq\mathfrak{k}\subseteq N_\mathfrak{g}(\mathfrak{k})$. 因此 $\mathrm{ad}_{N_\mathfrak{g}(\mathfrak{k})}y$ 是 $N_\mathfrak{g}(\mathfrak{k})$ 上的线性变换, 因为 $\mathfrak{g}_0(\mathrm{ad}\,y)\subseteq\mathfrak{k}$, 所以 $\mathrm{ad}\,y$ 在商空间 $N_\mathfrak{g}(\mathfrak{k})/\mathfrak{k}$ 上的作用没有特征值 0; 另一方面, 对 $y\in\mathfrak{k}$, 有 $[y,N_\mathfrak{g}(\mathfrak{k})]\subseteq\mathfrak{k}$. 这就是说, $\mathrm{ad}\,y$ 在 $N_\mathfrak{g}(\mathfrak{k})/\mathfrak{k}$ 上的作用为零, 因此 $N_\mathfrak{g}(\mathfrak{k})=\mathfrak{k}$. 至此引理得证.

设 $\mathfrak{g}$ 是半单 Lie 代数 (注意我们已经假设 $\mathrm{ch}\,\mathbb{F}=0$), $\mathfrak{h}$ 是 $\mathfrak{g}$ 的极大环面子代数, 则 $\mathfrak{h}$ 是交换的, 从而幂零. 另一方面, 因为 $\mathfrak{g}=\mathfrak{h}\oplus\sum_{\alpha\in\Phi}\mathfrak{g}_\alpha,[\mathfrak{h},\mathfrak{g}_\alpha]=\mathfrak{g}_\alpha,\forall\alpha\in\Phi$, 我们有 $N_\mathfrak{g}(\mathfrak{h})=\mathfrak{h}$, 所以 $\mathfrak{h}$ 是 $\mathfrak{g}$ 的一个 Cartan 子代数. 这一结论的逆命题也是成立的. 事实上我们有下述定理.

定理 3.1.5 设 $\mathfrak{g}$ 是半单 Lie 代数, $\mathfrak{h}$ 是 $\mathfrak{g}$ 的子代数. 则下面三个结论等价:

(1) $\mathfrak{h}$ 是极小 Engel 子代数.

(2) $\mathfrak{h}$ 是 Cartan 子代数

(3) $\mathfrak{h}$ 是极大环面子代数.

证 我们先证明 (1) 与 (2) 等价. 设 $\mathfrak{h}=\mathfrak{g}_0(\mathrm{ad}\,z)$ 是 Lie 代数 $\mathfrak{g}$ 的一个极小 Engel 子代数. 由引理 3.1.4 (2) 知 $\mathfrak{h}$ 是自正规的. 由于 $\mathfrak{h}$ 极小, 在引理 3.1.4 的 (1) 中取 $\mathfrak{k}=\mathfrak{h}$, 我们得到 $\mathfrak{h}=\mathfrak{g}_0(\mathrm{ad}\,z)\subseteq\mathfrak{g}_0(\mathrm{ad}\,x),\forall\,x\in\mathfrak{k}=\mathfrak{h}$. 特别地, 对 $\forall x\in\mathfrak{h},\mathrm{ad}_\mathfrak{h}x$ 是幂零的. 由 Engel 定理, $\mathfrak{h}$ 是幂零的, 即 $\mathfrak{h}$ 是幂零的自正规子代数, 从而是 Cartan 子代数.

反之, 设 $\mathfrak{h}$ 是 Lie 代数 $\mathfrak{g}$ 的 Cartan 子代数. 因为 $\mathfrak{h}$ 幂零, 故对 $\forall\,x\in\mathfrak{h}$, 有 $\mathfrak{h}\subseteq\mathfrak{g}_0(\mathrm{ad}\,x)$. 我们证明至少存在一个 x 使等号成立. 否则, 假设等号永不成立, 这时, 取 $z\in\mathfrak{h}$ 使 $\mathfrak{g}_0(\mathrm{ad}\,z)$ 尽可能小, 取 $\mathfrak{k}=\mathfrak{h}$, 则由引理 3.1.4 (1) 知, 对任何 $x\in\mathfrak{k}=\mathfrak{h}$,

有 $\mathfrak{g}_0(\mathrm{ad}\, z) \subseteq \mathfrak{g}_0(\mathrm{ad}\, x)$, 即 $\mathrm{ad}\, x$ 在 $\mathfrak{g}_0(\mathrm{ad}\, z)$ 的作用只有 0 特征值. 这意味着 $\mathfrak{h}$ 在非零向量空间 $\mathfrak{g}_0(\mathrm{ad}\, z)/\mathfrak{h}$ 诱导的表示中, 每一个 $x \in \mathfrak{h}$ 的作用相当于一个幂零线性变换. 由 Lie 定理 ($\mathfrak{h}$ 幂零, 因此可解), 在 $\mathfrak{g}_0(\mathrm{ad}\, z)/\mathfrak{h}$ 中存在 $\mathfrak{h}$ 的公共特征向量 $\bar{y} = y + \mathfrak{h}, y \notin \mathfrak{h}$. 进一步, 此公共特征向量 $\bar{y}$ 对应的特征值都为零. 换句话说, 存在 $y \notin \mathfrak{h}$ 使 $[\mathfrak{h}, y] \subseteq \mathfrak{h}$. 但这与 $\mathfrak{h}$ 自正规矛盾.

接下来我们证明 (2) 与 (3) 等价. 定理之前已经说明任一极大环面子代数是一个 Cartan 子代数. 反之, 设 $\mathfrak{h}$ 是一个 Cartan 子代数. 注意到若 $x = x_s + x_n$ 是 x 在 $\mathfrak{g}$ 内的 Jordan-Chevalley 分解. 因为 $\mathrm{ad}\, x_n$ 是幂零的, 且与 $\mathrm{ad}\, x_s$ 可交换, 所以有 $\mathfrak{g}_0(\mathrm{ad}\, x_s) \subseteq \mathfrak{g}_0(\mathrm{ad}\, x)$, 即任一被 $\mathrm{ad}\, x_s$ 的某个幂次变为 0 的向量 y 也一定被 $\mathrm{ad}\, x$ 的某个幂次变为 0. 此外, 若 $x \in \mathfrak{g}$ 为半单元, 则由于 $\mathrm{ad}\, x$ 是可对角化, 故 $\mathfrak{g}_0(\mathrm{ad}\, x) = C_\mathfrak{g}(x)$. 由 (1) 知, Cartan 子代数 $\mathfrak{h}$ 是极小 Engel 子代数, 即形如 $\mathfrak{g}_0(\mathrm{ad}\, x)$, 其中 $x \in \mathfrak{g}$. 由以上论述和极小性, 我们有 $\mathfrak{h} = \mathfrak{g}_0(\mathrm{ad}\, x_s) = C_\mathfrak{g}(x_s)$. 但 $C_\mathfrak{g}(x_s)$ 显然包含 $\mathfrak{g}$ 的一个极大环面子代数 $\mathfrak{t}$, 于是 $\mathfrak{t}$ 是一个 Cartan 子代数, 从而也是一个极小 Engel 子代数. 由此可断定 $\mathfrak{h} = \mathfrak{t}$, 从而 $\mathfrak{h}$ 是一个极大环面子代数.

注记 3.1.6 (1) 与 (2) 的等价性说明 Cartan 子代数的存在性. 此结论对特征为零的代数闭域上的任意 Lie 代数 $\mathfrak{g}$ 都成立.

在讲述下面的内容之前, 我们需要对所用的记号做一个说明. 前面我们一般考虑的根系 Φ 都是在欧几里得空间 E 中. 但是在研究复半单 Lie 代数的根系时, 另一种记号非常方便. 如果 Φ 是复半单 Lie 代数 $\mathfrak{g}$ 对于 Cartan 子代数 (即极大环面子代数) $\mathfrak{h}$ 的根系, 我们一般用 $\mathfrak{h}_R$ 表示由 Φ 生成的一个实线性空间. 注意到 $\mathfrak{g}$ 的 Killing 型在 $\mathfrak{h}$ 上的限制是非退化的, 因此利用 B 就可以将 Φ 与 $\mathfrak{h}$ 中的一个子集等同 (实际上, 利用前面的记号, 对任何 $\alpha \in \Phi$, 存在唯一 $t_\alpha \in \mathfrak{h}$ 使得 $\alpha(x) = B(t_\alpha, x)$, $\forall x \in \mathfrak{h}$, 则利用映射 $\alpha \to t_\alpha$ 就可以做到这一点). 如果我们将 $\mathfrak{h}$ 看成实线性空间, 那么 $\mathfrak{h}_R$ 就是 $\mathfrak{h}$ 的实线性子空间. 利用复半单 Lie 代数关于极大环面子代数的根子空间分解的性质, 我们可以得到:

定理 3.1.7 设 Φ 为复半单 Lie 代数 $\mathfrak{g}$ 对其 Cartan 子代数 $\mathfrak{h}$ 的根系. 令 $\mathfrak{h}_R$ 为 Φ 生成的实线性空间, 则 $\dim \mathfrak{h}_R = \dim \mathfrak{h}$, 且作为实线性空间 $\mathfrak{h} = \mathfrak{h}_R + \sqrt{-1}\mathfrak{h}_R$. 此外, $\mathfrak{g}$ 的 Killing 型限制在 $\mathfrak{h}_R$ 上是正定的, 从而 $\mathfrak{h}_R$ 对于 $\mathfrak{g}$ 的 Killing 型成为一个欧几里得空间.

习　题　3.1

1. 试证明复半单 Lie 代数的极大环面子代数具有形式 $C_\mathfrak{g}(x)$, 其中 x 是半单元. 这样的 x 被称为正则半单的.

2. 试找出 $\mathfrak{sl}(n,\mathbb{C})$ 的一个元素 $\mathrm{diag}(a_1,a_2,\cdots,a_n)$ 是正则半单元的充分必要条件, 并由此构造出 $\mathfrak{sl}(n,\mathbb{C})$ 的一个 Cartan 子代数.

3. 设 $\mathfrak{k}$ 为 Lie 代数 $\mathfrak{g}$ 的子代数, $\mathfrak{h}$ 为 $\mathfrak{g}$ 的 Cartan 子代数且 $\mathfrak{h} \subseteq \mathfrak{k}$. 试证明 $\mathfrak{h}$ 也是 $\mathfrak{k}$ 的 Cartan 子代数.

4. 试举例说明复半单 Lie 代数的极大幂零子代数不一定是 Cartan 子代数.

5. 设 $\mathbb{F}$ 为特征为零的代数闭域, $\mathfrak{g}$ 为 $\mathbb{F}$ 上的 Lie 代数, $x \in \mathfrak{g}$, 如果存在 $y \in \mathfrak{g}$ 以及 $\mathrm{ad}\,y$ 的某一非零特征值 a, 使得 $x \in \mathfrak{g}_a(\mathrm{ad}\,y)$, 则称 $x \in \mathfrak{g}$ 为**强 ad-幂零**的. 试证明:

(1) 强 ad-幂零元一定是 ad-幂零的.

(2) 设 x 为强 ad-幂零元, 定义 $\exp(\mathrm{ad}\,x)$: $\mathfrak{g} \to \mathfrak{g}$:

$$\exp(\mathrm{ad}\,x)(y) = \sum_{i=0}^{\infty} \frac{1}{n!}(\mathrm{ad}\,x)^n(y), \quad y \in \mathfrak{g},$$

则 $\exp(\mathrm{ad}\,x)$ 是 Lie 代数 $\mathfrak{g}$ 的一个自同构.

6. 设 $\mathbb{F},\mathfrak{g}$ 如上, 用 $\mathcal{N}(\mathfrak{g})$ 表示 $\mathfrak{g}$ 中所有强 ad-幂零元的集合. 试证明: 若 $\mathfrak{g}_1$ 为 $\mathfrak{g}$ 的子代数, 则 $\mathcal{N}(\mathfrak{g}_1) \subseteq \mathcal{N}(\mathfrak{g})$, 且若 φ 为 $\mathfrak{g}$ 的自同构, 则 $\varphi(\mathcal{N}(\mathfrak{g})) \subseteq \mathcal{N}(\mathfrak{g})$.

7. 设 $\mathbb{F},\mathfrak{g}$ 如上, 令 $\mathcal{E}(\mathfrak{g})$ 为由所有 $e^{\mathrm{ad}\,x}(x \in \mathcal{N}(\mathfrak{g}))$ 所生成的 $\mathrm{Aut}\mathfrak{g}$ 的子群. 试证明: $\mathcal{E}(\mathfrak{g})$ 为 $\mathrm{Aut}\mathfrak{g}$ 的正规子群.

8. 试证明 $\mathcal{E}(\mathfrak{g})$ 的阶为 1 当且仅当 $\mathfrak{g}$ 为幂零 Lie 代数.

9. 设 $\mathfrak{g}$ 为 2 维非交换 Lie 代数, 试求 $\mathcal{E}(\mathfrak{g})$.

3.2 共 轭 定 理

本节假设 $\mathbb{F}$ 是特征为零的代数闭域, 因此本节的结论对于复 Lie 代数成立. 我们将证明在 $\mathbb{F}$ 上的有限维 Lie 代数 $\mathfrak{g}$ 内, 任意两个 Cartan 子代数都共轭. 这是有限维 Lie 代数理论中最漂亮的结果之一.

设 $\mathfrak{g}$ 是 Lie 代数. 在习题 3.1 中我们给出了强 ad-幂零元的定义, 用 $\mathcal{N}(\mathfrak{g})$ 表示 $\mathfrak{g}$ 中所有强 ad-幂零元的集合, 且用 $\mathcal{E}(\mathfrak{g})$ 表示由所有 $e^{\mathrm{ad}\,x}(x \in \mathcal{N}(\mathfrak{g}))$ 所生成的 $\mathrm{Aut}\mathfrak{g}$ 的子群. 当 $\mathfrak{k}$ 是 $\mathfrak{g}$ 的子代数时, 我们有 $\mathcal{N}(\mathfrak{k}) \subseteq \mathcal{N}(\mathfrak{g})$. 因此 $e^{\mathrm{ad}_\mathfrak{g}x}(x \in \mathcal{N}(\mathfrak{k}))$ 生成 $\mathcal{E}(\mathfrak{g})$ 的子群, 记为 $\mathcal{E}(\mathfrak{g};\mathfrak{k})$. 容易看出, $\mathcal{E}(\mathfrak{k}) = \{\sigma|_\mathfrak{k} \,|\, \sigma \in \mathcal{E}(\mathfrak{g};\mathfrak{k})\}$, 即 $\mathcal{E}(\mathfrak{k})$ 由 $\mathcal{E}(\mathfrak{g};\mathfrak{k})$ 的元素限制到 $\mathfrak{k}$ 上得到.

当 $\mathfrak{g}$ 为复半单 Lie 代数时, $\mathcal{E}(\mathfrak{g})$ 与 $\mathfrak{g}$ 的 Weyl 群的关系如下:

引理 3.2.1 设 $\mathfrak{g}$ 为复半单 Lie 代数, $\mathfrak{h}$ 为其 Cartan 子代数, Φ 为 $\mathfrak{g}$ 对 $\mathfrak{h}$ 的根系, $\mathfrak{h}_R$ 为 Φ 生成的实线性空间, $\mathcal{W}$ 为对应的 Weyl 群, 则对任何 $w \in \mathcal{W}$, 存在 $\sigma \in \mathcal{E}(\mathfrak{g})$, 使得 $\sigma(\mathfrak{h}_R) = \mathfrak{h}_R$, 并且 $w = \sigma|_{\mathfrak{h}_R}$. 进而, $\sigma(\mathfrak{h}) = \mathfrak{h}$.

证 由 Weyl 群的定义, 只需考虑基本反射 $w = \sigma_{\alpha_i}$ 即可. 设 $e_i \in \mathfrak{g}_{\alpha_i}$, $f_i \in \mathfrak{g}_{-\alpha_i}$ 满足 $[e_i,f_i] = h_i$, 其中 $h_i = \dfrac{2t_{\alpha_i}}{(\alpha_i,\alpha_i)}$, 则由强 ad-幂零元的定义知, e_i, f_i 是强 ad-幂

零的, 且 $\sigma = e^{\operatorname{ad} e_i} e^{-\operatorname{ad} f_i} e^{\operatorname{ad} e_i} \in \mathcal{E}(\mathfrak{g})$. 考虑 σ 在 $\mathfrak{h}$ 上的作用. 将 $\mathfrak{h}$ 分解为子空间的直和 $\mathfrak{h} = \mathfrak{h}_{\alpha_i} \oplus \mathbb{C}h_i$, 其中 $\mathfrak{h}_{\alpha_i} = \{h \in \mathfrak{h} \mid \alpha_i(h) = 0\}$. 则显然对任何 $h \in \mathfrak{h}_{\alpha_i}$, 有 $\sigma(h) = h = w(h)$. 此外

$$
\begin{aligned}
\sigma(h_i) &= e^{\operatorname{ad} e_i} e^{-\operatorname{ad} f_i} (h_i + [e_i, h_i]) = e^{\operatorname{ad} e_i} e^{-\operatorname{ad} f_i} (h_i - 2e_i) \\
&= e^{\operatorname{ad} e_i} \left((h_i + [-f_i, h]) - 2 \left(e_i + [-f_i, e_i] + \frac{1}{2}[-f_i, [-f_i, e_i]] \right) \right) \\
&= e^{\operatorname{ad} e_i} \left((h_i - 2f_i) - 2 \left(e_i + h_i + \frac{1}{2}[h_i, f_i] \right) \right) = e^{\operatorname{ad} e_i}(-h_i - 2e_i) \\
&= -h_i = w(h_i),
\end{aligned}
$$

因此 $w = \sigma|_{\mathfrak{h}}$. 引理得证.

引理 3.2.2　设 $\phi : \mathfrak{g} \to \mathfrak{g}'$ 是 Lie 代数的满同态, 则对任何 $\sigma' \in \mathcal{E}(\mathfrak{g}')$, 存在 $\sigma \in \mathcal{E}(\mathfrak{g})$, 使 $\sigma'\phi = \phi\sigma$, 即下图可交换:

$$
\begin{CD}
\mathfrak{g} @>\phi>> \mathfrak{g}' \\
@V\sigma VV @VV\sigma' V \\
\mathfrak{g} @>\phi>> \mathfrak{g}'
\end{CD}
$$

证　当 ϕ 为满同态时, 对任何 $y \in \mathfrak{g}, a \in \mathbb{F}$, 有 $\phi(\mathfrak{g}_a(\operatorname{ad} y)) = \mathfrak{g}'_a(\operatorname{ad} y)$. 由此知 $\phi(\mathcal{N}(\mathfrak{g})) = \mathcal{N}(\mathfrak{g}')$. 由于 σ' 可由 $e^{\operatorname{ad}_{\mathfrak{g}'} z'}(z' \in \mathcal{N}(\mathfrak{g}'))$ 生成, 因此只要对 $\sigma' = e^{\operatorname{ad}_{\mathfrak{g}'} z'}$ 证明即可. 对 $z' \in \mathfrak{g}'$, 由 $\phi(\mathcal{N}(\mathfrak{g})) = \mathcal{N}(\mathfrak{g}')$ 知至少存在一个 $z \in \mathcal{N}(\mathfrak{g})$, 使 $z' = \phi(z)$. 于是对 $\forall y \in \mathfrak{g}$, 有

$$
\begin{aligned}
\phi e^{\operatorname{ad}_{\mathfrak{g}} z}(y) &= \phi \left(y + [z, y] + \frac{1}{2}[z, [z, y]] + \cdots \right) \\
&= \phi(y) + [z', \phi(y)] + \frac{1}{2}[z', [z', \phi(y)]] + \cdots \\
&= e^{\operatorname{ad}_{\mathfrak{g}'} z'} \phi(y) \\
&= \sigma'\phi(y).
\end{aligned}
$$

也就是说, 只需取 $\sigma = e^{\operatorname{ad}_{\mathfrak{g}} z}$, 即可使上面的图成为交换图.

现在我们可以证明 Cartan 子代数的函子性质.

引理 3.2.3　设 $\phi : \mathfrak{g} \to \mathfrak{g}'$ 是 Lie 代数的满同态.

(1) 若 $\mathfrak{h}$ 是 $\mathfrak{g}$ 的 Cartan 子代数, 则 $\phi(\mathfrak{h})$ 是 $\mathfrak{g}'$ 的 Cartan 子代数;

(2) 若 $\mathfrak{h}'$ 是 $\mathfrak{g}'$ 的 Cartan 子代数, 则 $\phi^{-1}(\mathfrak{h}')$ 的任意一个 Cartan 子代数 $\mathfrak{h}$ 也是 $\mathfrak{g}$ 的 Cartan 子代数.

证　(1) 因为 Cartan 子代数是幂零的, 设 $\mathfrak{h}^k = 0$, 则 $\phi(\mathfrak{h})^k = \phi(\mathfrak{h}^k) = 0$. 从而 $\phi(\mathfrak{h})$ 也是幂零的. 由于 $\mathfrak{g}' \simeq \mathfrak{g}/\ker\phi$, 将 $\mathfrak{g}'$ 与 $\mathfrak{g}/\ker\phi$ 等同, 则 $\phi(\mathfrak{h})$ 等同于

$\mathfrak{h} + \ker\phi$. 设 $\bar{x} \in N_{\mathfrak{g}'}(\phi(\mathfrak{h}))$, 其中 $\bar{x} = x + \ker\phi \in \mathfrak{g}/\ker\phi$, 即 $[\bar{x}, \phi(\mathfrak{h})] \subseteq \phi(\mathfrak{h})$, 或者说 $[x + \ker\phi, \mathfrak{h} + \ker\phi] \subseteq \mathfrak{h} + \ker\phi$. 从而 $[x, \mathfrak{h} + \ker\phi] \subseteq \mathfrak{h} + \ker\phi$. 由定理 3.1.5 知, $\mathfrak{h}$ 是 Engel 子代数, 由引理 3.1.4 (2) 知 $\mathfrak{h} + \ker\phi$ 是自正规的. 从而 $x \in \mathfrak{h} + \ker\phi$, 即 $\bar{x} \in \phi(\mathfrak{h})$. 故 $\phi(\mathfrak{h})$ 是自正规的.

(2) 由假设, $\mathfrak{h}$ 是幂零的. 由 (1), $\phi(\mathfrak{h})$ 是 $\phi(\phi^{-1}(\mathfrak{h}')) = \mathfrak{h}'$ 的 Cartan 子代数. 又因为 Cartan 子代数是极小 Engel 子代数, 所以 $\phi(\mathfrak{h}) = \mathfrak{h}'$. 另一方面, 若 $x \in \mathfrak{g}$, $[x, \mathfrak{h}] \subseteq \mathfrak{h}$, 则 $[\phi(x), \phi(\mathfrak{h})] \subseteq \phi(\mathfrak{h})$. 由此我们得到 $\phi(x) \in \phi(\mathfrak{h})$ 或 $x \in \mathfrak{h} + \ker\phi$. 但 $\ker\phi \subseteq \phi^{-1}(\mathfrak{h}')$, 故 $x \in \mathfrak{h} + \phi^{-1}(\mathfrak{h}') \subseteq \phi^{-1}(\mathfrak{h}')$. 因为 $\mathfrak{h}$ 是 $\phi^{-1}(\mathfrak{h}')$ 的 Cartan 子代数, 所以 $x \in N_{\phi^{-1}(\mathfrak{h}')}(\mathfrak{h}) = \mathfrak{h}$. 从而 $\mathfrak{h}$ 在 $\mathfrak{g}$ 中自正规.

现在我们可以证明可解 Lie 代数的 Cartan 子代数的共轭定理.

定理 3.2.4   设 $\mathfrak{g}$ 可解, 则 $\mathfrak{g}$ 的任意两个 Cartan 子代数 $\mathfrak{h}_1, \mathfrak{h}_2$ 在 $\mathcal{E}(\mathfrak{g})$ 下共轭.

证   对 $\dim\mathfrak{g}$ 用归纳法. 若 $\dim\mathfrak{g} = 1$ 或 $\mathfrak{g}$ 幂零, $\mathfrak{g}$ 的 Cartan 子代数只有它本身, 结论自然成立. 假设 $\mathfrak{g}$ 不是幂零的, 因为 $\mathfrak{g}$ 可解, 其导出列的最后一个非零理想是 Abel 理想. 因此选取维数最小的非零 Abel 理想 $\mathfrak{a}$, 令 $\mathfrak{g}' = \mathfrak{g}/\mathfrak{a}$. 用 ϕ 表示 $\mathfrak{g} \to \mathfrak{g}/\mathfrak{a}$ 的自然同态, 则由引理 3.2.3, $\mathfrak{h}'_1 = \phi(\mathfrak{h}_1), \mathfrak{h}'_2 = \phi(\mathfrak{h}_2)$ 是 $\mathfrak{g}'$ 的 Cartan 子代数. 因为 $\dim\mathfrak{g}' < \dim\mathfrak{g}$, 由归纳假设, 存在 $\sigma' \in \mathcal{E}(\mathfrak{g}')$ 使 $\sigma'(\mathfrak{h}'_1) = \mathfrak{h}'_2$. 由引理 3.2.2, $\exists\, \sigma \in \mathcal{E}(\mathfrak{g})$, 使下图可交换, 即 σ 把 $\mathfrak{k}_1 = \phi^{-1}(\mathfrak{h}'_1)$ 映到 $\mathfrak{k}_2 = \phi^{-1}(\mathfrak{h}'_2)$ 上,

$$
\begin{array}{ccc}
\mathfrak{g} & \xrightarrow{\ \phi\ } & \mathfrak{g}' \\
\sigma \downarrow & & \sigma' \downarrow \\
\mathfrak{g} & \xrightarrow{\ \phi\ } & \mathfrak{g}'
\end{array}
$$

由于 $\sigma(\mathfrak{h}_1) \subseteq \sigma(\mathfrak{k}_1) = \mathfrak{k}_2, \mathfrak{h}_2 \subseteq \mathfrak{k}_2$, 故 $\sigma(\mathfrak{h}_1), \mathfrak{h}_2$ 都是 $\mathfrak{k}_2$ 的 Cartan 子代数. 下面我们分两种情形进行讨论.

(1) $\dim\mathfrak{k}_2 < \dim\mathfrak{g}$. 由归纳假设, 存在 $\tau' \in \mathcal{E}(\mathfrak{k}_2)$ 使 $\tau'\sigma(\mathfrak{h}_1) = \mathfrak{h}_2$. 但 $\mathcal{E}(\mathfrak{k}_2)$ 由 $\mathcal{E}(\mathfrak{g}; \mathfrak{k}_2) \subseteq \mathcal{E}(\mathfrak{g})$ 的元素限制于 $\mathfrak{k}_2$ 上组成, 故存在 $\tau \in \mathcal{E}(\mathfrak{g})$, 使得 $\tau\sigma(\mathfrak{h}_1) = \mathfrak{h}_2$, 并且, $\tau\,|_{\mathfrak{k}_2} = \tau'$.

(2) $\dim\mathfrak{k}_2 = \dim\mathfrak{g}$, 即 $\mathfrak{g} = \mathfrak{k}_2 = \sigma(\mathfrak{k}_1)$. 因为 σ 是 $\mathfrak{g}$ 的自同构, 而 $\mathfrak{k}_1 \subseteq \mathfrak{g}$, 所以 $\mathfrak{k}_1 = \mathfrak{k}_2 = \mathfrak{g} = \mathfrak{h}_1 + \mathfrak{a} = \mathfrak{h}_2 + \mathfrak{a}$. 由定理 3.1.5, 存在 $x \in \mathfrak{g}$ 使 $\mathfrak{h}_2 = \mathfrak{g}_0(\mathrm{ad}\,x)$ 是极小 Engel 子代数. 由于 $\mathfrak{a}$ 是理想, $\mathrm{ad}\,x$ 保持 $\mathfrak{a}$ 不变. 因此 $\mathfrak{a} = \mathfrak{a}_0 \oplus \mathfrak{a}_*$, 其中 $\mathfrak{a}_0 = \mathfrak{a}_0(\mathrm{ad}\,x), \mathfrak{a}_* = \sum_{a \neq 0} \mathfrak{a}_a(\mathrm{ad}\,x)$. 进一步, 我们有 $[\mathfrak{h}_2, \mathfrak{a}_0] = [\mathfrak{g}_0(\mathrm{ad}\,x), \mathfrak{a}_0] \subseteq \mathfrak{g}_0(\mathrm{ad}\,x)$, 又 $[\mathfrak{h}_2, \mathfrak{a}_0] \subseteq \mathfrak{a}$. 从而 $[\mathfrak{h}_2, \mathfrak{a}_0] \subseteq \mathfrak{g}_0(\mathrm{ad}\,x) \cap \mathfrak{a} = \mathfrak{a}_0$. 又因为 $\mathfrak{a}$ 是 Abel 的, $[\mathfrak{a}, \mathfrak{a}_0] = 0 \subseteq \mathfrak{a}_0$. 因此 $[\mathfrak{g}, \mathfrak{a}_0] = [\mathfrak{h}_2 + \mathfrak{a}, \mathfrak{a}_0] \subseteq \mathfrak{a}_0$, 即 $\mathfrak{a}_0$ 是 $\mathfrak{g}$ 的理想. 同理, $\mathfrak{a}_*$ 是 $\mathfrak{g}$ 的理想. 但 $\mathfrak{a}$ 是极小的, 故 $\mathfrak{a} = \mathfrak{a}_0$ 或 $\mathfrak{a} = \mathfrak{a}_*$. 若 $\mathfrak{a} = \mathfrak{a}_0 \subseteq \mathfrak{g}_0(\mathrm{ad}\,x) = \mathfrak{h}_2$, 则 $\mathfrak{g} = \mathfrak{a} + \mathfrak{h}_2 = \mathfrak{h}_2$ 是幂零的, 与假设

矛盾. 因此 $\mathfrak{a} = \mathfrak{a}_*$. 因为 $\mathfrak{g} = \mathfrak{g}_0(\operatorname{ad} x) \oplus \mathfrak{g}_*(\operatorname{ad} x) = \mathfrak{h}_2 \oplus \mathfrak{g}_*(\operatorname{ad} x) = \mathfrak{h}_2 + \mathfrak{a} = \mathfrak{h}_2 \oplus \mathfrak{a}_*$ 及 $\mathfrak{a}_* \subseteq \mathfrak{g}_*(\operatorname{ad} x)$ (其中 $\mathfrak{g}_*(\operatorname{ad} x) = \sum_{a \neq 0} \mathfrak{g}_a(\operatorname{ad} x)$), 故 $\mathfrak{a}_* = \mathfrak{g}_*(\operatorname{ad} x)$. 由于 $\mathfrak{g} = \mathfrak{h}_1 + \mathfrak{a} = \mathfrak{h}_1 + \mathfrak{g}_*(\operatorname{ad} x)$, 可将 $x \in \mathfrak{g}$ 表示成 $x = x_{\mathfrak{h}_1} + x_*$, 其中 $x_{\mathfrak{h}_1} \in \mathfrak{h}_1, x_* \in \mathfrak{g}_*(\operatorname{ad} x)$. 由于 $\operatorname{ad} x$ 在 $\mathfrak{g}_*(\operatorname{ad} x)$ 没有 0 特征值, 即 $\operatorname{ad} x$ 在 $\mathfrak{g}_*(\operatorname{ad} x)$ 的作用是可逆的. 因此存在 $y_* \in \mathfrak{g}_*(\operatorname{ad} x) = \mathfrak{a}_* = \mathfrak{a}$ 使得 $x_* = [x, y_*]$. 因为 $\mathfrak{a}$ 是 Abel 理想, $(\operatorname{ad} y_*)^2 = 0$. 所以 y_* 定义的内自同构为 $\sigma = e^{\operatorname{ad} y_*} = \operatorname{id}_{\mathfrak{g}} + \operatorname{ad} y_*$, 且 $\sigma(x) = x + [y_*, x] = x - x_* = x_{\mathfrak{h}_1}$. 从而 $\sigma(\mathfrak{h}_2) = \sigma(\mathfrak{g}_0(\operatorname{ad} x)) = \mathfrak{g}_0(\operatorname{ad} \sigma(x)) = \mathfrak{g}_0(\operatorname{ad} x_{\mathfrak{h}_1}) \supseteq \mathfrak{h}_1$, "⊇" 成立是因为 $x_{\mathfrak{h}_1} \in \mathfrak{h}_1$ 在 Cartan 子代数 $\mathfrak{h}_1$ 的作用是幂零的. 由于上式两边都是极小 Engel 子代数, 从而都是 Cartan 子代数, 故等号必须成立, 即 $\sigma(\mathfrak{h}_2) = \mathfrak{h}_1$. 下面说明 $\sigma = e^{\operatorname{ad} y_*}$ 在 $\mathcal{E}(\mathfrak{g})$ 中. 由于 $y_* \in \mathfrak{g}_*(\operatorname{ad} x)$ 可分解为强 ad-幂零元之和: $y_* = \sum_i y_i, y_i \in \mathfrak{g}_{a_i}(\operatorname{ad} x), a_i \neq 0$, 而 $y_i \in \mathfrak{g}_{a_i}(\operatorname{ad} x) \subseteq \mathfrak{a}_* \subseteq \mathfrak{a}$ 是互相交换的, 因此 $\sigma = e^{\operatorname{ad} y_*} = e^{\sum_i \operatorname{ad} y_i} = \prod_i e^{\operatorname{ad} y_i} \in \mathcal{E}(\mathfrak{g})$. 至此定理证毕.

下面我们来考虑一般情形. Lie 代数 $\mathfrak{g}$ 的任意一个极大可解子代数称为一个 Borel 子代数. 我们先来研究一下 Borel 子代数的性质.

思考题 3.2.5 设 $\mathfrak{g}$ 是半单 Lie 代数, $\mathfrak{h}$ 是 $\mathfrak{g}$ 的 Cartan 子代数 $\mathfrak{h}$, 对应的根系为 Φ. 设 Δ 为根系 Φ 的基, 证明 $\mathfrak{b}(\Delta) = \mathfrak{h} + \sum_{\alpha \in \Phi^+} \mathfrak{g}_\alpha$ 是 $\mathfrak{g}$ 的 Borel 子代数.

引理 3.2.6 (1) 若 $\mathfrak{b}$ 是 $\mathfrak{g}$ 的 Borel 子代数, 则 $\mathfrak{b}$ 是自正规的, 即 $N_{\mathfrak{g}}(\mathfrak{b}) = \mathfrak{b}$.

(2) 若 $\operatorname{Rad} \mathfrak{g} \neq \mathfrak{g}$, 则 $\mathfrak{g}$ 的 Borel 子代数与半单 Lie 代数 $\mathfrak{g}/\operatorname{Rad} \mathfrak{g}$ 的 Borel 子代数成自然的一一对应.

(3) 设 $\mathfrak{g}$ 是半单 Lie 代数, $\mathfrak{h}$ 是 $\mathfrak{g}$ 的 Cartan 子代数, 对应的根系为 Φ. 设 Δ 为根系 Φ 的基, 称 $\mathfrak{b}(\Delta) = \mathfrak{h} + \sum_{\alpha \in \Phi^+} \mathfrak{g}_\alpha$ 为 $\mathfrak{g}$ 的标准 Borel 子代数. 则 $\mathfrak{g}$ 关于 $\mathfrak{h}$ 的所有标准 Borel 子代数在 $\mathcal{E}(\mathfrak{g})$ 下共轭.

证 (1) 设 x 正规化 $\mathfrak{b}$, 即 $[x, \mathfrak{b}] \subseteq \mathfrak{b}$, 则 $\mathfrak{b} + \mathbb{F}x$ 是 $\mathfrak{g}$ 的子代数, 且 $[\mathfrak{b} + \mathbb{F}x, \mathfrak{b} + \mathbb{F}x] \subseteq \mathfrak{b}$ 可解, 从而 $\mathfrak{b} + \mathbb{F}x$ 可解. 由 $\mathfrak{b}$ 的极大性可知 $x \in \mathfrak{b}$.

(2) $\operatorname{Rad} \mathfrak{g}$ 是 $\mathfrak{g}$ 的可解理想, 故对 $\mathfrak{g}$ 的任意 Borel 子代数 $\mathfrak{b}$, $\mathfrak{b} + \operatorname{Rad} \mathfrak{g}$ 是 $\mathfrak{g}$ 的可解子代数. 由 $\mathfrak{b}$ 的极大性知 $\operatorname{Rad} \mathfrak{g} \subseteq \mathfrak{b}$. 这说明 $\mathfrak{g}$ 的 Borel 子代数与 $\mathfrak{g}/\operatorname{Rad} \mathfrak{g}$ 的 Borel 子代数成一一对应, 即 $\mathfrak{b} \mapsto \mathfrak{b}/\operatorname{Rad} \mathfrak{g}$.

(3) 现在假设 $\mathfrak{b}_1 = \mathfrak{b}(\Delta_1)$, 且 $\mathfrak{b}_2 = \mathfrak{b}(\Delta_2)$ 是 $\mathfrak{g}$ 关于 $\mathfrak{h}$ 的两个标准 Borel 子代数. 设 $\Phi^+(\Delta_1), \Phi^+(\Delta_2)$ 为由 Δ_1, Δ_2 决定的正根系. 由 Weyl 群的性质, 存在 $w \in \mathcal{W}$ 使 $w(\Delta_1) = \Delta_2$, 从而 $w(\Phi^+(\Delta_1)) = \Phi^+(\Delta_2)$. 此外, 由引理 3.2.1, 一定存在 $\sigma \in \mathcal{E}(\mathfrak{g})$ 使 $w = \sigma|_{\mathfrak{h}}$, 从而 $\sigma(\Delta_1) = \Delta_2$. 但 Δ_1, Δ_2 都是 $\mathfrak{h}$ 的基, 因此 $\sigma(\mathfrak{h}) = \mathfrak{h}$.

另一方面, 对任何 $\alpha \in \Phi^+(\Delta_1)$ 和 $e_\alpha \in \mathfrak{g}_\alpha$, 有 $\beta = \sigma(\alpha) \in \Phi^+(\Delta_2)$. 令

$x = \sigma(e_\alpha)$, 且对于 $h \in \mathfrak{h}$, 令 $h' = \sigma^{-1}(h)$, 则

$$[h, x] = [\sigma(h'), \sigma(e_\alpha)] = \sigma([h', e_\alpha]) = B(\alpha, h')\sigma(e_\alpha)$$
$$= B(\alpha, h')x = B(\sigma(\alpha), \sigma(h'))x = B(\beta, h)x. \tag{3.3.1}$$

这说明 x 是 $\mathfrak{h}$ 的根向量, 对应的根为 $\beta \in \Phi^+(\Delta_2)$, 即 $\sigma(e_\alpha) = x \in \mathfrak{g}_\beta \subseteq \mathfrak{b}_2$. 故 $\sigma(\mathfrak{b}_1) \subseteq \mathfrak{b}_2$, 同理 $\sigma^{-1}(\mathfrak{b}_2) \subseteq \mathfrak{b}_1$, 即 $\sigma(\mathfrak{b}_1) = \mathfrak{b}_2$.

由上面的结果我们可以证明任意有限维 Lie 代数的 Borel 子代数的共轭定理, 由于证明有一定的难度, 我们略去其细节.

定理 3.2.7 任意有限维 Lie 代数 $\mathfrak{g}$ 的任意两个 Borel 子代数在 $\mathcal{E}(\mathfrak{g})$ 下共轭.

作为上述结果的一个推论, 我们有

定理 3.2.8 任意有限维 Lie 代数 $\mathfrak{g}$ 的 Cartan 子代数在 $\mathcal{E}(\mathfrak{g})$ 下共轭.

证 设 $\mathfrak{h}_1, \mathfrak{h}_2$ 是 $\mathfrak{g}$ 的两个 Cartan 子代数. 因为 $\mathfrak{h}_1, \mathfrak{h}_2$ 幂零, 从而可解, 故它们分别含于 $\mathfrak{g}$ 的 Borel 子代数 $\mathfrak{b}_1, \mathfrak{b}_2$ 中. 由定理 3.2.7, 存在 $\sigma_1 \in \mathcal{E}(\mathfrak{g})$, 使 $\sigma_1(\mathfrak{b}_1) = \mathfrak{b}_2$. 现在 $\sigma_1(\mathfrak{h}_1), \mathfrak{h}_2$ 都是 $\mathfrak{b}_2$ 的 Cartan 子代数. 由定理 3.2.4, 存在 $\sigma_2 \in \mathcal{E}(\mathfrak{g}; \mathfrak{b}_2) \subseteq \mathcal{E}(\mathfrak{g})$ 使得 $\sigma_2(\sigma_1(\mathfrak{h}_1)) = \mathfrak{h}_2$, 于是 $\theta = \sigma_2\sigma_1 \in \mathcal{E}(\mathfrak{g})$ 满足 $\theta(\mathfrak{h}_1) = \mathfrak{h}_2$. 至此定理证毕.

习 题 3.2

1. 试证明 $\mathrm{Aut}(\mathfrak{sl}(2, \mathbb{C})) = \mathcal{E}(\mathfrak{sl}(2, \mathbb{C}))$.

2. 设 $\mathfrak{g}$ 为复半单 Lie 代数, $\mathfrak{g}$ 的一个子代数 $\mathfrak{p}$ 称为 $\mathfrak{g}$ 的抛物子代数, 如果 $\mathfrak{p}$ 包含 $\mathfrak{g}$ 的一个 Borel 子代数. 取定 $\mathfrak{g}$ 的一个 Cartan 子代数 $\mathfrak{h}$ 和 $\mathfrak{g}$ 对于 $\mathfrak{h}$ 的根系 Φ 的基 Δ. 对 Δ 的任何子集 Δ', 定义 $\mathfrak{p}$ 为由 $\mathfrak{h}$ 和 $\mathfrak{g}_\alpha(\alpha \in \Delta \cup (-\Delta'))$ 生成的子代数.

(1) 试证明 $\mathfrak{p}$ 是 $\mathfrak{g}$ 的一个抛物子代数, 称为标准抛物子代数.

(2) 试证明 $\mathfrak{p}$ 可以写成 $\mathfrak{h}$ 和若干 $\mathfrak{g}$ 对于 $\mathfrak{h}$ 的根子空间的直和, 并具体写出这样的分解.

(3) 试利用 Borel 子代数的共轭性证明: 任何一个 $\mathfrak{g}$ 的抛物子代数一定共轭于一个标准抛物子代数.

3. 试证明任何复半单 Lie 代数的抛物子代数一定是完备 Lie 代数. 特别地, 其 Borel 子代数一定是完备 Lie 代数.

4. 设 $\mathfrak{g}$ 是复单 Lie 代数且 $\dim \mathfrak{g} > 3$, $\mathfrak{b}$ 是 $\mathfrak{g}$ 的一个 Borel 子代数, 试证明 $\mathfrak{b}$ 中存在非对称双极化.

3.3 复半单 Lie 代数的分类定理

复半单 Lie 代数可分解为单 Lie 代数的直和, 这种分解在不计次序时是唯一的, 因而复半单 Lie 代数的分类归结为单 Lie 代数的分类问题. 本节给出复单 Lie 代数

的分类. 设 $\mathfrak{g}$ 是复半单 Lie 代数, 记 $B(x,y)$ 表示 Lie 代数 $\mathfrak{g}$ 的 Killing 型.

定理 3.3.1　复单 Lie 代数的 Dynkin 图与极大环面子代数 (即 Cartan 子代数) 和根系的基的选取无关, 从而是唯一的.

证　设 $\mathfrak{h}_1, \mathfrak{h}_2$ 为 $\mathfrak{g}$ 的两个 Cartan 子代数, Φ_1, Φ_2 分别为 $\mathfrak{g}$ 对 $\mathfrak{h}_1, \mathfrak{h}_2$ 的根系, Δ_1, Δ_2 分别是 Φ_1, Φ_2 的基. 由定理 3.2.8 知存在 $\sigma_1 \in \mathcal{E}(\mathfrak{g})$ 使 $\sigma_1(\mathfrak{h}_1) = \mathfrak{h}_2$. 由 $B(\sigma_1(x), \sigma_1(y)) = B(x,y), \forall\, x,y \in \mathfrak{g};\ \sigma_1([x,y]) = [\sigma_1(x), \sigma_1(y)], \forall\, x,y \in \mathfrak{g}$, 我们得到 $\sigma_1(\Phi_1) = \Phi_2$. 故 $\sigma_1(\Delta_1)$ 为 $\mathfrak{h}_{2\mathbf{R}}$ 在某种次序下的基. 设 $\mathcal{W}$ 为由 $\mathfrak{h}_2$ 确定的 Weyl 群, 由 Weyl 群的性质, 存在 $w \in \mathcal{W}$, 使得 $w(\sigma_1(\Delta_1)) = \Delta_2$. 再由引理 3.2.1 知, 存在 $\sigma_2 \in \mathcal{E}(\mathfrak{g})$ 使得 $\sigma_2|_{\mathfrak{h}_{2\mathbf{R}}} = w$. 设 $\sigma = \sigma_2\sigma_1 \in \mathcal{E}(\mathfrak{g})$, 则我们有 $\sigma(\mathfrak{h}_1) = \mathfrak{h}_2,\ \sigma(\Delta_1) = \Delta_2$. 故 Δ_1, Δ_2 所确定的 Dynkin 图相同.

推论 3.3.2　设 $\mathcal{W}_1, \mathcal{W}_2$ 分别为复半单 Lie 代数 $\mathfrak{g}$ 对 Cartan 子代数 $\mathfrak{h}_1, \mathfrak{h}_2$ 的 Weyl 群, 则 $\mathcal{W}_1$ 与 $\mathcal{W}_2$ 同构.

证　由上述定理的证明, 存在 $\sigma \in \mathcal{E}(\mathfrak{g})$, 使得 $\sigma(\mathfrak{h}_1) = \mathfrak{h}_2,\ \sigma(\Phi_1) = \Phi_2,\ \langle\sigma(x), \sigma(y)\rangle = \langle x,y\rangle$. 因此 $\mathcal{W}_1$ 与 $\mathcal{W}_2$ 同构.

为了证明具有相同 Dynkin 图的复半单 Lie 代数是同构的, 我们先来研究一下复半单 Lie 代数的结构常数.

设复半单 Lie 代数 $\mathfrak{g}$ 对其 Cartan 子代数 $\mathfrak{h}$ 的根空间分解为

$$\mathfrak{g} = \mathfrak{h} + \sum_{\alpha \in \Phi} \mathfrak{g}_\alpha, \tag{3.3.2}$$

在 $\mathfrak{g}_\alpha, \mathfrak{g}_{-\alpha}$ 中分别取 $e_\alpha, e_{-\alpha}$ 使得

$$B(e_\alpha, e_{-\alpha}) = 1. \tag{3.3.3}$$

又设 $\alpha, \beta \in \Phi,\ \alpha + \beta \neq 0$, 由 $[e_\alpha, e_\beta] \in \mathfrak{g}_{\alpha+\beta}$, 存在 $N_{\alpha\beta} \in \mathbb{C}$ 使得

$$[e_\alpha, e_\beta] = N_{\alpha\beta} e_{\alpha+\beta}. \tag{3.3.4}$$

我们回忆习题 2.4 中的结果, 为了读者的方便, 这里给出详细的证明.

引理 3.3.3　设 Φ 为复半单 Lie 代数 $\mathfrak{g}$ 对其 Cartan 子代数 $\mathfrak{h}$ 的根系, $e_\alpha, e_{-\alpha}, N_{\alpha\beta}$ 如上. 则下面结果成立:

(1) 对任何 $\alpha, \beta \in \Phi, \alpha + \beta \neq 0$, 有 $N_{\alpha\beta} = -N_{\beta\alpha}$;

(2) 若 $\alpha, \beta, \gamma \in \Phi$, 且 $\alpha + \beta + \gamma = 0$, 则 $N_{\alpha\beta} = N_{\beta\gamma} = N_{\gamma\alpha}$;

(3) 若 $\alpha, \beta, \gamma, \delta \in \Phi, \alpha + \beta + \gamma + \delta = 0$, 且 $\alpha, \beta, \gamma, \delta$ 中任意两根之和均不为零, 则

$$N_{\alpha\beta} N_{\gamma\delta} + N_{\alpha\gamma} N_{\delta\beta} + N_{\alpha\delta} N_{\beta\gamma} = 0;$$

(4) 若 $\alpha, \beta \in \Phi, \alpha + \beta \neq 0$, 且过 β 的 α-链为 $\{\beta + k\alpha| -r \leqslant k \leqslant q\}$, 则

$$N_{\alpha\beta}N_{-\alpha,-\beta} = -\frac{1}{2}q(r+1)(\alpha,\alpha).$$

证 (1) 由于 $[e_\alpha, e_\beta] = -[e_\beta, e_\alpha]$, 故结论成立.

(2) 由于 $\alpha + \beta = -\gamma \in \Phi, \alpha + \gamma = -\beta \in \Phi$, 故由 $B([e_\alpha, e_\beta], e_\gamma) + B(e_\beta, [e_\alpha, e_\gamma]) = 0$ 知 $N_{\alpha\beta}B(e_{\alpha+\beta}, e_\gamma) + N_{\alpha\gamma}B(e_\beta, e_{\alpha+\gamma}) = 0$. 由等式 (3.3.3) 及 (1) 知 $N_{\alpha\beta} = N_{\gamma\alpha}$. 同样可证 $N_{\alpha\beta} = N_{\beta\gamma}$.

(3) 注意到无论 $\beta + \gamma \in \Phi$ 还是 $\beta + \gamma \notin \Phi$, 都有 $[e_\alpha, [e_\beta, e_\gamma]] = -N_{\alpha\delta}N_{\beta\gamma}e_{-\delta}$. 类似地, 有 $[e_\beta, [e_\gamma, e_\alpha]] = -N_{\beta\delta}N_{\gamma\alpha}e_{-\delta}$ 及 $[e_\gamma, [e_\alpha, e_\beta]] = -N_{\gamma\delta}N_{\alpha\beta}e_{-\delta}$. 将三个式子相加, 利用 Jacobi 等式即得 $N_{\alpha\beta}N_{\gamma\delta} + N_{\alpha\gamma}N_{\delta\beta} + N_{\alpha\delta}N_{\beta\gamma} = 0$.

(4) 一方面, $[e_{-\alpha}, [e_\alpha, e_\beta]] = \frac{1}{2}q(r+1)(\alpha,\alpha)e_\beta$. 另一方面, 容易看出

$$[e_{-\alpha}, [e_\alpha, e_\beta]] = N_{\alpha\beta}N_{-\alpha,\alpha+\beta}e_\beta.$$

又由 $-\alpha + (\alpha + \beta) + (-\beta) = 0$ 及 (2) 知 $N_{-\alpha,\alpha+\beta} = N_{-\beta,-\alpha} = -N_{-\alpha,-\beta}$, 于是 $N_{\alpha\beta}N_{-\alpha,-\beta} = -\frac{1}{2}q(r+1)(\alpha,\alpha)$. 至此引理证毕.

现在我们可以证明本节的关键结论. 由上面的结论, 讨论复半单 Lie 代数时, 我们可以任意取定一个 Cartan 子代数 (即极大环面子代数), 任意取定相应的根系的顺序, 从而确定根系的一个基.

定理 3.3.4 设 $\Delta = \{\alpha_1, \alpha_2, \cdots, \alpha_n\}$ 为复半单 Lie 代数 $\mathfrak{g}$ 对 Cartan 子代数 $\mathfrak{h}$ 的根系 Φ 的基, 则

(1) $e_{\pm\alpha_1}, e_{\pm\alpha_2}, \cdots, e_{\pm\alpha_n}$ 生成 $\mathfrak{g}$;

(2) 若 $\alpha, \beta \in \Phi$, 且 $\alpha + \beta \neq 0$, 则 $N_{\alpha\beta}$ 由 $\{N_{\alpha_i\theta}| \alpha_i \in \Delta, \theta \in \Phi^+\}$ 完全决定.

证 (1) 设 $\mathfrak{g}_1$ 为由 $e_{\pm\alpha_1}, e_{\pm\alpha_2}, \cdots, e_{\pm\alpha_n}$ 生成的 $\mathfrak{g}$ 的子代数. 因 $\mathfrak{h}$ 由 h_{α_i} $(i = 1, 2, \cdots)$ 线性张成, 而 $[e_{\alpha_i}, e_{-\alpha_i}] = h_{\alpha_i}$, 我们有 $\mathfrak{h} \subseteq \mathfrak{g}_1$. 下面我们证明对任何 $\alpha \in \Phi$, 有 $\mathfrak{g}_\alpha \subseteq \mathfrak{g}_1$. 为此对 α 的高度 $\mathrm{ht}\alpha$ 用归纳法. 由条件, $\mathrm{ht}\alpha = 1$ 时结论成立. 设 $k \geqslant 1$, 且结论对于 $\mathrm{ht}\alpha \leqslant k$ 成立. 设 $\mathrm{ht}\beta = k+1$, 若 $\beta \in \Phi^+$, 则存在 $\beta_1 \in \Phi^+, \mathrm{ht}\beta_1 = k$ 以及 $\alpha_j \in \Delta$ 使得 $\beta = \beta_1 + \alpha_j$, 于是 $[e_{\beta_1}, e_{\alpha_j}] = N_{\beta_1\alpha_j}e_{\beta_1+\alpha_j}$, 且 $N_{\beta_1\alpha_j} \neq 0$. 因此 $\mathfrak{g}_\beta \subseteq \mathfrak{g}_1$. 类似可证, 结论对于 $\beta \in \Phi^-$ 也成立. 于是由归纳原理, 我们得到 $\mathfrak{g}_\alpha \subseteq \mathfrak{g}_1, \forall \alpha \in \Phi$. 故 $\mathfrak{g} = \mathfrak{g}_1$.

(2) 我们先证明对于 $\alpha, \beta \in \Phi^+, N_{\alpha\beta}$ 可由 $\{N_{\alpha_i\theta}| \alpha_i \in \Delta, \theta \in \Phi^+\}$ 完全决定. 为此我们对 $\mathrm{ht}\alpha + \mathrm{ht}\beta$ 作归纳. 若 $\mathrm{ht}\alpha + \mathrm{ht}\beta = 2$, 则 $\mathrm{ht}\alpha = \mathrm{ht}\beta = 1$, 即 $\alpha, \beta \in \Delta$, 结论自然成立. 下设 $k \geqslant 2$, 且结论对于 $\mathrm{ht}\alpha + \mathrm{ht}\beta \leqslant k$ 成立, 证明结论对于 $\mathrm{ht}\alpha + \mathrm{ht}\beta = k+1$ 也成立, 为此我们又对 $\mathrm{ht}\alpha$ 用归纳法 (实际上这里用的是双重归纳法).

首先, 若 $\mathrm{ht}\alpha = 1$, 则 $\alpha \in \Delta$, 结论自然成立. 下设结论对于 $\mathrm{ht}\alpha = l \geqslant 1$ 成立, 则当 $\mathrm{ht}\alpha = l+1$ 时, 存在 $\gamma \in \Phi^+$ 和 $\alpha_j \in \Delta$ 使得 $\alpha = \gamma + \alpha_j$. 令 $\delta = \alpha + \beta$, 则 $\gamma + \alpha_j + \beta + (-\delta) = 0$, 而且其中任何两个根的和都不是 0. 于是由引理 3.3.3 的结论 (3), 有

$$N_{\gamma\alpha_j}N_{\beta(-\delta)} + N_{\gamma\beta}N_{-\delta\alpha_j} + N_{\gamma(-\delta)}N_{\alpha_j\gamma} = 0.$$

注意 $N_{\alpha_j\gamma} \neq 0$, 且由 $\alpha + \beta - \delta = 0$ 及引理 3.3.3 可得 $N_{\alpha\beta} = N_{\beta(-\delta)}$. 于是

$$-N_{\alpha\beta} = -N_{\beta(-\delta)} = \frac{1}{N_{\alpha_j\gamma}}\left(N_{\gamma(-\delta)}N_{\alpha_j\beta} + N_{\gamma\beta}N_{-\delta\alpha_j}\right).$$

现在我们来分析一下右边括号中的各个量. 首先, 由于 $\mathrm{ht}\gamma + \mathrm{ht}\beta = \mathrm{ht}\alpha - 1 + \mathrm{ht}\beta = k$, 故由归纳假设 $N_{\gamma\beta}$ 可由 $\{N_{\alpha_i\theta}|\ \alpha_i \in \Delta, \theta \in \Phi^+\}$ 完全决定. 其次, 由 $-\delta + \gamma + (\alpha_j + \beta) = 0$ 可知

$$N_{\gamma(-\delta)} = -N_{-\delta\gamma} = N_{\gamma(\alpha_j+\beta)}.$$

注意 $\mathrm{ht}(\alpha_j + \beta) + \mathrm{ht}\gamma = k+1$, 且 $\mathrm{ht}\gamma = l$, 故由归纳假设, $N_{\gamma(-\delta)}$ 可由 $\{N_{\alpha_i\theta}|\ \alpha_i \in \Delta, \theta \in \Phi^+\}$ 完全决定. 再次, 由 $\alpha_j + (-\delta) + (\beta + \gamma) = 0$ 得

$$N_{-\delta\alpha_j} = -N_{\alpha_j(-\delta)} = -N_{(\beta+\gamma)\alpha_j} = N_{\alpha_j(\beta+\gamma)}.$$

故 $N_{-\delta\alpha_j}$ 也可由 $\{N_{\alpha_i\theta}|\ \alpha_i \in \Delta, \theta \in \Phi^+\}$ 完全决定. 而最后一项是 $N_{\alpha_j\beta}$. 由此我们看出, $N_{\alpha\beta}$ 可由 $\{N_{\alpha_i\theta}|\ \alpha_i \in \Delta, \theta \in \Phi^+\}$ 完全决定.

由上面的分析和归纳原理, 结论对于 $\mathrm{ht}\alpha + \mathrm{ht}\beta = k+1$ 也成立. 因此结论对于任何 $\alpha, \beta \in \Phi^+$ 都成立.

现在考虑一般情形. 若 $\alpha, \beta \in \Phi^-$, 且 $\alpha + \beta \notin \Phi$, 则 $N_{\alpha\beta} = 0$. 而如果 $\alpha + \beta \in \Phi$, 则 $-\alpha - \beta \in \Phi^+$, 从而 $N_{-\alpha(-\beta)} \neq 0$. 由引理 3.3.3 的结论 (4), 有

$$N_{\alpha\beta} = -\frac{q(r+1)(\alpha,\alpha)}{2N_{-\alpha(-\beta)}}.$$

故 $N_{\alpha\beta}$ 可由 $\{N_{\alpha_i\theta}|\ \alpha_i \in \Delta, \theta \in \Phi^+\}$ 完全决定.

最后, 设 α, β 中一个为正根, 一个为负根. 不妨设 $\alpha \in \Phi^+, \beta \in \Phi^-$. 如果 $\alpha + \beta \notin \Phi$, 则 $N_{\alpha\beta} = 0$. 否则我们有 $\gamma = \alpha + \beta \in \Phi$, 且 $\alpha + \beta + (-\gamma) = 0$, 从而

$$N_{\alpha\beta} = N_{\beta(-\gamma)} = N_{-\gamma\alpha}.$$

由此式和上面的结论我们看出, 不管 γ 是正根还是负根, $N_{\alpha\beta}$ 都可由 $\{N_{\alpha_i\theta}|\ \alpha_i \in \Delta, \theta \in \Phi^+\}$ 完全决定. 至此定理得证.

下面我们利用上面的结果来完成复半单 Lie 代数的分类. 我们先证明

引理 3.3.5 设 $\mathfrak{g}, \mathfrak{g}'$ 为两个复半单 Lie 代数. $(x,y), (x',y')'$; $\mathfrak{h}, \mathfrak{h}'$; Φ, Φ' 及 $\mathfrak{h_R}, \mathfrak{h}'_R$ 分别为 $\mathfrak{g}, \mathfrak{g}'$ 的 Killing 型; Cartan 子代数、根系及根系生成的欧几里得空间. 又 ϕ 是 $\mathfrak{h_R}$ 到 $\mathfrak{h}'_R$ 的线性同构, 且 $\phi(\Phi) = \Phi'$. 则下面结论成立:

(1) ϕ 是欧几里得空间的同构, 即

$$(\phi(x), \phi(y))' = (x,y), \quad \forall x, y \in \mathfrak{h_R};\tag{3.3.5}$$

(2) ϕ 可开拓为 $\mathfrak{g}$ 到 $\mathfrak{g}'$ 的 Lie 代数的同构.

证 (1) 设 $\alpha, \beta \in \Phi$, 且过 β 的 α-链为 $\{\beta + k\alpha \mid -r \leqslant k \leqslant q\}$. 由于 ϕ 是同构, 且 $\phi(\Phi) = \Phi'$, 故 $\phi(\alpha), \phi(\beta) \in \Phi'$, 且过 $\phi(\beta)$ 的 $\phi(\alpha)$-链为 $\{\phi(\beta) + k\phi(\alpha) \mid -r \leqslant k \leqslant q\}$. 因而有 $\frac{(\beta,\alpha)}{(\alpha,\alpha)} = \frac{(\phi(\beta),\phi(\alpha))'}{(\phi(\alpha),\phi(\alpha))'}$. 于是 $(\beta,\alpha) = \frac{(\alpha,\alpha)}{(\phi(\alpha),\phi(\alpha))'}(\phi(\beta),\phi(\alpha))'$. 记 $C_\alpha = \frac{(\alpha,\alpha)}{(\phi(\alpha),\phi(\alpha))'}$. 同样, 考虑过 α 的 β-链, 则可得 $(\alpha,\beta) = C_\beta(\phi(\alpha),\phi(\beta))'$, 于是 $C_\alpha = C_\beta = C$. 另一方面又有

$$\begin{aligned}(\alpha,\beta) &= \sum_{\gamma \in \Phi}(\alpha,\gamma)(\beta,\gamma)\\&= C^2\sum_{\phi(\gamma)\in\Phi'}(\phi(\alpha),\phi(\gamma))'(\phi(\beta),\phi(\gamma))'\\&= C^2(\phi(\alpha),\phi(\beta))',\end{aligned}$$

因而 $C^2 = C$. 因 $C \neq 0$, 故 $C = 1$, 即 $(\alpha,\beta) = (\phi(\alpha),\phi(\beta))'$. 又因 Φ, Φ' 中含 $\mathfrak{h_R}, \mathfrak{h}'_R$ 的基, 故 ϕ 为欧几里得空间的同构.

(2) 对 $\alpha \in \Phi$, 记 $\alpha' = \phi(\alpha)$. 取定的 Φ 的一个正根系 Φ^+, 设对应的基为 $\Delta = \{\alpha_1, \alpha_2, \cdots, \alpha_n\}$. 显然, $\Phi'^+ = \phi(\Phi^+)$ 是 Φ' 的一个正根系, 对应的基为 $\Delta' = \phi(\Delta) = \{\alpha'_1, \alpha'_2, \cdots, \alpha'_n\}$. 令 $\Phi_k = \{\alpha \in \Phi \mid |\mathrm{ht}\alpha| \leqslant k\}$, $\Phi'_k = \{\alpha' \in \Phi' \mid |\mathrm{ht}\alpha'| \leqslant k\}$. 显然有 $\phi(\Phi_k) = \Phi'_k$. 令

$$\mathfrak{g}_0 = \mathfrak{h}, \quad \mathfrak{g}_k = \mathfrak{h} + \sum_{\alpha \in \Phi_k}\mathfrak{g}_\alpha,\tag{3.3.6}$$

$$\mathfrak{g}'_0 = \mathfrak{h}', \quad \mathfrak{g}'_k = \mathfrak{h}' + \sum_{\alpha' \in \Phi'_k}\mathfrak{g}'_{\alpha'},\tag{3.3.7}$$

于是 $\mathfrak{g}, \mathfrak{g}'$ 的子空间序列 $\mathfrak{g}_0 \subset \mathfrak{g}_1 \subset \mathfrak{g}_2 \subset \cdots$, $\mathfrak{g}'_0 \subset \mathfrak{g}'_1 \subset \mathfrak{g}'_2 \subset \cdots$ 都是有限的. 现在我们逐步将 ϕ 开拓为 $\mathfrak{g}_k$ 到 $\mathfrak{g}'_k$ 的线性同构, 且满足

$$[\phi(x),\phi(y)] = \phi([x,y]), \quad \forall x,y \in \mathfrak{g}_k, \ [x,y] \in \mathfrak{g}_k.\tag{3.3.8}$$

为方便记, 将每次开拓后得到的映射仍记为 ϕ.

采用前面引进的记号 $\mathfrak{h}_R$. 对任何 $x, y \in \mathfrak{h}_R$, 令 $\phi(x + \sqrt{-1}y) = \phi(x) + \sqrt{-1}\phi(y)$, 则 ϕ 是 $\mathfrak{g}_0$ 到 $\mathfrak{g}_0'$ 的线性同构, 且满足条件 (3.3.8), 并且 $(\phi(x), \phi(y))' = (x, y), \forall x, y \in \mathfrak{g}_0$.

为进一步开拓 ϕ, 取 $e_\alpha \in \mathfrak{g}_\alpha, \alpha \in \Phi$, 使得 $(e_\alpha, e_{-\alpha}) = 1, \alpha \in \Phi$. 又若 $\alpha, \beta \in \Phi, \alpha + \beta \neq 0$, 记 $[e_\alpha, e_\beta] = N_{\alpha\beta}e_{\alpha+\beta}$. 在 $\mathfrak{g}'_{\pm\alpha_i'}$ 中取 $e'_{\pm\alpha_i'}(1 \leqslant i \leqslant n)$, 使得 $(e'_{\alpha_i'}, e'_{-\alpha_i'}) = 1, 1 \leqslant i \leqslant n$. 现将 ϕ 扩充为 $\mathfrak{g}_1$ 到 $\mathfrak{g}_1'$ 的线性同构, 使得 $\phi(e_{+\alpha_i}) = e'_{\pm\alpha_i'}(1 \leqslant i \leqslant n)$. 由于 $[\phi(e_{\alpha_i}), \phi(e_{-\alpha_j})] = \delta_{ij}t_{\alpha_i'} = \phi([e_{\alpha_i}, e_{-\alpha_j}])$, $[\phi(h), \phi(e_{\pm\alpha_i})] = (\phi(h), \pm\alpha_i')'e'_{\pm\alpha_i'} = (h, \pm\alpha_i)e'_{\pm\alpha_i'} = \phi([h, e_{\pm\alpha_i}]), \forall h \in \mathfrak{h}$, 于是扩充到 $\mathfrak{g}_1$ 的映射 ϕ 也满足条件 (3.3.8).

现假定已将 ϕ 扩充为 $\mathfrak{g}_k$ 到 $\mathfrak{g}_k'$ 的线性同构, 且满足等式 (3.3.8). 设 $\alpha \in \Phi^+$, 且 $\mathrm{ht}\alpha = k + 1$. 则存在 $\alpha_{i_0} \in \Delta, \beta \in \Phi^+$, 使得 $\alpha = \alpha_{i_0} + \beta$. 显然 $\mathrm{ht}\beta = k$, 于是 $N_{\alpha_{i_0}\beta} \neq 0$. 令 $e'_{\alpha'} = N_{\alpha_{i_0}\beta}^{-1}[e'_{\alpha_{i_0}}, e'_\beta]$, 再取 $e'_{-\alpha'} \in \mathfrak{g}'_{-\alpha'}$ 使得 $(e'_{\alpha'}, e'_{-\alpha'}) = 1$. 将 ϕ 扩充为 $\mathfrak{g}_{k+1}$ 到 $\mathfrak{g}_{k+1}'$ 上的线性映射使得 $\phi(e_\alpha) = e'_{\alpha'}, \phi(e_{-\alpha}) = e'_{-\alpha'}$. 若 $\gamma, \delta \in \Phi^+$, 使 $\alpha = \gamma + \delta$, 则 $\mathrm{ht}\gamma \leqslant k$, $\mathrm{ht}\delta \leqslant k$. 如果 $\alpha_{i_0} = \gamma$ 或 $\alpha_{i_0} = \delta$, 则显然有 $[e'_{\gamma'}, e'_{\delta'}] = N_{\gamma\delta}e'_{\alpha'}$. 故可设 $\alpha_{i_0} - \gamma \neq 0, \alpha_{i_0} - \delta \neq 0$. 于是 $\alpha_{i_0}, \beta, -\gamma, -\delta$ 中任何两根之和不为零, 但 $\alpha_{i_0} + \beta - \gamma - \delta = 0$. 因而由引理 3.3.3 (3) 知

$$N_{\alpha_{i_0}\beta}N_{-\gamma,-\delta} + N_{\alpha_{i_0},-\gamma}N_{-\delta\beta} + N_{\alpha_{i_0},-\delta}N_{\beta,-\gamma} = 0.$$

又设 $[e'_{\gamma'}, e'_{\delta'}] = N_{\gamma'\delta'}e'_{\alpha'}, [e'_{-\gamma'}, e'_{-\delta'}] = N_{-\gamma',-\delta'}e'_{-\alpha'}$, 则仍由引理 3.3.3 (3) 可得

$$N_{\alpha'_{i_0}\beta'}N_{-\gamma',-\delta'} + N_{\alpha'_{i_0},-\gamma'}N_{-\delta'\beta'} + N_{\alpha'_{i_0},-\delta'}N_{\beta',-\gamma'} = 0.$$

由于 $\mathrm{ht}\alpha'_{i_0}, \mathrm{ht}\beta, \mathrm{ht}\gamma, \mathrm{ht}\delta$ 均不超过 k, 且 $\alpha'_{i_0} - \gamma', -\delta' + \beta', \alpha'_{i_0} - \delta', \beta' - \gamma' \in \Phi'$, 故

$$N_{\alpha_{i_0},-\gamma}N_{-\delta\beta} + N_{\alpha_{i_0},-\delta}N_{\beta,-\gamma} = N_{\alpha'_{i_0},-\gamma'}N_{-\delta'\beta'} + N_{\alpha'_{i_0},-\delta'}N_{\beta',-\gamma'}.$$

因而 $N_{\alpha'_{i_0},\beta'}N_{-\gamma',-\delta'} = N_{\alpha_{i_0},\beta}N_{-\gamma,-\delta}$. 由 $e'_{\alpha'}$ 的定义知 $N_{\alpha'_{i_0}\beta'} = N_{\alpha_{i_0}\beta}$, 因而 $N_{-\gamma',-\delta'} = N_{-\gamma,-\delta}$. 由引理 3.3.3 (4) 得 $N_{\gamma',\delta'} = N_{\gamma\delta}$, 即有 $[e'_{\gamma'}, e'_{\delta'}] = N_{\gamma\delta}e'_{\alpha'}$. 这里我们也证明了 ϕ 由 $\mathfrak{g}_k$ 到 $\mathfrak{g}_{k+1}(k \geqslant 1)$ 扩充的唯一性. 又由 $\alpha' - \gamma' - \delta' = 0$, $\alpha - \gamma - \delta = 0$, 得 $N_{\alpha',-\gamma'} = N_{-\gamma',-\delta'} = N_{-\gamma,-\delta} = N_{\alpha,-\gamma}$. 同样 $N_{-\alpha'\gamma'} = N_{-\alpha\gamma}$, 即 ϕ 是 $\mathfrak{g}_{k+1}$ 到 $\mathfrak{g}_{k+1}'$ 的线性同构, 且满足等式 (3.3.8). 显然, 存在正整数 k_0, 使 $\mathfrak{g} = \mathfrak{g}_{k_0}$, 于是 ϕ 经过有限步扩充后, 就成为 $\mathfrak{g}$ 到 $\mathfrak{g}'$ 的 Lie 代数的同构. 至此定理得证.

定理 3.3.6　两个复半单 Lie 代数同构当且仅当它们的 Dynkin 图相同.

证　设复半单 Lie 代数 $\mathfrak{g}, \mathfrak{g}'$ 的 Dynkin 图相同, 即 $\mathfrak{g}, \mathfrak{g}'$ 分别有 Cartan 子代数 $\mathfrak{h}, \mathfrak{h}'$; 根系 Φ, Φ'; 基 $\Delta = \{\alpha_1, \alpha_2, \cdots, \alpha_n\}, \Delta' = \{\alpha_1', \alpha_2', \cdots, \alpha_n'\}$, 以及 Δ 到 Δ' 的映射 ϕ, 满足 $\phi(\alpha_i) = \alpha_i', 1 \leqslant i \leqslant n$, $\dfrac{2(\alpha_j, \alpha_i)}{(\alpha_i, \alpha_i)} = \dfrac{2(\alpha_j', \alpha_i')'}{(\alpha_i', \alpha_i')'}, 1 \leqslant i, j \leqslant n$. 由于

Δ, Δ' 分别为 $\mathfrak{h}_R, \mathfrak{h}'_R$ 的基, 故 ϕ 可以开拓为 $\mathfrak{h}_R$ 到 $\mathfrak{h}'_R$ 的线性同构. 设 W, W' 分别为 $\mathfrak{g}, \mathfrak{g}'$ 的 Weyl 群, 则 $\sigma_{\alpha_i}, \sigma_{\alpha'_i}$ 在基 Δ, Δ' 下有相同的矩阵. 而 $\sigma_{\alpha_i}, \sigma_{\alpha'_i}$ 分别是 W, W' 的生成元, 故有 W 到 W' 的同构映射 ϕ_*: $\phi_*(w) = \phi w \phi^{-1} = w', \forall w \in W$. 设 $\alpha \in \Phi$, 由 Weyl 群的性质, 存在 $w \in W, \alpha_i \in \Delta$, 使 $w(\alpha) = \alpha_i$. 因而有 $\phi(\alpha) = \phi(w^{-1}(\alpha_i)) = \phi w^{-1} \phi^{-1}(\phi(\alpha_i)) = w'^{-1}(\alpha'_i) \in \Phi'$. 于是 $\phi(\Phi) \subseteq \Phi'$. 同样, $\phi^{-1}(\Phi') \subseteq \Phi$. 故 $\phi(\Phi) = \Phi'$. 由引理 3.3.5 知 ϕ 可以开拓为 $\mathfrak{g}$ 到 $\mathfrak{g}'$ 的 Lie 代数同构, 即 $\mathfrak{g}$ 与 $\mathfrak{g}'$ 同构.

反之, 设 ϕ 是复半单 Lie 代数 $\mathfrak{g}$ 到 $\mathfrak{g}'$ 的同构, 则

$$(\phi(x), \phi(y))' = (x, y), \quad \forall\, x, y \in \mathfrak{g}.$$

设 $\mathfrak{h}$ 是 $\mathfrak{g}$ 的 Cartan 子代数, Φ, Δ 为对应的根系与基, 于是 $\mathfrak{g} = \mathfrak{h} + \sum_{\alpha \in \Phi} \mathfrak{g}_\alpha$. 此时, $\mathfrak{h}' = \phi(\mathfrak{h})$ 为 $\mathfrak{g}'$ 的 Cartan 子代数, 且有 $\mathfrak{g}' = \mathfrak{h}' + \sum_{\alpha' \in \Phi'} \mathfrak{g}_{\alpha'}$. 由于对 $h \in \mathfrak{h}, e_\alpha \in \mathfrak{g}_\alpha$, 有

$$\phi([h, e_\alpha]) = (\alpha, h)\phi(e_\alpha), \quad [\phi(h), \phi(e_\alpha)] = \phi([h, e_\alpha]).$$

因而, $\phi(\mathfrak{g}_\alpha) = \mathfrak{g}_{\phi(\alpha)}$. 故 $\phi(\Phi) = \Phi'$. $\phi(\Delta) = \Delta'$ 也是 $\phi(\Phi)$ 的基, 且由 ϕ 是同构知 Δ 与 Δ' 的 Dynkin 图是相同的. 至此定理证毕.

在同构意义下, 复半单 Lie 代数完全由它的 Dynkin 图所决定. 复单 Lie 代数的 Dynkin 图是连通的, 而连通的 Dynkin 图已经完全确定, 只能是 $A_l, B_l, C_l, D_l, E_6, E_7, E_8, F_4, G_2$. 对应前面每个 Dynkin 图, 是否均有复单 Lie 代数存在呢? 这就是复单 Lie 代数的实现问题. 这个问题早已由 Killing 和 Cartan 解决, 我们 3.4 节要介绍的 Serre 定理也给出了这个问题一个圆满的回答.

习 题 3.3

1. 试证明 $\mathfrak{so}(4, \mathbb{C})$ 是半单 Lie 代数但不是单 Lie 代数, 并找出其一个 Cartan 子代数, 求出相应的 Dynkin 图, 从而证明 $\mathfrak{so}(4, \mathbb{C}) \simeq \mathfrak{sl}(2, \mathbb{C}) \oplus \mathfrak{sl}(2, \mathbb{C})$.

2. 试证明 $\mathfrak{so}(5, \mathbb{C}) \simeq \mathfrak{sp}(2, \mathbb{C})$, 并具体写出 $\mathfrak{so}(5, \mathbb{C})$ 到 $\mathfrak{sp}(2, \mathbb{C})$ 的一个同构.

3. 设 $M = (m_{ij})_{n \times n}$ 是复半单 Lie 代数 $\mathfrak{g}$ 的 Cartan 矩阵. 试证明 $\mathfrak{g}$ 是单 Lie 代数当且仅当对任何 $1 \leqslant i, j \leqslant n, i \neq j$, 存在 $1 \leqslant i_1, i_2, \cdots, i_r \leqslant n$ 使得 $m_{ii_1} m_{i_1 i_2} \cdots m_{i_r j} \neq 0$.

4. 设 $\mathfrak{h}_1, \mathfrak{h}_2$ 为复半单 Lie 代数 $\mathfrak{g}$ 的两个 Cartan 子代数, A_1, A_2 分别为对应的 Cartan 矩阵, 试问 A_1, A_2 有什么关系?

5. 设 A 为复半单 Lie 代数 $\mathfrak{g}$ 对于 Cartan 子代数 $\mathfrak{h}$ 的 Cartan 矩阵, 试证明存在对角矩阵 $M = \mathrm{diag}(\lambda_1, \lambda_2, \cdots, \lambda_n)$, 其中 $\lambda_i \in \mathbb{Q}$ 且 $\lambda_i > 0, i = 1, 2, \cdots, n$, 使得 AM 为正定对称矩阵.

6. 试根据 Dynkin 图写出所有复单 Lie 代数的 Cartan 矩阵.

7. 设 $\mathfrak{b}$ 为复半单 Lie 代数 $\mathfrak{g}$ 的 Borel 子代数, $\mathfrak{n}$ 为 $\mathfrak{b}$ 的幂零根基. 试证明 $\mathfrak{b} = \mathfrak{n}^\perp$, 其中 $\perp$ 表示对于 $\mathfrak{g}$ 的 Killing 型的正交补.

8. 设 $\mathfrak{g}, \mathfrak{b}, \mathfrak{n}$ 如上题, 且 $\mathfrak{b}'$ 是 $\mathfrak{g}$ 的另一个 Borel 子代数. 试证明 $\mathfrak{b} = \mathfrak{n} + \mathfrak{b} \cap \mathfrak{b}'$.

9. 试证明子代数 $\mathfrak{b} \cap \mathfrak{b}'$ 包含其任意一个元素的幂零部分和半单部分, 而且 $\mathfrak{b} \cap \mathfrak{b}'$ 包含 $\mathfrak{g}$ 的一个 Cartan 子代数.

10. Ozeki-Wakimoto 证明了下述命题: 如果 $\{\mathfrak{m}, f\}$ 为复半单 Lie 代数 $\mathfrak{g}$ 的极化, 则 $\mathfrak{m}$ 必为 $\mathfrak{g}$ 的抛物子代数. 由此证明: 任何复半单 Lie 代数的双极化的特征元一定是半单的.

11. 试证明: 若 $\{\mathfrak{g}^+, \mathfrak{g}^-, f\}$ 为复半单 Lie 代数 $\mathfrak{g}$ 的双极化, 则作为 Lie 代数 $\mathfrak{g}^+$ 与 $\mathfrak{g}^-$ 同构.

3.4 Serre 定理

本节我们给出著名的 Serre 定理, 这个定理可以导出复单 Lie 代数的存在性, 即对于本书前面给出的每一个 Dynkin 图, 一定存在一个复单 Lie 代数 $\mathfrak{g}$, 使得该 Lie 代数对于某个 Cartan 子代数 $\mathfrak{h}$ 的根系的 Dynkin 图恰好就是该图. 我们还将介绍与此有关的自由 Lie 代数和泛包络代数的相关概念与结果.

我们首先介绍自由 Lie 代数以及 Lie 代数的泛包络代数的概念.

定义 3.4.1 设 $\mathfrak{g}$ 为域 $\mathbb{F}$ 上的一个 Lie 代数, 且 $X \subset \mathfrak{g}$ 为一组生成元, 称 $\mathfrak{g}$ 在 X 上是自由的, 如果对于任何 Lie 代数 $\mathfrak{g}_1$ 以及由 X 到 $\mathfrak{g}_1$ 的映射 ϕ, 存在唯一的 Lie 代数同态 $\tilde{\phi}: \mathfrak{g} \to \mathfrak{g}_1$ 使得 $\tilde{\phi}|_X = \phi$. 这时我们也经常说, $\mathfrak{g}$ 是由 X 生成的自由 Lie 代数.

容易看出, 如果两个 Lie 代数 $\mathfrak{g}, \mathfrak{g}'$ 都是由集合 X 生成的自由 Lie 代数, 则 $\mathfrak{g}$ 与 $\mathfrak{g}'$ 一定同构. 事实上, 设 i, i' 分别为 X 到 $\mathfrak{g}, \mathfrak{g}'$ 的内射 (即 $i(x) = x, i'(x) = x, \forall x \in X$), 则由定义, 存在 $\mathfrak{g}$ 到 $\mathfrak{g}'$ 的 Lie 代数同态 φ 以及 $\mathfrak{g}'$ 到 $\mathfrak{g}$ 的 Lie 代数同态 φ' 使得 $\varphi|_X = i, \varphi'|_X = i'$. 现在考虑 $\mathfrak{g}$ 到 $\mathfrak{g}$ 的 Lie 代数同态 $\varphi' \circ \varphi$, 则 $\varphi' \circ \varphi|_X = \mathrm{id}_X$. 另一方面, $\mathfrak{g}$ 到 $\mathfrak{g}$ 的恒等映射 $\mathrm{id}_\mathfrak{g}$ 也是 Lie 代数同态, 且满足 $(\mathrm{id}_\mathfrak{g})|_X = \mathrm{id}_X$, 于是由唯一性可知 $\varphi' \circ \varphi = \mathrm{id}_\mathfrak{g}$. 同样我们有 $\varphi \circ \varphi' = \mathrm{id}_{\mathfrak{g}'}$, 因此 φ, φ' 都是 Lie 代数的同构. 这就证明了我们的结论.

一个自然的问题是, 给定任意一个有限集合 X, 是否一定存在由 X 生成的自由 Lie 代数? 为了回答这个问题, 我们需要泛包络代数的概念.

定义 3.4.2 设 $\mathfrak{g}$ 是域 $\mathbb{F}$ 上的 Lie 代数, $U(\mathfrak{g})$ 是 $\mathbb{F}$ 上含单位元的结合代数, 且存在 $\mathfrak{g}$ 到 $U(\mathfrak{g})$ 的映射 i 满足下面两个条件:

(1) 对任何 $x, y \in \mathfrak{g}$, $i([x,y]) = i(x)i(y) - i(y)i(x)$.

(2) 若 $\mathfrak{a}$ 是 $\mathbb{F}$ 上的含单位元的结合代数, ϕ 是 $\mathfrak{g}$ 到 $\mathfrak{a}$ 的映射, 且满足 (1) 中的

条件, 则存在唯一的 $U(\mathfrak{g})$ 到 $\mathfrak{a}$ 的结合代数同态 $\tilde{\phi}$, 使得 $\tilde{\phi} \circ i = \phi$, 即有交换图

则称 $(i, U(\mathfrak{g}))$ 为 $\mathfrak{g}$ 的泛包络代数, 有时也直接说 $U(\mathfrak{g})$ 是 $\mathfrak{g}$ 的泛包络代数.

我们再次强调, 上述定义的 (2) 中满足条件的映射 $\tilde{\phi}$ 的唯一性是非常重要的, 与自由 Lie 代数的定义中唯一性具有类似的作用. 进一步, 与自由 Lie 代数的情形类似, 由唯一性我们可以证明, 如果一个 Lie 代数的泛包络代数存在, 则在结合代数的同构意义下唯一. 下面我们通过具体构造的方式来证明 Lie 代数的泛包络代数的存在性.

设 V 为域 $\mathbb{F}$ 上的任意一个有限维线性空间. 令 $T^0(V) = \mathbb{F}, T^1(V) = V, T^2(V) = V \otimes V, \cdots$, 有

$$TV = T^0(V) + T^1(V) + T^2(V) + \cdots,$$

则 $T(V)$ 是 $\mathbb{F}$ 上的一个无穷维线性空间. 我们可以在 $T(V)$ 上定义乘法 $\otimes$ 满足

$$(v_1 \otimes v_2 \otimes \cdots \otimes v_m) \otimes (w_1 \otimes w_2 \otimes \cdots \otimes w_l) = v_1 \otimes v_2 \otimes \cdots \otimes v_m \otimes w_1 \otimes w_2 \otimes \cdots \otimes w_l,$$

其中 $v_i, w_j \in V, 1 \leqslant i \leqslant m, 1 \leqslant j \leqslant l$(请说明这种定义的合理性). 那么容易验证, $T(V)$ 在线性空间的加法和上述乘法下成为一个结合代数, 且 $\mathbb{F}$ 中的幺元 1 是该结合代数的单位元. 称 $T(V)$ 为 V 的张量代数. 在 $T(V)$ 中考虑由 $\{v \otimes w - w \otimes v | v, w \in V\}$ 生成的理想 I, 令 $S(V) = T(V)/I$, 称结合代数 $S(V)$ 为 V 的对称代数.

$T(V)$ 和 $S(V)$ 的重要性体现在下面的命题和推论中.

命题 3.4.3 设 $\mathbb{F}, V$ 与 $T(V)$ 如上. i 是 V 到 $T(V)$ 的嵌入映射, 即 $i(v) = v \in T^1(V) \subseteq T(V), v \in V$, 则对任何含单位元的结合代数 $\mathfrak{a}$ 以及 V 到 $\mathfrak{a}$ 的线性映射 ϕ, 存在唯一的 $T(V)$ 到 $\mathfrak{a}$ 的结合代数同态 $\tilde{\phi}$ 使得 $\tilde{\phi}(1) = 1$, 且 $\tilde{\phi} \circ i = \phi$, 即有交换图:

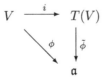

我们将本命题的证明留给读者. 现在考虑一个特殊情形. 在上述命题中我们假定 $\dim V = n$, 且 $v_1, v_2, \cdots, v_n$ 为 V 的一组基, 考虑 $\mathfrak{a} = \mathbb{F}[x_1, x_2, \cdots, x_n]$, 即 $\mathfrak{a}$ 是 $\mathbb{F}$ 上的 n 元多项式代数. 设 ϕ 为 V 到 $\mathfrak{a}$ 的线性映射, 满足 $\phi(v_i) = x_i, i = 1, 2, \cdots, n$. 由上述命题, 存在 $T(V)$ 到 $\mathfrak{a}$ 的结合代数同态, 满足 $\tilde{\phi} \circ i = \phi$. 容易看出, $\tilde{\phi}$ 是满同

态. 而且容易求出 $\ker \tilde{\phi} = I$ (见前面的定义). 于是由同态基本定理得到, $\tilde{\phi}$ 诱导出 $S(V)$ 到 $\mathbb{F}[x_1, x_2, \cdots, x_n]$ 的结合代数同构. 由这个结果容易证明下面的结果:

命题 3.4.4 设 $\mathbb{F}, V$ 与 $S(V)$ 如上. i 是 V 到 $S(V)$ 的嵌入映射, 即 $i(v) = v \in T^1(V) \subseteq S(V)$, $v \in V$, 则对任何含单位元的交换结合代数 $\mathfrak{a}$ 以及 V 到 $\mathfrak{a}$ 的线性映射 ϕ, 存在唯一的 $S(V)$ 到 $\mathfrak{a}$ 的结合代数同态 $\tilde{\phi}$ 使得 $\tilde{\phi}(1) = 1$, 且 $\tilde{\phi} \circ i = \phi$, 即有交换图:

一般将命题 3.4.3 和命题 3.4.4 这样的性质称为 "泛性".

张量代数的一个重要应用是用来构造 Lie 代数的泛包络代数. 设 $\mathfrak{g}$ 为域 $\mathbb{F}$ 上的有限维 Lie 代数, 将 $\mathfrak{g}$ 看成线性空间, 在张量代数 $T(\mathfrak{g})$ 中, 考虑由 $\{x \otimes y - y \otimes x - [x, y] | x, y \in \mathfrak{g}\}$ 生成的 (双边) 理想 J. 令 $U(\mathfrak{g}) = T(\mathfrak{g})/J$, 则 $U(\mathfrak{g})$ 就是 Lie 代数 $\mathfrak{g}$ 的一个泛包络代数. 事实上, 设 $\mathfrak{a}$ 为一个结合代数, 且存在由 $\mathfrak{g}$ 到 $\mathfrak{a}$ 的线性映射 ϕ 满足条件 $\phi([x, y]) = \phi(x)\phi(y) - \phi(y)\phi(x)$, $\forall x, y \in \mathfrak{g}$, 那么由命题 3.4.3, 存在由 $T(\mathfrak{g})$ 到 $\mathfrak{a}$ 的结合代数同态 ϕ_1 满足 $\phi_1 \circ i = \phi$. 容易看出 $J \subset \ker \phi_1$, 因此 ϕ_1 可以诱导出 $U(\mathfrak{g}) = T(\mathfrak{g})/J$ 到 $\mathfrak{a}$ 的结合代数同态 $\tilde{\phi}$ 满足 $\tilde{\phi} \circ i = \phi$. 又由于 $U(\mathfrak{g})$ 可以由 $1, \mathfrak{g}$ 生成, 这样的映射是唯一的. 因此 $U(\mathfrak{g})$ 是 $\mathfrak{g}$ 的泛包络代数.

由前面提到的唯一性, 以后我们说 Lie 代数 $\mathfrak{g}$ 的泛包络代数, 就是指上面构造的 $U(\mathfrak{g})$.

作为一个特殊情形, 当 $\mathfrak{g}$ 是交换 Lie 代数时, 理想 J 的生成元为 $\{x \otimes y - y \otimes x | x, y \in \mathfrak{g}\}$, 从而 J 与前面的理想 I 完全相同, 故作为结合代数, $U(\mathfrak{g})$ 与 $S(\mathfrak{g})$ 相同, 也就是说, 交换 Lie 代数 $\mathfrak{g}$ 的泛包络代数实际上就是 $\mathfrak{g}$ 作为线性空间的对称代数 $S(\mathfrak{g})$.

思考题 3.4.5 试决定 2 维非交换 Lie 代数的泛包络代数的结构.

张量代数的另一个重要应用就是自由 Lie 代数的构造. 为简单起见, 我们只考虑有限维的情形. 设 X 为任意一个有限集合, 构造 $\mathbb{F}$ 上线性空间 V 使得 X 为 V 的一组基. 在张量代数 $T(V)$ 上定义括号运算 $[x, y] = x \otimes y - y \otimes x$ 使得 $T(V)$ 成为一个 Lie 代数. 令 $\mathfrak{g}(X)$ 为由 X 生成的 $T(V)$ 的李子代数. 那么容易证明

命题 3.4.6 $\mathfrak{g}(X)$ 是由 X 生成的自由 Lie 代数.

证 设 $\mathfrak{h}$ 为 $\mathbb{F}$ 上任意一个 Lie 代数, 且存在由 X 到 $\mathfrak{h}$ 的映射 f. 记 V 为 $\mathbb{F}$ 上以 X 为一组基的线性空间, 则 f 可以扩充为 V 到 $\mathfrak{h}$ 的线性映射 f_1. 考虑 $\mathfrak{h}$ 的泛包络代数 $U(\mathfrak{h})$, 因 $U(\mathfrak{h})$ 由 $1, \mathfrak{h}$ 生成, 故 f_1 可以扩充为由 $T(V)$ 到 $U(\mathfrak{h})$ 的结合代

数同态 ϕ_1 使得 $\phi_1 \circ i = f_1$(这里 i 是 V 到 $T(V)$ 的嵌入映射), ϕ_1 自然是 Lie 代数 $T(V)$ 到 Lie 代数 $U(\mathfrak{h})$ 的同态. 注意到 $\phi_1(\mathfrak{g}(X) \subseteq \mathfrak{h})$, 且 $[\mathfrak{h}, \mathfrak{h}] \subset \mathfrak{h}$, 故 $\phi_1|_{\mathfrak{g}(X)}$ 是 Lie 代数 $\mathfrak{g}(X)$ 到 Lie 代数 $\mathfrak{h}$ 的同态. 这证明了映射的存在性. 唯一性是显然的.

泛包络代数还有一个重要应用, 就是用于研究 Lie 代数的表示. 事实上我们有

命题 3.4.7 设 $\mathfrak{g}$ 为 $\mathbb{F}$ 上的 Lie 代数, $U(\mathfrak{g})$ 为 $\mathfrak{g}$ 的泛包络代数, V 为 $\mathbb{F}$ 上的线性空间, 则存在由 $\mathfrak{g}$ 在 V 上的表示与 $U(\mathfrak{g})$ 在 V 上的表示之间的一个双射.

这一结果将 Lie 代数的表示化为结合代数的表示的研究, 因此是非常有用的.

与泛包络代数相关的最重要的结果就是著名的 PBW 定理. 这一定理给出了 $U(\mathfrak{g})$ 的一组基. 详细的情形请读者参阅有关文献, 例如 [3], [6] 等.

最后我们回到 Serre 定理. 自由 Lie 代数的引进为我们提供了描述 Lie 代数的一般方法. 设 $\mathfrak{g}$ 为域 $\mathbb{F}$ 上的 Lie 代数, $x_1, x_2, \cdots, x_n$ 为一组生成元. 设 $\tilde{\mathfrak{g}}$ 为 $x_1, x_2, \cdots, x_n$ 生成的自由 Lie 代数, 那么就存在由 $\tilde{\mathfrak{g}}$ 到 $\mathfrak{g}$ 的满同态, 因此存在 $\tilde{\mathfrak{g}}$ 的理想 $\tilde{\mathfrak{i}}$ 使得 $\mathfrak{g} \simeq \tilde{\mathfrak{g}}/\tilde{\mathfrak{i}}$. 在很多情况下, 理想 $\tilde{\mathfrak{i}}$ 是有限生成的, 例如由 $f_1, f_2, \cdots, f_m \in \tilde{\mathfrak{g}}$ 生成, 这时我们也说 Lie 代数 $\mathfrak{g}$ 是由 $x_1, x_2, \cdots, x_n$ 生成的, 且满足关系式 $f_j = 0$, $j = 1, 2, \cdots, m$.

作为一个具体的例子, 让我们看一看复半单 Lie 代数的情形. 设 $\mathfrak{g}$ 为一个复半单 Lie 代数, B 为 Killing 型, $\mathfrak{h}$ 为 $\mathfrak{g}$ 的 Cartan 子代数, 且 $\mathfrak{g}$ 对于 $\mathfrak{h}$ 的根系为 Φ. 取定 Φ 的一个基 $\Delta = \{\alpha_1, \alpha_2, \cdots, \alpha_l\}$. 那么前面已经证明, 对任何 $\alpha_i, \alpha_j \in \Phi$, $\langle \alpha_i, \alpha_j \rangle = \dfrac{2(\alpha_i, \alpha_j)}{(\alpha_j, \alpha_j)} = \alpha_i(h_j)$ 是整数, 其中 $h_j = h_{\alpha_j} = \dfrac{2t_{\alpha_j}}{B(t_{\alpha_j}, t_{\alpha_j})}$, 且 t_{α_j} 由 $B(x, t_{\alpha_j}) = \alpha_j(x)$ ($\forall x \in \mathfrak{h}$) 唯一决定, 而且可以取得 $x_i \in \mathfrak{g}_{\alpha_i}$, $y_j \in \mathfrak{g}_{-\alpha_j}$, $i, j = 1, 2, \cdots, l$ 使得 $[x_i, y_i] = h_i$. 我们还知道 x_i, y_j ($i, j = 1, 2, \cdots, l$) 是 $\mathfrak{g}$ 的一组生成元 (这时我们自然也就把 $h_i(i = 1, 2, \cdots, l)$ 也列为生成元). 下面我们考虑这些生成元之间的关系.

命题 3.4.8 上面的 $3l$ 个生成元 $x_i, y_i, h_i(i = 1, 2, \cdots, l)$ 满足以下关系:

(S1) $[h_i, h_j] = 0, \forall i, j$.

(S2) $[x_i, y_i] = h_i$, 且当 $i \neq j$ 时, $[x_i, y_j] = 0$.

(S3) $[h_i, x_j] = \langle \alpha_j, \alpha_i \rangle x_j$, $[h_i, y_j] = -\langle \alpha_j, \alpha_i \rangle y_j$, $\forall i, j$.

(S_{ij}^+) $(\mathrm{ad}x_i)^{-\langle \alpha_j, \alpha_i \rangle + 1}(x_j) = 0$, $i \neq j$.

(S_{ij}^-) $(\mathrm{ad}y_i)^{-\langle \alpha_j, \alpha_i \rangle + 1}(y_j) = 0$, $i \neq j$.

证 关系 (S1)—(S3) 是显然的. 下面我们只证明 (S_{ij}^+), (S_{ij}^-) 类似可证. 因 $\alpha_1, \alpha_2, \cdots, \alpha_l$ 是 Φ 的一个基, 对于 $i \neq j$, $\alpha_i - \alpha_j \notin \Phi$, 且过 α_j 的 α_i-链为 $\alpha_j, \alpha_j + \alpha_i, \cdots, \alpha_j + q\alpha_i$, 其中 $q = -\langle \alpha_j, \alpha_i \rangle$, 注意到 $\mathrm{ad}x_i(x_j) \subset \mathfrak{g}_{\alpha_j + \alpha_i}$, $\mathrm{ad}x_i(\mathfrak{g}_{\alpha_j + \alpha_i}) \subset \mathfrak{g}_{\alpha_j + 2\alpha_i}, \cdots, \mathrm{ad}x_i(\mathfrak{g}_{\alpha_j + q\alpha_i}) \subset \mathfrak{g}_{\alpha_j + (q+1)\alpha_i} = 0$, 因此 (S_{ij}^+) 成立.

现在我们要问, 上述关系 (S1)—(S3), (S_{ij}^+), (S_{ij}^-) 是否 $x_i, y_i, h_i(i = 1, 2, \cdots, l)$

满足全部关系? 更为准确的问题是, 如果我们将 $\mathfrak{g}$ 看成商 Lie 代数 $\tilde{\mathfrak{g}}/\tilde{\mathfrak{i}}$, 其中 $\tilde{\mathfrak{g}}$ 是由 $x_i, y_i, h_i(i = 1, 2, \cdots, l)$ 生成的自由 Lie 代数, $\tilde{\mathfrak{i}}$ 是 $\tilde{\mathfrak{g}}$ 的理想, 那么上述关系对应的 $\tilde{\mathfrak{g}}$ 中元素是否为理想 $\tilde{\mathfrak{i}}$ 的一组生成元? Serre 定理给出了这个问题一个肯定的回答.

为了叙述和证明 Serre 定理, 我们需要做一些准备工作. 为了研究清楚关系 $(S1) - (S_{ij}^-)$ 的意义, 我们先考虑由 $3l$ 个元素 $\tilde{x}_i, \tilde{y}_i, \tilde{h}_i(i = 1, 2, \cdots, l)$ 生成的自由 Lie 代数 $\tilde{\mathfrak{g}}$ 的一个商代数. 将上面出现的整数 $\langle \alpha_i, \alpha_j \rangle$ 记为 a_{ij}, 令 $\tilde{\mathfrak{k}}$ 为由 $[\tilde{h}_i, \tilde{h}_j], [\tilde{x}_i, \tilde{y}_i] - \tilde{h}_i, [\tilde{h}_i, \tilde{x}_j] - a_{ji}\tilde{x}_j, [\tilde{h}_i, \tilde{y}_j] + a_{ji}\tilde{y}_j(1 \leqslant i, j \leqslant l)$ 生成的 $\tilde{\mathfrak{g}}$ 的理想, 并设 $\mathfrak{g}_0 = \tilde{\mathfrak{g}}/\tilde{\mathfrak{k}}$.

我们先构造 Lie 代数 $\mathfrak{g}_0$ 的一个模. 为此考虑一个以 $v_1, v_2, \cdots, v_l$ 为基的 l 维复线性空间 U, 记 U 的张量代数为 V. 将 V 看成复线性空间, 并将 $v_{i_1} \otimes v_{i_2} \otimes \cdots \otimes v_{i_m}$ 简记为 $v_{i_1} v_{i_2} \cdots v_{i_m}$, 那么 $1, v_{i_1} v_{i_2} \cdots v_{i_m}, 1 \leqslant i_1, i_2, \cdots, i_m \leqslant l(m > 0)$ 是 V 的一组基 (注意 V 的维数是 ∞). 现在我们定义一个 $\tilde{\mathfrak{g}}$ 在 V 上的作用为

$$\tilde{h}_j \cdot 1 = 0,$$

$$\tilde{h}_j \cdots v_{i_1} v_{i_2} \cdot v_{i_t} = -(a_{i_1 j} + a_{i_2 j} + \cdots + a_{i_t j})v_{i_1} v_{i_2} \cdots v_{i_t},$$

$$\tilde{y}_j \cdot 1 = v_j,$$

$$\tilde{y}_j \cdot v_{i_1} v_{i_2} \cdots v_{i_t} = v_j v_{i_1} v_{i_2} \cdots v_{i_t},$$

$$\tilde{x}_j \cdot 1 = 0 = \tilde{x}_j \cdot v_i,$$

$$\tilde{x}_j \cdot v_{i_1} v_{i_2} \cdots v_{i_t} = v_{i_1}(\tilde{x}_j \cdot v_{i_2} \cdots v_{i_t}) - \delta_{i_1 j}(a_{i_2 j} + \cdots + a_{i_t j})v_{i_2} \cdots v_{i_t}.$$

注意到 $\tilde{\mathfrak{g}}$ 是由 $\tilde{x}_i, \tilde{y}_i, \tilde{h}_i(i = 1, 2, \cdots, l)$ 生成的自由 Lie 代数, 存在唯一的由 $\tilde{\mathfrak{g}}$ 到 $\mathfrak{gl}(V)$ 的 Lie 代数同态 $\tilde{\rho}$, 使得 $\tilde{x}_i, \tilde{y}_i, \tilde{h}_i$ 对应的线性变换如上所示. 这样我们就得到了 $\tilde{\mathfrak{g}}$ 的一个模 $(\tilde{\rho}, V)$. 现在我们证明

命题 3.4.9　$\tilde{\mathfrak{g}}$ 的子代数 $\tilde{\mathfrak{k}}$ 包含在 $\tilde{\rho}$ 的核 $\ker(\tilde{\rho})$ 中. 从而由 $\tilde{\rho}$ 可以导出 $\mathfrak{g}_0$ 在 V 上的一个表示.

证　显然只需证明 $\tilde{\mathfrak{k}}$ 的生成元 $[\tilde{h}_i, \tilde{h}_j], [\tilde{x}_i, \tilde{y}_i] - \tilde{h}_i, [\tilde{h}_i, \tilde{x}_j] - a_{ji}x_j, [h_i, y_j] + a_{ji}y_j$ $(1 \leqslant i, j \leqslant l)$ 都包含在 $\ker(\tilde{\rho})$ 中. 首先注意, $\tilde{h}_j$ 的作用在 V 的上述基下对应的是对角矩阵, 因此 $\tilde{\rho}(\tilde{h}_i), \tilde{\rho}(\tilde{h}_j)$ 交换, 从而 $[\tilde{h}_i, \tilde{h}_j] \in \ker(\tilde{\rho})$.

另一方面, 直接计算可得

$$\tilde{x}_i \cdot \tilde{y}_j \cdot v_{i_2} \cdots v_{i_t} - \tilde{y}_j \cdot \tilde{x}_i \cdot v_{i_2} \cdots v_{i_t} = -\delta_{ji}(a_{i_2 i} + \cdots + a_{i_t i})v_{i_2} \cdots v_{i_t}.$$

这说明

$$([\tilde{x}_i, \tilde{y}_j] - \delta_{ji}\tilde{h}_j) \cdot v_{i_2} \cdots v_{i_t} = 0.$$

此外

$$([\tilde{x}_i, \tilde{y}_j] - \delta_{ji}\tilde{h}_j) \cdot 1 = (\tilde{x}_i \cdot \tilde{y}_j - \tilde{y}_j \cdot \tilde{x}_i) \cdot 1 - \delta_{ji}\tilde{h}_j \cdot 1 = 0 - 0 = 0.$$

因此 $[\tilde{x}_i, \tilde{y}_j] - \delta_{ij}\tilde{h}_j \in \ker(\tilde{\rho})$.

进一步, 直接验算可知 $[\tilde{h}_i, \tilde{y}_j] + a_{ij}\tilde{y}_j \in \ker(\tilde{\rho})$ (见习题).

最后, 利用归纳法不难证明:

$$\tilde{h}_i \cdot \tilde{x}_j \cdot v_{i_1} \cdots v_{i_t} = -(a_{i_1 i} + \cdots + a_{i_t i} - a_{ji})\tilde{x}_j \cdot v_{i_1} \cdots v_{i_t}. \tag{3.4.9}$$

这一结论的证明留作习题 (见本节习题).

现在由 (3.4.9) 我们得到, $(\tilde{h}_i \cdot \tilde{x}_j - \tilde{x}_j \cdot \tilde{h}_i) \cdot 1 = 0$, 且

$$\begin{aligned}(\tilde{h}_i \cdot \tilde{x}_j - \tilde{x}_j \cdot \tilde{h}_i) \cdot v_{i_1} \cdots v_{i_t} &= (-(a_{i_1 i} + \cdots + a_{i_t i} - a_{ji}) \\ &\quad + (a_{i_1 i} + \cdots + a_{i_t i}))\tilde{x}_j \cdot v_{i_1} \cdots v_{i_t} \\ &= a_{ji}\tilde{x}_j \cdot v_{i_1} \cdots v_{i_t}.\end{aligned}$$

于是 $[\tilde{h}_i, \tilde{x}_j] - a_{ji}\tilde{x}_j \in \ker(\tilde{\rho})$. 至此命题得证.

下面我们来考虑 Lie 代数 $\mathfrak{g}_0$ 的结构. 利用上面的表示 $(\tilde{\rho}, V)$. 注意 $\mathfrak{g}_0$ 是自由 Lie 代数 $\tilde{\mathfrak{g}}$ 的商代数, 将 $\tilde{x} \in \tilde{\mathfrak{g}}$ 在自然投影下的像记为 x. 先证明几个引理.

引理 3.4.10 设 $\tilde{\mathfrak{h}}$ 为 $\tilde{\mathfrak{g}}$ 中由 $\tilde{h}_j(j = 1, 2, \cdots, l)$ 张成的线性子空间, $\mathfrak{h}$ 为 $\mathfrak{g}_0$ 中由 $h_j(j = 1, 2, \cdots, l)$ 张成的线性子空间, 则自然投影是由 $\tilde{\mathfrak{h}}$ 到 $\mathfrak{h}$ 的线性同构. 特别地, $\mathfrak{h}$ 为 $\mathfrak{g}_0$ 的一个 l 维交换子代数.

证 先证明 $\tilde{\mathfrak{h}} \cap \ker(\tilde{\rho}) = 0$. 如果 $\tilde{h} \in \tilde{\mathfrak{h}} \cap \ker(\tilde{\rho})$, 则一方面 $\tilde{h}$ 可以写成 $\tilde{h} = \sum_{j=1}^{l} c_j\tilde{h}_j$, $c_j \in \mathbb{C}$. 另一方面又有 $\tilde{\rho}(\tilde{h}) = 0$, 从而线性变换 $\tilde{\rho}(\tilde{h})$ 的所有特征值都是零, 即 $-\sum_{j=1}^{l} a_{ij}c_j = 0$, $i = 1, 2, \cdots, l$. 注意到 Cartan 矩阵 (a_{ij}) 是可逆矩阵, 从而以 (a_{ij}) 为系数矩阵的齐次线性方程组只有零解, 因此 $c_j = 0$, $j = 1, 2, \cdots, l$. 由此可知 $\tilde{\mathfrak{h}} \cap \ker(\tilde{\rho}) = 0$, 从而自然投影是由 $\tilde{\mathfrak{h}}$ 到 $\mathfrak{h}$ 的线性同构. 最后, 由关系 $[\tilde{h}_i, \tilde{h}_j] = 0$ 知 $[h_i, h_j] = 0$. 引理得证.

引理 3.4.11 令 $\tilde{\mathfrak{x}}_1 = \sum_{j=1}^{l} \mathbb{C}\tilde{x}_j, \tilde{\mathfrak{y}}_1 = \sum_{j=1}^{l} \mathbb{C}\tilde{y}_j$, 则自然投影 $\tilde{\pi}: \tilde{\mathfrak{g}} \to \mathfrak{g}_0$ 在子空间 $\tilde{\mathfrak{h}} + \tilde{\mathfrak{x}}_1 + \tilde{\mathfrak{y}}_1$ 上的限制是单射.

证 首先注意, 对任何固定的 j, $[h_j, h_j] = 0, [h_j, x_j] = 2x_j, [h_j, y_j] = -2y_j$. 于是 $\mathfrak{g}_0$ 的子代数 $\mathbb{C}h_j + \mathbb{C}x_j + \mathbb{C}y_j$ 是 Lie 代数 $\mathfrak{sl}(2, \mathbb{C})$ 的同态像. 由引理 3.4.10 知, $h_j \neq 0$. 但 $\mathfrak{sl}(2, \mathbb{C})$ 是单 Lie 代数, 因此 $\mathbb{C}h_j + \mathbb{C}x_j + \mathbb{C}y_j$ 与 $\mathfrak{sl}(2, \mathbb{C})$ 同构. 又容易看出集合 $\{h_j, x_j, y_j | 1 \leqslant j \leqslant l\}$ 是线性无关的, 因此结论成立.

利用 Jacobi 恒等式和归纳法容易证明

引理 3.4.12 对任何 j 及 $i_1, i_2, \cdots, i_t$, 有

$$[h_j, [x_{i_1}, [x_{i_2}, \cdots [x_{i_{t-1}}, x_{i_t}] \cdots]]] = (a_{i_1 j} + \cdots + a_{i_t j})[x_{i_1}, [x_{i_2}, \cdots [x_{i_{t-1}}, x_{i_t}] \cdots],$$

$$[h_j, [y_{i_1}, [y_{i_2}, \cdots [y_{i_{t-1}}, y_{i_t}] \cdots]]] = -(a_{i_1 j} + \cdots + a_{i_t j})[y_{i_1}, [y_{i_2}, \cdots [y_{i_{t-1}}, y_{i_t}] \cdots].$$

现在我们可以证明

定理 3.4.13　设 Φ 为欧几里得空间 E 中的一个根系, $\{\alpha_1, \alpha_2, \cdots, \alpha_l\}$ 为基, $(a_{ij})_{l \times l}$ 为对应的 Cartan 矩阵. 设 $\mathfrak{g}_0$ 为由 $3l$ 个元素 $h_i, x_i, y_i (1 \leqslant i \leqslant l)$ 生成, 且满足关系 (S1) − (S3) 的 Lie 代数, $\mathfrak{h}$ 为 $h_i (1 \leqslant i \leqslant l)$ 张成的线性子空间, 则 $\mathfrak{h}$ 为 l 维交换子代数. 设 $\mathfrak{x}, \mathfrak{y}$ 分别为由 $x_i (1 \leqslant i \leqslant l)$ 和 $y_i (1 \leqslant i \leqslant l)$ 生成的子代数, 则 $\mathfrak{g}_0 = \mathfrak{h} + \mathfrak{x} + \mathfrak{y}$ (子空间直和).

证　第一个结论在前面的引理中已经证明. 由引理 3.4.12 知 $[\mathfrak{h}, \mathfrak{x}] \subseteq \mathfrak{x}$, $[\mathfrak{h}, \mathfrak{y}] \subseteq \mathfrak{y}$. 由 (S2), 对任何 i, j, 有 $[y_j, x_i] = -\delta_{ij} h_j$, 于是由 Jacobi 恒等式和 (S3) 可得

$$[y_j, [x_{i_1}, x_{i_2}]] \subset \mathfrak{x}, \quad \forall 1 \leqslant j, i_1, i_2 \leqslant l.$$

再用归纳法容易看出, 对任何 j 及 $i_1, i_2, \cdots, i_t, t \geqslant 2$, $[y_j, [x_{i_1}, [x_{i_2}, \cdots [x_{i_{t-1}}, x_{i_t}] \cdots]$ $\subseteq \mathfrak{x}$. 类似可知, 对任何 j 及 $i_1, i_2, \cdots, i_t, t \geqslant 2$, $[x_j, [y_{i_1}, [y_{i_2}, \cdots [y_{i_{t-1}}, y_{i_t}] \cdots] \subseteq \mathfrak{y}$. 于是 $\mathfrak{k}_0 = \mathfrak{h} + \mathfrak{x} + \mathfrak{y}$ 是 $\mathfrak{g}_0$ 的子代数. 但 $\mathfrak{k}_0$ 包含了 $\mathfrak{g}_0$ 的一组生成元, 因此作为线性空间我们有 $\mathfrak{k}_0 = \mathfrak{g}_0$. 此外, 由引理 3.4.12 容易看出 $\mathfrak{g}_0 = \mathfrak{h} + \mathfrak{x} + \mathfrak{y}$ 是直和.

现在我们继续前面关于 Lie 代数 $\mathfrak{g}_0$ 的研究. 对于 $i \neq j$, 设 $x_{ij} = (\mathrm{ad}\, x_i)^{-a_{ji}+1}(x_j)$, $y_{ij} = (\mathrm{ad}\, y_i)^{-a_{ji}+1}(y_j)$, 并设 I 为 $\mathfrak{x}$ 中由所有 $x_{ij} (i \neq j)$ 生成的理想, J 为 $\mathfrak{y}$ 中由所有 $y_{ij} (i \neq j)$ 生成的理想, K 为 $\mathfrak{g}_0$ 中由 $x_{ij}, y_{ij}, i \neq j$ 生成的理想. 我们先证明几个引理.

引理 3.4.14　在 Lie 代数 $\mathfrak{g}_0$ 中, 对任何 $i \neq j$ 及 $1 \leqslant k \leqslant l$, $\mathrm{ad}\, x_k(y_{ij}) = 0$, $\mathrm{ad}\, y_k(x_{ij}) = 0$.

证　我们只证第一个等式, 第二个等式的证明类似. 先假设 $k \neq i$. 由 (S2) 知 $[x_k, y_i] = 0$, 这说明 $\mathrm{ad}\, x_k$ 与 $\mathrm{ad}\, y_i$ 交换, 从而 $\mathrm{ad}\, x_k (\mathrm{ad}\, y_i)^{-a_{ji}+1}(y_j) = (\mathrm{ad}\, y_i)^{-a_{ji}+1}$ $(\mathrm{ad}\, x_k)(y_j)$. 如果 $k \neq j$, 则由 (S2) 知 $[x_k, y_j] = 0$, 从而 $\mathrm{ad}\, x_k (\mathrm{ad}\, y_i)^{-a_{ji}+1}(y_j) = 0$. 若 $k = j$, 则由 (S3), $\mathrm{ad}\, x_k (\mathrm{ad}\, y_i)^{-a_{ji}+1}(y_j) = (\mathrm{ad}\, y_i)^{-a_{ji}+1}(h_j) = (\mathrm{ad}\, y_i)^{-a_{ji}}(a_{ij} y_i)$. 若 $a_{ij} = 0$, 上式自然为 0; 否则 $a_{ij} < 0$, 上式同样为 0. 因此当 $k \neq i$ 时结论成立.

现在考虑 $k = i$ 的情形. 前面我们证明了 $S = \mathbb{C} h_i + \mathbb{C} x_i + \mathbb{C} y_i$ 是 $\mathfrak{g}_0$ 中一个与 $\mathfrak{sl}(2, \mathbb{C})$ 同构的子代数. 考虑 S 在 $\mathfrak{g}_0$ 上的伴随作用, 注意在 2.3 节中我们关于 $\mathfrak{sl}(2, \mathbb{C})$ 的表示的结论在这里仍然成立 (值得注意的是, $\mathfrak{g}_0$ 可能是无穷维的). 因 $j \neq i$, $[x_i, y_j] = 0$. 另一方面, $[h_i, y_j] = -a_{ji} y_j$. 这说明 y_j 是一个最高权向量, 其对应的权为 $-a_{ji}$. 由 $\mathfrak{sl}(2, \mathbb{C})$ 的表示的性质容易看出, 对于任意正整数 t, 有 $\mathrm{ad}\, x_i (\mathrm{ad}\, y_i)^t (y_j) = t(-a_{ji} - t + 1)(\mathrm{ad}\, y_i)^{t-1}(y_j)$. 特别地, 在上式中取 $t = -a_{ji} + 1$ 就得到 $\mathrm{ad}\, x_i (y_{ij}) = 0$.

至此引理得证.

引理 3.4.15 I, J 是 $\mathfrak{g}_0$ 的理想, 且 $K = I \oplus J$(理想直和).

证   我们只证 I 是 $\mathfrak{g}_0$ 的理想, 对 J 的证明类似. 前面已经证明

$$\operatorname{ad} h_k(x_{ij}) = (a_{jk} + (-a_{ji} + 1)a_{ik})(x_{ij}), \quad 1 \leqslant k \leqslant l, j \neq i.$$

因 $\mathfrak{x}$ 是由 $x_i, 1 \leqslant i \leqslant l$ 生成的 $\mathfrak{g}_0$ 的子代数, 有 $\operatorname{ad} h_k(\mathfrak{x}) \subseteq \mathfrak{x}$. 于是由 Jacobi 恒等式知 $\operatorname{ad}(h_k)(I) \subseteq I$. 由引理 3.4.14, 对任何 k 和 $j \neq i$ 有 $\operatorname{ad} y_k(x_{ij}) = 0$. 又由定义容易看出 $\operatorname{ad} y_k(\mathfrak{x}) \subseteq \mathfrak{x} + \mathfrak{h}$. 由 Jacobi 恒等式我们得到 $\operatorname{ad} y_k(I) \subset I$. 注意到 x_i, y_i 是 $\mathfrak{g}_0$ 的生成元组, 我们得到 $[\mathfrak{g}_0, I] \subset I$. 因此 I 是 $\mathfrak{g}_0$ 的理想.

因 I, J 都是 $\mathfrak{g}_0$ 的理想, $I + J$ 自然是 $\mathfrak{g}_0$ 的理想, 但是 $I + J$ 已经包含了 $\mathfrak{g}_0$ 的理想 K 的生成元 x_{ij}, y_{ij}, 从而 $K = I + J$. 由定理 3.4.13 知 $K = I \oplus J$ 是直和.

现在我们可以叙述并证明 Serre 定理了.

定理 3.4.16 (Serre 定理)   设 Φ 为欧几里得空间 E 中的一个根系, $\Delta = \{\alpha_1, \alpha_2, \cdots, \alpha_l\}$ 为基. 设 $\mathfrak{g}$ 为由 $3l$ 个元素 $x_i, y_i, h_i(i = 1, 2, \cdots, l)$ 生成, 且满足关系式 (S1), (S2), (S3), (S_{ij}^+), (S_{ij}^-) 的复 Lie 代数, 则 $\mathfrak{g}$ 为复半单 Lie 代数, $\mathfrak{h} = L(h_1, h_2, \cdots, h_l)$ 是 $\mathfrak{g}$ 的一个 Cartan 子代数, 且 $\mathfrak{g}$ 对于 $\mathfrak{h}$ 的根系恰为 Φ.

证   利用前面的记号我们可以将 $\mathfrak{g}$ 看成是 Lie 代数 $\mathfrak{g}_0$ 对于理想 K 的商 Lie 代数. 由于 $\mathfrak{g}_0 = \mathfrak{x} + \mathfrak{h} + \mathfrak{Y}$ (线性空间直和), 而且 $K = I + J, I \subset X, J \subset Y$, 有 $\mathfrak{g} = \mathfrak{x}/I + \pi(\mathfrak{h}) + \mathfrak{Y}/J$ (线性空间直和), 其中 π 为 $\mathfrak{g}_0$ 到 $\mathfrak{g}$ 的自然映射. 进一步, 前面我们已经证明, π 是 $\mathfrak{h}$ 到 $\pi(\mathfrak{h})$ 的线性同构. 为方便计, 下面我们仍将 $\mathfrak{g}$ 中的子空间 $\pi(\mathfrak{h})$ 记为 $\mathfrak{h}$, 且记 $\mathfrak{n}^+ = \mathfrak{x}/I$, $\mathfrak{n}^- = \mathfrak{Y}/J$, 则作为线性空间我们有 $\mathfrak{g} = \mathfrak{n}^- + \mathfrak{h} + \mathfrak{n}^+$. 此外, 由理想 I 及 J 的定义可知, 自然映射 π 将 $\mathfrak{g}_0$ 中的子空间 $\sum_{i=1}^l \mathbb{C} y_i + \sum_{i=1}^l \mathbb{C} h_i + \sum_{i=1}^l \mathbb{C} x_i$ 线性同构地映射到其像上. 与上面一样, 我们将 y_i, h_i, x_i 直接看成 $\mathfrak{g}$ 中元素, 于是这些元素构成了 $\mathfrak{g}$ 的一组生成元.

现在我们对任何 $\mathfrak{h}$ 上的线性函数 λ 定义 $\mathfrak{g}_{:\lambda} = \{x \in \mathfrak{g} | [h, x] = \lambda(h)x, \forall h \in \mathfrak{h}\}$. 由 Lie 代数的构造过程和根系的性质容易看出, $\mathfrak{g}_{:0} = \mathfrak{h}$. 进一步, 如果 $\lambda \in \mathfrak{h}^*, \lambda \neq 0$ 使得 $\mathfrak{g}_{:\lambda} \neq 0$, 则 λ 一定是 $\alpha_1, \alpha_2, \cdots, \alpha_l$ 的整系数组合, 且系数或全为非正的或全为非负的, 而且我们有 $\mathfrak{n}^- = \sum_{\lambda \prec 0} \mathfrak{g}_{:\lambda}$, $\mathfrak{n}^+ = \sum_{\lambda \succ 0} \mathfrak{g}_{:\lambda}$. 进一步, 对于每个 $\lambda \in \mathfrak{h}^*$, 都有 $\dim \mathfrak{g}_{:\lambda} < \infty$.

为了完成定理的证明, 我们需要构造 Lie 代数 $\mathfrak{g}$ 的若干特殊同构. 由引理 3.4.14 及根系的性质可知, 对任何 i, $\mathfrak{g}$ 上的线性变换 $\operatorname{ad} x_i$ 都是局部幂零的, 亦即对任何 $x \in \mathfrak{g}$, 存在正整数 n_x 使得 $(\operatorname{ad} x_i)^{n_x}(x) = 0$, 因此 $\exp(\operatorname{ad} x_i)$ 是 $\mathfrak{g}$ 的一个线性同构, 它自然保持 $\mathfrak{g}$ 的 Lie 代数运算, 从而是 Lie 代数的自同构. 类似的结论对于 y_i 也成立. 现在定义

$$\tau_i = \exp(\operatorname{ad} x_i)\exp(\operatorname{ad}(-y_i))\exp(\operatorname{ad} x_i), \quad 1 \leqslant i \leqslant l,$$

我们就得到 Lie 代数 $\mathfrak{g}$ 的 l 个自同构. 由上面关于 $\mathfrak{g}_{:\lambda}$ 的讨论容易看出, 如果 $\lambda, \mu \in \mathfrak{h}^*$, 且在 Φ 的 Weyl 群中, $\sigma_{\alpha_i}(\lambda) = \mu$, 则有 $\tau_i(\mathfrak{g}_{:\lambda}) = \mathfrak{g}_{:\mu}$, 从而 $\dim \mathfrak{g}_{:\lambda} = \dim \mathfrak{g}_{:\mu}$. 因 σ_{α_i} $(1 \leqslant i \leqslant l)$ 是 Φ 的 Weyl 群 $\mathcal{W}$ 的一组生成元, 我们得到这样的结论: 若 $\lambda, \mu \in \mathfrak{h}^*$, 且存在 $\sigma \in \mathcal{W}$ 使得 $\sigma(\lambda) = \mu$, 则必有 $\dim \mathfrak{g}_{:\lambda} = \dim \mathfrak{g}_{:\mu}$.

现在我们考虑 $\mathfrak{g}_{:\lambda}$ $(\lambda \in \mathfrak{h}^*)$ 的维数. 显然, 对于任何 $1 \leqslant i \leqslant l$, $\dim \mathfrak{g}_{:\alpha_i} = 1$, 而且对于 $k \neq 1, 0, -1$, $\mathfrak{g}_{:k\alpha_i} = 0$. 由于任何一个根都在 Weyl 群的作用下共轭于一个单根, 因此对任何 $\alpha \in \Phi$, 有 $\dim \mathfrak{g}_{:\alpha} = 1$, 且对任何 $k \neq 1, 0 - 1$, $\mathfrak{g}_{:k\alpha} = 0$.

现在我们证明, 如果 $\lambda \in \mathfrak{h}^*$, $\lambda \neq 0$ 且 $\lambda \notin \Phi$, 则必有 $\mathfrak{g}_{:\lambda} = 0$. 事实上, 若 $\mathfrak{g}_{:\lambda} \neq 0$, 则 λ 是单根 $\{\alpha_1, \alpha_2, \cdots, \alpha_l\}$ 的非零整系数组合, 且系数或全为非正, 或全为非负. 另一方面, 上面的结论说明 λ 不能是某个单根的倍数. 由本节习题 8, 存在 $\sigma \in \mathcal{W}$, 使得 $\sigma(\lambda)$ 写成 $\{\alpha_1, \alpha_2, \cdots, \alpha_l\}$ 的组合时, 既有正整数系数, 又有负整数系数. 另一方面, 由 $\dim \mathfrak{g}_{:\lambda} = \dim \mathfrak{g}_{:\sigma(\lambda)}$ 可知, $\mathfrak{g}_{:\sigma(\lambda)} \neq 0$, 这是不可能的. 因此结论成立.

总结一下上面的结论可知, 对于 $\alpha \in \Phi$, $\dim \mathfrak{g}_{:\alpha} = 1$, 而当 $\lambda \neq 0$, 且 $\lambda \notin \Phi$ 时, 必有 $\mathfrak{g}_{:\lambda} = 0$. 因此 $\dim \mathfrak{g} = \dim \mathfrak{h} + |\Phi|$. 这里 $|\Phi|$ 表示 Φ 中元素的个数.

最后我们证明 $\mathfrak{g}$ 是半单 Lie 代数, 且 $\mathfrak{h}$ 是 $\mathfrak{g}$ 的一个 Cartan 子代数, 而对应的根系恰好为 Φ. 设 $\mathfrak{a}$ 为 $\mathfrak{g}$ 的一个交换理想, 于是 $[\mathfrak{h}, \mathfrak{a}] \subseteq \mathfrak{a}$. 又由上面的证明可知 $\mathfrak{g} = \mathfrak{h} + \sum_{\alpha \in \Phi} \mathfrak{g}_{:\alpha}$, 由此可知 $\mathfrak{a} = \mathfrak{a} \cap \mathfrak{h} + \sum_{\alpha \in \Phi} \mathfrak{a} \cap \mathfrak{g}_{:\alpha}$. 若存在 $\alpha \in \Phi$ 使得 $\mathfrak{a} \cap \mathfrak{g}_{:\alpha} \neq 0$, 则由 $\dim \mathfrak{g}_{:\alpha} = 1$ 可得 $\mathfrak{g}_\alpha \subseteq \mathfrak{a}$. 任取 $x \in \mathfrak{g}_\alpha$, $y \in \mathfrak{g}_{-\alpha}$, $x \neq 0, y \neq 0$, 则 $[x, y] \in \mathfrak{h}$, 且 $[x, y] \neq 0$, 于是 $[[x, y], y] = -\alpha([x, y])y \in \mathfrak{a}$. 由于 $\alpha([x, y]) \neq 0$, 我们得到 $y \in \mathfrak{a}$. 这样 $\mathfrak{a}$ 就包含了由 $x, y, [x, y]$ 生成的子代数, 而后者与 $\mathfrak{sl}(2, \mathbb{C})$ 同构. 这是不可能的. 因此对任何 $\alpha \in \Phi$, 必有 $\mathfrak{a} \cap \mathfrak{g}_{:\alpha} = 0$, 从而 $\mathfrak{a} \subseteq \mathfrak{h}$. 另一方面由 $\mathfrak{a}$ 是理想又可得到 $[\mathfrak{a}, \mathfrak{g}_{:\alpha}] = 0$, 从而对任何 $\alpha \in \Phi$, $\alpha(\mathfrak{a}) = 0$. 因此 $\mathfrak{a} = 0$. 至此我们证明了 $\mathfrak{g}$ 是半单 Lie 代数.

最后, 我们已经知道 $\mathfrak{h}$ 是一个交换子代数, 且有分解 $\mathfrak{g} = \mathfrak{h} + \sum_{\alpha \in \Phi} \mathfrak{g}_{:\alpha}$, $\dim \mathfrak{g}_{:\alpha} = 1, \forall \alpha \in \Phi$, 且 $[h, x] = \alpha(h)x, \forall h \in \mathfrak{h}, x \in \mathfrak{g}_{:\alpha}$. 由此可知, $\mathfrak{h}$ 是由半单元素组成的极大交换子代数, 从而是 $\mathfrak{g}$ 的 Cartan 子代数, 且 $\mathfrak{g}$ 对 $\mathfrak{h}$ 的根系恰为 Φ.

由 Serre 定理可以看出, 对于我们前面提到的任何一个 Dynkin 图, 一定存在一个复单 Lie 代数, 使得其对于一个 (从而对于任意一个)Cartan 子代数的图恰为该图. 而前面我们已经证明, 这样的复单 Lie 代数在同构意义下是唯一的. 至此我们给出了复单 Lie 代数完全分类. 我们将分类结果总结成下面的定理.

定理 3.4.17 在同构意义下, 复单 Lie 代数有 $A_l(l \geqslant 1)$, $B_l(l \geqslant 2)$, $C_l(l \geqslant 3)$ 及 $D_l(l \geqslant 4)$ 四类古典 Lie 代数与 E_6, E_7, E_8, F_4, G_2 五个例外单代数. 其 Dynkin 图分别为:

(1) $A_l\ (l \geqslant 1)$: $\overset{\alpha_1}{\circ}\!\!-\!\!\overset{\alpha_2}{\circ}\!\!-\!\cdots\!-\!\circ\!\!-\!\!\overset{\alpha_l}{\circ}$;

(2) $B_l\ (l \geqslant 2)$: $\overset{\alpha_1}{\circ}\!\!-\!\!\overset{\alpha_2}{\circ}\!\!-\!\cdots\!-\!\circ\!\!\Rightarrow\!\!\overset{\alpha_l}{\circ}$;

(3) $C_l\ (l \geqslant 3)$: $\overset{\alpha_1}{\circ}\!\!-\!\!\overset{\alpha_2}{\circ}\!\!-\!\cdots\!-\!\circ\!\!\Leftarrow\!\!\overset{\alpha_l}{\circ}$;

(4) $D_l\ (l \geqslant 4)$:

$$\overset{}{\underset{\alpha_1}{\circ}}\!\!-\!\!\underset{\alpha_2}{\circ}\!\!-\!\cdots\!-\!\!\underset{\alpha_{l-2}}{\circ}\!\!-\!\!\underset{\alpha_l}{\overset{\overset{\displaystyle\circ\,\alpha_{l-1}}{|}}{\circ}} $$;

(5) E_6: $\underset{\alpha_1}{\circ}\!-\!\underset{\alpha_3}{\circ}\!-\!\underset{\alpha_4}{\overset{\overset{\displaystyle\circ\,\alpha_2}{|}}{\circ}}\!-\!\underset{\alpha_5}{\circ}\!-\!\underset{\alpha_6}{\circ}$;

(6) E_7: $\underset{\alpha_1}{\circ}\!-\!\underset{\alpha_3}{\circ}\!-\!\underset{\alpha_4}{\overset{\overset{\displaystyle\circ\,\alpha_2}{|}}{\circ}}\!-\!\underset{\alpha_5}{\circ}\!-\!\underset{\alpha_6}{\circ}\!-\!\underset{\alpha_7}{\circ}$;

(7) E_8: $\underset{\alpha_1}{\circ}\!-\!\underset{\alpha_3}{\circ}\!-\!\underset{\alpha_4}{\overset{\overset{\displaystyle\circ\,\alpha_2}{|}}{\circ}}\!-\!\underset{\alpha_5}{\circ}\!-\!\underset{\alpha_6}{\circ}\!-\!\underset{\alpha_7}{\circ}\!-\!\underset{\alpha_8}{\circ}$;

(8) F_4: $\overset{\alpha_1}{\circ}\!\!-\!\!\overset{\alpha_2}{\circ}\!\!\Rightarrow\!\!\overset{\alpha_3}{\circ}\!\!-\!\!\overset{\alpha_4}{\circ}$;

(9) G_2: .

习 题 3.4

❦❧

1. 试完成命题 3.4.9 中包含关系 $[\tilde{h}_i, \tilde{y}_j] - a_{ij}\tilde{y}_j \in \ker(\tilde{\rho})$ 的证明.

2. 试用归纳法证明 (3.4.9).

3. 设 $\tilde{\mathfrak{g}}$ 是由非空集合 $X = \{x_1, x_2, \cdots, x_l\}$ 生成的自由 Lie 代数, $\tilde{\mathfrak{k}}$ 是由 $\{[x_i, x_j] | 1 \leqslant i, j \leqslant l\}$ 生成的 $\tilde{\mathfrak{g}}$ 的理想. 试决定 Lie 代数 $\mathfrak{g} = \tilde{\mathfrak{g}}/\tilde{\mathfrak{k}}$ 的维数与结构.

4. 试将 2 维非交换 Lie 代数写成一个自由 Lie 代数对于其某个理想的商 Lie 代数.

5. 试找出单 Lie 代数 $\mathfrak{sl}(3, \mathbb{C})$ 的一组由两个元素生成的生成元组.

6. 试找出单 Lie 代数 $\mathfrak{so}(5, \mathbb{C})$ 的一组由两个元素生成的生成元组.

7. 试证明任何一个复单 Lie 代数都可以由两个元素生成.

8. 设 Φ 为欧几里得空间 E 中的根系, $\Delta = \{\alpha_1, \alpha_2, \cdots, \alpha_l\}$ 为基, $\mathcal{W}$ 为 Weyl 群. 设 $\lambda = \sum\limits_{i=1}^{l} k_i \alpha_i$ 为 $\alpha_1, \alpha_2, \cdots, \alpha_l$ 的一个整数组合, 其中 k_i 同时为非负整数或同时为非正整数.

试证明下列两个结论至少有一个成立:

(1) 存在 $\alpha \in \Phi$ 及整数 c 使得 $\lambda = c\alpha$;

(2) 存在 $\sigma \in \mathcal{W}$ 使得 $\sigma\lambda = \sum\limits_{i=1}^{l} k_i'\alpha_i$, 其中 $k_i'(1 \leqslant i \leqslant l)$ 中既有正数也有负数.

第4章 实半单 Lie 代数简介

本章将简要介绍实半单 Lie 代数的结构和表示理论. 由于本章中很多结果的证明需要用到 Lie 群的知识, 我们将略去一些重要定理的证明. 在后续的《Lie 群》教材中, 我们将本章所需的细节全部补足. 我们这样安排主要有两种考虑: 首先, 有一些读者可能只对代数感兴趣而不想涉及 Lie 群, 对于这部分读者而言, 阅读本章后至少可以对实半单 Lie 代数的理论有一个大概的了解; 另一方面, 对 Lie 群理论有兴趣的读者可以在学习完本书后继续学习《Lie 群》, 我们将在那里详细介绍本书中给出的若干定理的详细证明. 我们觉得将一些重要的结果提前介绍给读者也是有好处的. 实半单 Lie 代数理论是非常优美的, 而且在很多数学分支中有重要应用. 例如, 利用 Lie 群理论研究微分几何时, 必须处理相关的 Lie 代数问题, 而这类代数都是实的. 本章我们主要介绍实半单 Lie 代数的分类结果.

4.1 紧 Lie 代数

本节将介绍紧 Lie 代数和紧嵌入 Lie 代数的概念. 利用这些概念, 我们将在后面研究在实半单 Lie 代数的分类中至关重要的 Cartan 分解. 一个实半单 Lie 代数称为**紧半单 Lie 代数**, 如果它的 Killing 型是负定的. 一般地, 一个实 Lie 代数 $\mathfrak{g}$ 称为**紧 Lie 代数**, 如果 $\mathfrak{g}$ 可以分解成它的中心 $C(\mathfrak{g})$ 和一个半单理想 $\mathfrak{g}_1$ 的直和 $\mathfrak{g} = C(\mathfrak{g}) \oplus \mathfrak{g}_1$, 而且半单理想 $\mathfrak{g}_1$ 是紧半单 Lie 代数. 显然, 紧 Lie 代数一定是约化 Lie 代数, 而且在上面的分解中一定有 $\mathfrak{g}_1 = [\mathfrak{g}, \mathfrak{g}]$. 注意, 按照上面的定义, 任何交换 Lie 代数都是紧 Lie 代数.

思考题 4.1.1 设 $\mathfrak{g}$ 是实 Lie 代数, 且 $\mathfrak{g}$ 是其中心 $C(\mathfrak{g})$ 和一个理想 $\mathfrak{g}_1$ 的直和, 试证明 $\mathfrak{g}_1$ 一定是半单 Lie 代数.

我们先来看看紧 Lie 代数的主要性质. 显然, 一个紧 Lie 代数的 Killing 型一定是半负定的, 下面是更进一步的结果.

定理 4.1.2   设 $\mathfrak{g}$ 是一个实 Lie 代数, 则 $\mathfrak{g}$ 是紧 Lie 代数当且仅当 $\mathfrak{g}$ 上存在一个正定的不变对称双线性型.

证   "$\Longrightarrow$"   因 $\mathfrak{g}$ 是紧 Lie 代数, 我们有分解 $\mathfrak{g} = C(\mathfrak{g}) \oplus [\mathfrak{g}, \mathfrak{g}]$, 而且 $\mathfrak{g}_1 = [\mathfrak{g}, \mathfrak{g}]$ 的 Killing 型 B_1 是负定的. 现在任意取定 $C(\mathfrak{g})$ 上的内积 $\langle, \rangle$, 定义

$$H(c_1 + x_1, c_2 + x_2) = \langle c_1, c_2 \rangle - B_1(x_1, x_2), \quad c_1, c_2 \in C(\mathfrak{g}), \ x_1, x_2 \in \mathfrak{g}_1.$$

则容易验证 H 是 $\mathfrak{g}$ 上的正定不变对称双线性型.

"$\Longleftarrow$"   设 $\mathfrak{g}$ 上存在正定的不变对称双线性型 H. 先证明, $\mathfrak{g}$ 的中心为

$$C(\mathfrak{g}) = \{x \in \mathfrak{g} | H(x, [y, z]) = 0, \forall y, z \in \mathfrak{g}\}. \tag{4.1.1}$$

事实上, 若 $x \in C(\mathfrak{g})$, 则由不变性, 对任何 $y, z \in \mathfrak{g}$,

$$H(x, [y, z]) = H([x, y], z) = 0.$$

反之, 如果 $x \notin C(\mathfrak{g})$, 则存在 $y \in \mathfrak{g}$ 使得 $[x, y] \neq 0$, 于是

$$H([x, y], [x, y]) = H(x, [y, [x, y]]) > 0.$$

由此我们得到 (4.1.1).

现在令 $\mathfrak{g}_1$ 为 $C(\mathfrak{g})$ 相对于 H 的正交补, 则由 (4.1.1) 容易看出, $\mathfrak{g}_1$ 是 $\mathfrak{g}$ 的理想, 且有直和分解 $\mathfrak{g} = C(\mathfrak{g}) \oplus \mathfrak{g}_1$. 又容易看出 $\mathfrak{g}_1 = [\mathfrak{g}, \mathfrak{g}]$, 因此 $\mathfrak{g}$ 是实约化 Lie 代数, 且 $\mathfrak{g}_1 = [\mathfrak{g}, \mathfrak{g}]$ 为半单的. 下证 $\mathfrak{g}_1$ 是紧半单 Lie 代数. 设 $\mathfrak{g}_1 = \mathfrak{h}_1 \oplus \mathfrak{h}_2 \oplus \cdots \oplus \mathfrak{h}_s$ 为 Lie 代数 $\mathfrak{g}_1$ 的分解, 其中 $\mathfrak{h}_i (1 \leqslant i \leqslant s)$ 都是 $\mathfrak{g}_1$ 的单理想, 则 $\mathfrak{h}_i$ 的 Killing 型和 H 在 $\mathfrak{h}_i$ 上的限制都是 $\mathfrak{h}_i$ 上的非退化不变对称双线性型. 由于 $\mathfrak{h}_i$ 是单 Lie 代数, 存在 (非零) 常数 c_i 使得 $B_i = c_i H|_{\mathfrak{h}_i}$. 注意到对任何 $x \in \mathfrak{h}_i$, $\mathfrak{h}_i$ 上的线性变换 $\mathrm{ad}\, x$ 对于内积 $H_i|_{\mathfrak{h}_i}$ 是反对称的, 因此存在 $\mathfrak{h}_i$ 中的一组基使得 $\mathrm{ad}\, x$ 在这组基下的矩阵是反对称的. 再由 Killing 型的定义看出 $c_i < 0$, 因此 B_i 是负定的, 从而半单 Lie 代数 $\mathfrak{g}_1$ 的 Killing 型是负定的. 因此 $\mathfrak{g}_1$ 是紧半单 Lie 代数. 至此定理证毕.

这一定理可以推广到紧半单 Lie 代数的任何有限维表示上, 这在后面将非常有用. 因其证明需要用到 Lie 群理论中著名的 Weyl 酉技巧 (Weyl's Unitary Trick), 因此略去.

定理 4.1.3   设 $\mathfrak{g}$ 是一个紧半单 Lie 代数, (V, ρ) 是 $\mathfrak{g}$ 的一个有限维表示, 则 V 上存在 ρ- 不变的内积 $\langle, \rangle$, 即对任何 $x \in \mathfrak{g}$ 和 $u, v \in V$ 有 $\langle \rho(x)(u), v \rangle + \langle u, \rho(x)(v) \rangle = 0$.

思考题 4.1.4   上述定理在非半单的情形是否成立?

现在我们给出紧嵌入 Lie 代数的定义.

定义 4.1.5 设 $\mathfrak{h}$ 为实 Lie 代数 $\mathfrak{g}$ 的子代数, 称 $\mathfrak{h}$ 为 $\mathfrak{g}$ 的**紧嵌入子代数**, 如果 $\mathfrak{g}$ 上存在 $\mathrm{ad}\,\mathfrak{h}$- 不变的内积, 即存在 $\mathfrak{g}$ 上内积 $\langle,\rangle$, 使得对任何 $x \in \mathfrak{h}$ 和 $u, v \in \mathfrak{g}$ 有 $\langle[x, u], v\rangle + \langle u, [x, v]\rangle = 0$.

由定义 4.1.5 和定理 4.1.2 容易看出, 任何实 Lie 代数的紧嵌入 Lie 代数本身一定是紧 Lie 代数, 而且一个实 Lie 代数是紧 Lie 代数当且仅当它是 Lie 代数本身的紧嵌入子代数. 此外, 利用定理 4.1.3 容易证明

命题 4.1.6 设 $\mathfrak{h}$ 为实 Lie 代数 $\mathfrak{g}$ 的紧半单子代数, 则 $\mathfrak{h}$ 一定是 $\mathfrak{g}$ 的紧嵌入子代数.

思考题 4.1.7 试举例说明一个实 Lie 代数的紧子代数不一定是它的紧嵌入子代数.

注记 4.1.8 定义紧 Lie 代数和紧嵌入 Lie 代数的最自然的办法是利用 Lie 群的理论. 设 $\mathfrak{g}$ 为实 Lie 代数, 则由 $\mathfrak{g}$ 中线性变换 $e^{\mathrm{ad}\,x}(x \in \mathfrak{g})$, 生成一个一般线性群 $\mathrm{GL}(\mathfrak{g})$ 的子群 $\mathrm{Int}(\mathfrak{g})$, 它是一个 Lie 群, 称为 $\mathfrak{g}$ 的伴随群. 称 $\mathfrak{g}$ 为紧 Lie 代数, 如果 $\mathrm{Int}(\mathfrak{g})$ 是紧 Lie 群. 这一定义与我们上面的定义是等价的. 此外, 设 $\mathfrak{h}$ 为实 Lie 代数 $\mathfrak{g}$ 的子代数, 则由 $\mathfrak{g}$ 中线性变换 $e^{\mathrm{ad}\,x}(x \in \mathfrak{h})$, 生成一个 $\mathrm{Int}(\mathfrak{g})$ 的子群 $\mathrm{Int}_g(\mathfrak{h})$, 它也是 Lie 群. 我们称 $\mathfrak{h}$ 为 $\mathfrak{g}$ 的紧嵌入子代数, 如果 $\mathrm{Int}_g(\mathfrak{h})$ 是紧 Lie 群. 这与本节紧嵌入子代数的定义也是等价的. 紧 Lie 代数还有一个等价的描述. 按照 Ado 定理, 对任何实 Lie 代数 $\mathfrak{g}$, 一定存在一个 Lie 群 G 使得 G 的 Lie 代数恰好为 $\mathfrak{g}$, 那么一个实 Lie 代数 $\mathfrak{g}$ 是紧的当且仅当存在一个紧 Lie 群使得它的 Lie 代数恰为 $\mathfrak{g}$. 我们将在后续的《Lie 群》这一教材中详细介绍这些内容.

最后我们来介绍一些常见的例子.

例 4.1.9 设 $n \geqslant 3$,

$$\mathfrak{so}(n) = \{x \in \mathbb{R}^{n \times n} | x' + x = 0\}.$$

称 $\mathfrak{so}(n)$ 为实正交 Lie 代数. 直接计算容易看出, $\mathfrak{so}(n)$ 的 Killing 型为 $B(x, y) = (n-2)\mathrm{tr}\,(xy)$, 这是负定的. 由此我们看到, $\mathfrak{so}(n)$ 是实半单 Lie 代数, 从而也是紧半单 Lie 代数.

例 4.1.10 设 $n \geqslant 2$,

$$\mathfrak{u}(n) = \{x \in \mathbb{C}^{n \times n} | \bar{x}' + x = 0\}.$$

容易看出 $\mathfrak{u}(n)$ 是一个实 Lie 代数, 称为酉 Lie 代数. 直接计算容易看出, $\mathfrak{u}(n)$ 的中心是

$$C(\mathfrak{u}(n)) = \{a\sqrt{-1}I_n | a \in \mathbb{R}\},$$

其中 I_n 是 n 阶单位矩阵. 而且

$$\mathfrak{su}(n) = [\mathfrak{u}(n), \mathfrak{u}(n)] = \{x \in \mathfrak{u}(n) | \mathrm{tr}\,(x) = 0\}.$$

与例 4.1.9 类似, 可以验证 $\mathfrak{su}(n)$ 是紧单 Lie 代数, 称为特殊酉 Lie 代数. 于是 $\mathfrak{u}(n)$ 是紧 Lie 代数, 这是一个非半单紧 Lie 代数的例子.

例 4.1.11   考虑实单 Lie 代数

$$\mathfrak{sl}(n,\mathbb{R}) = \{x \in \mathbb{R}^{n \times n} | \mathrm{tr}\,(x) = 0\}.$$

容易看出 $\mathfrak{sl}(n,\mathbb{R})$ 不是紧 Lie 代数, 而 $\mathfrak{so}(n)$ 是 $\mathfrak{sl}(n,\mathbb{R})$ 的子代数. 因为 $\mathfrak{so}(n)$ 是紧半单 Lie 代数, 所以是 $\mathfrak{sl}(n,\mathbb{R})$ 的紧嵌入子代数.

<h2 style="text-align:center">习 题 4.1</h2>

1. 试给出 3 维紧 Lie 代数的分类.
2. 证明非交换的可解或幂零实 Lie 代数不可能是紧 Lie 代数.
3. 试求出实 Lie 代数 $\mathfrak{sl}(2,\mathbb{R})$ 的所有紧嵌入子代数.
4. 试求出实 Lie 代数 $\mathfrak{sl}(3,\mathbb{R})$ 的所有半单的紧嵌入子代数.
5. 试给出维数不超过 4 的紧 Lie 代数的分类.
6. 考虑例 4.1.11 中 $\mathfrak{sl}(n,\mathbb{R})$ 的由对角矩阵组成的子代数 $\delta(n,\mathbb{R})$. 因 $\delta(n,\mathbb{R})$ 是交换 Lie 代数, 故是紧 Lie 代数. 试证明在 $\mathfrak{sl}(n,\mathbb{R})$ 上不存在 $\delta(n,\mathbb{R})$-不变的内积, 从而 $\delta(n,\mathbb{R})$ 不是 $\mathfrak{sl}(n,\mathbb{R})$ 的紧嵌入子代数.

4.2   Cartan 分解

本节我们将介绍非紧实半单 Lie 代数的 Cartan 分解. 先证明任何复半单 Lie 代数一定存在一个紧半单的实形式. 值得注意的是, 并非每一个复 Lie 代数都存在实形式, 而且一般来说, 即使一个复 Lie 代数存在实形式, 也不容易求出其具体的形式 (参见本节后面的习题).

定理 4.2.1   设 $\tilde{\mathfrak{g}}$ 是一个复半单 Lie 代数, 则存在 $\tilde{\mathfrak{g}}^R$ 的一个紧半单实子代数 $\mathfrak{u}$ 使得 $\tilde{\mathfrak{g}}^R = \mathfrak{u} + \sqrt{-1}\mathfrak{u}$. 简单地说, 任何复半单 Lie 代数都存在紧半单的实形式.

证   我们将利用复半单 Lie 代数的根子空间分解的性质直接构造出一个紧实形式. 任意取定 $\tilde{\mathfrak{g}}$ 的一个极大环面子代数 (即 Cartan 子代数) $\tilde{\mathfrak{h}}$. 设 $\tilde{\mathfrak{g}}$ 对于 $\tilde{\mathfrak{h}}$ 的根子空间分解为

$$\tilde{\mathfrak{g}} = \tilde{\mathfrak{h}} + \sum_{\alpha \in \Phi} \tilde{\mathfrak{g}}_{\alpha},$$

其中 Φ 为 $\tilde{\mathfrak{g}}$ 对于 $\tilde{\mathfrak{h}}$ 的根系.

由于 $\tilde{\mathfrak{g}}$ 的 Killing 型 B 在 $\tilde{\mathfrak{h}}$ 上的限制非退化, 对任何 $\alpha \in \Phi$, 存在唯一 $t_\alpha \in \tilde{h}$ 使得 $\alpha(h) = B(h, t_\alpha)$. 我们记

$$\mathfrak{h} = \sum_{\alpha \in \Phi} \mathbb{R}\sqrt{-1}t_\alpha.$$

这是一个实线性空间. 注意, 对任何 $\alpha, \beta \in \Phi$, 有 $\beta(t_\alpha) = B(t_\alpha, t_\beta) \in \mathbb{R}$.

由根子空间分解的性质, 存在 $\tilde{\mathfrak{g}}_\alpha$ ($\alpha \in \Phi$) 中非零元素 x_α 满足下面的条件:

$$[x_\alpha, x_{-\alpha}] = t_\alpha, \quad \alpha \in \Phi,$$
$$[x_\alpha, x_\beta] = N_{\alpha,\beta}x_{\alpha+\beta}, \quad \alpha, \beta \in \Phi,$$

其中 $N_{\alpha,\beta}$ 是实数, 且满足条件

$$N_{\alpha,\beta} = 0, \quad \alpha + \beta \notin \Phi,$$
$$N_{-\alpha,-\beta} = -N_{\alpha,\beta}, \quad \alpha, \beta \in \Phi,$$
$$N_{\alpha,\beta}^2 = \frac{1}{2}q(-p+1)\alpha(t_\beta),$$

这里 p, q 是整数, 且 $\beta + s\alpha$ ($p \leqslant s \leqslant q$) 为过 β 的 α-链.

现在我们定义 $\tilde{\mathfrak{g}}^R$ 一个实线性子空间 $\mathfrak{u}$ 为

$$\mathfrak{u} = \mathfrak{h} + \sum_{\alpha \in \Phi} \mathbb{R}(x_\alpha - x_{-\alpha}) + \sum_{\alpha \in \Phi} \mathbb{R}\sqrt{-1}(x_\alpha + x_{-\alpha}).$$

显然, 作为实线性空间我们有 $\tilde{\mathfrak{g}}^R = \mathfrak{u} \oplus \sqrt{-1}\mathfrak{u}$. 注意到对任何 $h \in \mathfrak{h}$ 和 $\alpha \in \Phi$, $\alpha(h) \in \sqrt{-1}\mathbb{R}$, 因此 $[h, x_\alpha - x_{-\alpha}] \in \mathbb{R}\sqrt{-1}(x_\alpha + x_{-\alpha})$, $[h, \sqrt{-1}(x_\alpha + x_{-\alpha})] \in \mathbb{R}(x_\alpha - x_{-\alpha})$. 而对任何 $\alpha, \beta \in \Phi$,

$$[x_\alpha - x_{-\alpha}, x_\beta - x_{-\beta}] = N_{\alpha,\beta}x_{\alpha+\beta} - N_{\alpha,-\beta}x_{\alpha-\beta} - N_{-\alpha,\beta}x_{\beta-\alpha} + N_{-\alpha,-\beta}x_{-\alpha-\beta}$$
$$= N_{\alpha,\beta}(x_{\alpha+\beta} - x_{-\alpha-\beta}) - N_{\alpha,-\beta}(x_{\alpha-\beta} - x_{\beta-\alpha}) \in \mathfrak{u}.$$

类似可证

$$[x_\alpha - x_{-\alpha}, \sqrt{-1}(x_\beta + x_{-\beta})] \in \mathfrak{u},$$
$$[\sqrt{-1}(x_\alpha + x_{-\alpha}), \sqrt{-1}(x_\beta + x_{-\beta})] \in \mathfrak{u}.$$

因此 $\mathfrak{u}$ 是 $\tilde{\mathfrak{g}}^R$ 的实子代数, 从而 $\mathfrak{u}$ 是 $\tilde{\mathfrak{g}}^R$ 的实形式.

最后我们来证明 $\mathfrak{u}$ 的 Killing 型是负定的, 从而完成定理的证明. 注意 $\mathfrak{u}$ 的 Killing 型是 $\tilde{\mathfrak{g}}$ 的 Killing 型 B 在 $\mathfrak{u}$ 上的限制. 由 $[x_\alpha, x_{-\alpha}] = B(x_\alpha, x_{-\alpha})t_\alpha$ 得到

$B(x_\alpha, x_{-\alpha}) = 1$, 从而对任何 $\alpha \in \Phi$,

$$B(x_\alpha - x_{-\alpha}, x_\alpha - x_{-\alpha}) = -2,$$
$$B(\sqrt{-1}(x_\alpha + x_{-\alpha}), \sqrt{-1}(x_\alpha + x_{-\alpha})) = -2,$$
$$B(\sqrt{-1}t_\alpha, \sqrt{-1}t_\alpha) = -\alpha(t_\alpha) = -2.$$

至此定理证毕.

利用 Lie 群理论我们可以证明, 任何一个复半单 Lie 代数的紧实形式在自同构群作用下是唯一的. 也就是说, 如果 u_1, u_2 是复半单 Lie 代数 $\tilde{\mathfrak{g}}$ 的两个紧实形式, 那么存在 $\tilde{\mathfrak{g}}$ 的自同构 ϕ 使得 $\phi(u_1) = u_2$. 结合上面的两个结论我们容易证明:

推论 4.2.2 一个紧半单 Lie 代数是单 Lie 代数当且仅当其复化是复单 Lie 代数.

上述推论事实上给出了紧单 Lie 代数的分类. 也就是说对于每一个中的 Dynkin 图, 存在唯一的紧单 Lie 代数使得其复化就是该图对应的复单 Lie 代数. 以后我们也用同样的符号来表示该 Dynkin 图对应的紧单 Lie 代数.

这样一来, 实单 Lie 代数的分类就只剩下非紧单 Lie 代数的情形. 我们称一个实单 Lie 代数为**第一类实单 Lie 代数**, 如果其复化是单 Lie 代数; 否则就称其为**第二类实单 Lie 代数**. 需要说明的是, 第二类实单 Lie 代数是存在的, 例如, 设 $\tilde{\mathfrak{g}}$ 是一个复单 Lie 代数, 将其看成实 Lie 代数, 记为 $\tilde{\mathfrak{g}}^R$, 那么 $\tilde{\mathfrak{g}}^R$ 就是一个第二类实单 Lie 代数.

可以证明, 第二类实单 Lie 代数都可以由上述方法得到, 这也就给出了第二类实单 Lie 代数的分类. 因为紧的情形已经解决, 下面我们看看第一类非紧实单 Lie 代数如何分类.

设 $\mathfrak{g}$ 是第一类非紧实单 Lie 代数, 那么其复化 $\mathfrak{g}^C$ 存在紧单实形式. 将 $\mathfrak{g}^C$ 对于 $\mathfrak{g}$ 的共轭记为 σ, 可以证明, 存在 $\mathfrak{g}^C$ 的紧单实形式 u 使得 u 在 σ 作用下不变, 即 $\sigma(u) \subseteq u$. 容易看出 σ 在 u 上的限制 (为方便, 下面将 $\sigma|_u$ 简单记为 σ) 是 u 的一个自同构, 而且满足 $\sigma^2 = \mathrm{id}$, 这样的自同构称为一个**对合自同构**.

设 $\mathfrak{k}$ 和 $\mathfrak{p}^*$ 分别为 u 上对合自同构的属于特征值 1 和 -1 的特征子空间, 那么 $\mathfrak{k}$ 是 u 的子代数, 而且有 $u = \mathfrak{k} + \mathfrak{p}^*$ (子空间直和), $\mathfrak{g} = \mathfrak{k} + \mathfrak{p}$(子空间直和), 其中 $\mathfrak{p} = \sqrt{-1}\mathfrak{p}^*$.

这也就是说, 任何一个第一类非紧实单 Lie 代数都会存在一个紧单 Lie 代数的对合自同构与之对应, 因此只要将紧单 Lie 代数的对合自同构进行分类, 就可以给出实单 Lie 代数的分类.

上面导出的分解 $\mathfrak{g} = \mathfrak{k} + \mathfrak{p}$ 不但本身对于实单 Lie 代数的分类具有重要意义 (后面我们将介绍实单 Lie 代数的 Satake 图, 这样的分解是出发点), 而且在表示理论, 微分几何中都有重要应用. 下面我们专门研究一下这样的分解的主要性质, 为了应用方便, 我们将考虑一般的实半单 Lie 代数. 我们先给出一个定义.

定义 4.2.3 设 $\mathfrak{g}$ 为一个实半单 Lie 代数, $\mathfrak{g}^C$ 为其复化, σ 为 $\mathfrak{g}^C$ 对于 $\mathfrak{g}$ 的共轭. 称 $\mathfrak{g}$ 的一个分解 $\mathfrak{g} = \mathfrak{k} + \mathfrak{p}$(线性空间的直和) 为 **Cartan 分解**, 其中 $\mathfrak{k}$ 是一个子代数, $\mathfrak{p}$ 为 $\mathfrak{g}$ 的线性子空间, 而且存在 $\mathfrak{g}^C$ 的一个紧实形式 $\mathfrak{u}$ 使得

$$\sigma(\mathfrak{u}) \subset \mathfrak{u}, \quad \mathfrak{k} = \mathfrak{g} \cap \mathfrak{u}, \quad \mathfrak{p} = \mathfrak{g} \cap \sqrt{-1}\mathfrak{u}.$$

类似上面的分析可以说明, 任何非紧实半单都存在 Cartan 分解. 当然, 如果 $\mathfrak{g}$ 本身是紧半单 Lie 代数, 则只有 $\mathfrak{g} = \mathfrak{g} + 0$ 才是它的 Cartan 分解. 因此研究实半单 Lie 代数的 Cartan 分解只需研究非紧的情形.

下面我们看看 Cartan 分解的主要性质.

定理 4.2.4 设 $\mathfrak{g} = \mathfrak{k} + \mathfrak{p}$ 为实半单 Lie 代数 $\mathfrak{g}$ 的 Cartan 分解, B 为 $\mathfrak{g}$ 的 Killing 型, 则

(1) $\mathfrak{g}$ 到 $\mathfrak{g}$ 的线性映射 σ: $\sigma(x) = x, x \in \mathfrak{k}$; $\sigma(y) = -y, y \in \mathfrak{p}$, 是 $\mathfrak{g}$ 的自同构.

(2) $[\mathfrak{k}, \mathfrak{k}] \subset \mathfrak{k}, [\mathfrak{k}, \mathfrak{p}] \subset \mathfrak{p}, [\mathfrak{p}, \mathfrak{p}] \subset \mathfrak{k}$.

(3) 对任何非零的 $x \in \mathfrak{k}, y \in \mathfrak{p}$ 有 $B(x,x) < 0, B(y,y) > 0, B(x,y) = 0$.

(4) $\mathfrak{k}$ 是 $\mathfrak{g}$ 的极大紧嵌入子代数.

证 (1) 由 Cartan 分解的定义容易看出, $\mathfrak{u} = \mathfrak{k} + \sqrt{-1}\mathfrak{p}$ 是 $\mathfrak{g}^C$ 的复化的紧实形式. 将 $\mathfrak{g}^C$ 对于 $\mathfrak{u}$ 的共轭记为 s, 则有 $s(x) = x, \forall x \in \mathfrak{k}$, 而对于 $y \in \mathfrak{p}$, $s(y) = s(-\sqrt{-1}\sqrt{-1}y) = \sqrt{-1}(\sqrt{-1}y) = -y$. 于是 $s(\mathfrak{g}) \subset \mathfrak{g}$, 即 $s|_{\mathfrak{g}} = \sigma$ 是 $\mathfrak{g}$ 的自同构.

(2) 由 (1) 我们看出, $\mathfrak{k} = \{x \in \mathfrak{g} | \sigma(x) = x\}$. 对于 $x_1, x_2 \in \mathfrak{k}$, 有 $\sigma([x_1, x_2]) = [\sigma(x_1), \sigma(x_2)] = [x_1, x_2]$, 故 $[x_1, x_2] \in \mathfrak{k}$, 即 $[\mathfrak{k}, \mathfrak{k}] \subset \mathfrak{k}$, 其余类似可证.

(3) 因 $\mathfrak{u} = \mathfrak{k} + \sqrt{-1}\mathfrak{p}$ 是 $\mathfrak{g}$ 的复化 $\mathfrak{g}^C$ 的紧实形式, 故 $\mathfrak{u}$ 是紧半单 Lie 代数, 因而其 Killing 型负定. 而 $\mathfrak{u}, \mathfrak{g}$ 都是 $\mathfrak{g}^C$ 的实形式, 因此其 Killing 型都是 $\mathfrak{g}^C$ 的 Killing 型在其上的限制. 于是对非零的 $x \in \mathfrak{k}, y \in \mathfrak{p}$, 有 $B(x,x) < 0, B(y,y) = -B(\sqrt{-1}y, \sqrt{-1}y) > 0$. 另一方面, $B(x,y) = B(\sigma(x), \sigma(y)) = B(x, -y) = -B(x,y)$, 故 $B(x,y) = 0$.

(4) 由 Killing 型的性质容易看出, 如果我们定义 $\langle, \rangle$ 为 $\langle x_1, x_2 \rangle = -B(x_1, x_2)$, $x_1, x_2 \in \mathfrak{k}$; $\langle y_1, y_2 \rangle = B(y_1, y_2), y_1, y_2 \in \mathfrak{p}$; $\langle x, y \rangle = 0, x \in \mathfrak{k}, y \in \mathfrak{p}$, 则 $\langle, \rangle$ 是 $\mathfrak{g}$ 上 $\mathrm{ad}(\mathfrak{k})$- 不变的内积, 因此 $\mathfrak{k}$ 是 $\mathfrak{g}$ 的紧嵌入子代数. 现在设 $\mathfrak{k}_1$ 是 $\mathfrak{g}$ 的包含 $\mathfrak{k}$ 的子代数, 且 $\mathfrak{k}_1 \neq \mathfrak{k}$, 则存在 $y \in \mathfrak{k}_1, y \neq 0$, 使得 $y \in \mathfrak{p}$. 利用 (2) 的关系式容易验证, 这时 $\mathrm{ad}\, y$ 对于 $\langle, \rangle$ 是对称线性变换, 从而至少存在一个非零的实特征值. 如果 $\mathfrak{g}$ 上存在 $\mathfrak{k}_1$- 不变的内积 $\langle, \rangle_1$, 则 $\mathrm{ad}\, y$ 对于 $\langle, \rangle_1$ 是反对称变换, 从而其特征值只能为零或纯

虚数, 这是不可能的. 因此 $\mathfrak{k}_1$ 不是 $\mathfrak{g}$ 的紧嵌入子代数, 即 $\mathfrak{k}$ 是 $\mathfrak{g}$ 的极大紧嵌入子代数.

下面我们给出 Cartan 分解的一个非常方便的等价描述.

定理 4.2.5   设 $\mathfrak{g}$ 为实半单 Lie 代数, $\mathfrak{g} = \mathfrak{k} + \mathfrak{p}$ 为线性空间的直和分解, 则 $\mathfrak{g} = \mathfrak{k} + \mathfrak{p}$ 是 $\mathfrak{g}$ 的 Cartan 分解当且仅当:

(1) 由 $\sigma(x) = x$, $x \in \mathfrak{k}$; $\sigma(y) = -y$, $y \in \mathfrak{p}$ 定义的 $\mathfrak{g}$ 的线性变换 σ 是 $\mathfrak{g}$ 的自同构.

(2) $\mathfrak{g}$ 的 Killing 型 B 在 $\mathfrak{k}$ 上的限制是负定的, 而在 $\mathfrak{p}$ 上的限制是正定的.

证   必要性是显然的. 下面我们证充分性. 在 $\mathfrak{g}$ 的复化 $\mathfrak{g}^C$ 中考虑子集合

$$u = \mathfrak{k} + \sqrt{-1}\mathfrak{p}.$$

容易看出 u 是 $(\mathfrak{g}^C)^R$ 的实线性子空间, 且是 $(\mathfrak{g}^C)^R$ 的实子代数, 而且有 $(\mathfrak{g}^C)^R = u + \sqrt{-1}u$, 因此 u 是 $\mathfrak{g}^C$ 的实形式. 另一方面容易看出, u 的 Killing 型 (它等于 $\mathfrak{g}^C$ 的 Killing 型在 u 上的限制) 是负定的, 因此 u 是紧半单 Lie 代数. 由此看出 $\mathfrak{g} = \mathfrak{k} + \mathfrak{p}$ 是 Cartan 分解.

前面我们说过, 一个复半单 Lie 代数的任何两个紧实形式都在其自同构群下共轭. 由此容易导出

定理 4.2.6   设 $\mathfrak{g} = \mathfrak{k}_1 + \mathfrak{p}_1 = \mathfrak{k}_2 + \mathfrak{p}_2$ 为实半单 Lie 代数 $\mathfrak{g}$ 的两个 Cartan 分解, 则存在 $\mathfrak{g}$ 的自同构 ϕ 使得 $\phi(\mathfrak{k}_1) = \mathfrak{k}_2$ 且 $\phi(\mathfrak{p}_1) = \mathfrak{p}_2$.

这一定理的证明我们留做习题.

习 题 4.2

1. 已知一个复半单 Lie 代数的任何两个紧实形式都在其自同构群下共轭, 证明定理 4.2.6.

2. 设 u 为复半单 Lie 代数 $\tilde{\mathfrak{g}}$ 的紧实形式. 试证明 $\tilde{\mathfrak{g}}^R = u + \sqrt{-1}u$ 是 $\tilde{\mathfrak{g}}^R$ 的 Cartan 分解.

3. 设 $\mathfrak{g} = \mathfrak{k} + \mathfrak{p}$ 为非紧实半单 Lie 代数 $\mathfrak{g}$ 的一个 Cartan 分解, 试构造 Lie 代数 $\mathfrak{g} \oplus \mathfrak{g}$ 的两个不同的 Cartan 分解.

4. 设 $\mathfrak{g} = \mathfrak{sl}(2, \mathbb{R})$,

$$\mathfrak{k} = \left\{ \begin{pmatrix} 0 & b \\ -b & 0 \end{pmatrix} \middle| b \in \mathbb{R} \right\}, \quad \mathfrak{p} = \left\{ \begin{pmatrix} a & b \\ b & -a \end{pmatrix} \middle| a, b \in \mathbb{R} \right\}.$$

试证明 $\mathfrak{g} = \mathfrak{k} + \mathfrak{p}$ 是 Cartan 分解.

5. 试构造 Lie 代数 $\mathfrak{sl}(n, \mathbb{C})$ 的一个 Cartan 分解.

6. 设 p,q 为正整数, $1 \leqslant q \leqslant p$, 定义 $p+q$ 阶方阵 $I_{p,q} = \mathrm{diag}(-I_p, I_q)$, 令

$$\mathfrak{g} = \mathfrak{so}(p,q) = \{A \in \mathbb{R}^{(p+q) \times (p+q)} | A'I_{p,q} + I_{p,q}A = 0, \mathrm{tr}(A) = 0\},$$

$$\mathfrak{k} = \left\{ \begin{pmatrix} 0 & Z \\ Z' & 0 \end{pmatrix} \middle| Z \in \mathbb{R}^{p \times q} \right\},$$

$$\mathfrak{p} = \left\{ \begin{pmatrix} X & 0 \\ 0 & Y \end{pmatrix} \in \mathfrak{so}(p,q) \middle| X \in \mathfrak{so}(p), Y \in \mathfrak{so}(q) \right\}.$$

试证明 $\mathfrak{g} = \mathfrak{k} + \mathfrak{p}$ 是 Cartan 分解.

7. 设 $\mathfrak{u}$ 为实半单 Lie 代数 $\mathfrak{g}$ 的一个极大紧嵌入子代数, 试问是否一定存在 $\mathfrak{g}$ 的子空间 $\mathfrak{p}$ 使得 $\mathfrak{g} = \mathfrak{u} + \mathfrak{p}$ 为 Cartan 分解?

4.3 Cartan 子代数

本节我们将给出实半单 Lie 代数的 Cartan 子代数的若干结果. 由于涉及的证明基本上要用到 Lie 群的知识, 将省略绝大部分的证明. 在后面的两节中我们将在本节的基础上介绍一种实单 Lie 代数的分类办法, 即 Satake 图.

我们先给出实半单 Lie 代数的 Cartan 子代数的概念. 回忆一下, 我们在前面研究复半单 Lie 代数的根子空间分解时, 首先需要固定一个极大环面子代数 (一个子代数称为环面子代数, 如果其中的元素都是半单的). 当然, 按照严格的定义, 一个复半单 Lie 代数 $\tilde{\mathfrak{g}}$ 的子代数 $\tilde{\mathfrak{h}}$ 称为 $\tilde{\mathfrak{g}}$ 的 Cartan 子代数, 如果它满足下面的条件:

1) $\tilde{\mathfrak{h}}$ 是幂零的;

2) $\tilde{\mathfrak{h}}$ 是自正规的, 即 $N_{\tilde{\mathfrak{g}}}(\tilde{\mathfrak{h}}) = \tilde{\mathfrak{h}}$;

3) $\tilde{\mathfrak{h}}$ 在 1), 2) 的意义下极大.

思考题 4.3.1   试证明复半单 Lie 代数的极大环面子代数一定是 Cartan 子代数.

当然, 反过来可以证明, 任何一个复半单 Lie 代数的 Cartan 子代数都是极大环面子代数. 下面我们给出实半单 Lie 代数的 Cartan 子代数的定义.

定义 4.3.2   设 $\mathfrak{h}$ 为实半单 Lie 代数 $\mathfrak{g}$ 的一个子代数. 称 $\mathfrak{h}$ 为 $\mathfrak{g}$ 的一个 Cartan 子代数, 如果 $\mathfrak{h}^C$ 是 $\mathfrak{g}$ 的复化 $\mathfrak{g}^C$ 的 Cartan 子代数.

利用上面的这些结果, 可以给出一个判别定理.

定理 4.3.3   实半单 Lie 代数 $\mathfrak{g}$ 的一个子代数 $\mathfrak{h}$ 为 $\mathfrak{g}$ 的 Cartan 子代数当且仅当 $\mathfrak{h}$ 是由半单元素组成的极大交换子代数.

证   必要性由定义和复半单 Lie 代数的 Cartan 子代数的性质直接可得. 下证充分性. 若 $\mathfrak{h}$ 是 $\mathfrak{g}$ 的极大交换子代数, 而且对任何 $x \in \mathfrak{h}$, $\mathrm{ad}\,x$ 是半单的, 那么 $\mathfrak{h}^C$ 自然是 $\mathfrak{g}^C$ 的交换子代数, 且由半单元素组成. 因此只需证明 $\mathfrak{h}^C$ 是 $\mathfrak{g}^C$ 中的极大交

换子代数. 考虑 $\mathfrak{g}^C$ 中一簇由半单元素组成的线性变换 $\operatorname{ad} x,\ x \in \mathfrak{h}$, 则 $\mathfrak{g}^C$ 有分解

$$\mathfrak{g}^C = (\mathfrak{g}^C)_0 + \sum_{\alpha \in \Delta} \mathfrak{g}^C_\alpha, \tag{4.3.2}$$

其中 $(\mathfrak{g}^C)_0 = \{x \in \mathfrak{g} | [h,x]=0, \forall h \in \mathfrak{h}\}$, Δ 是由 $\mathfrak{h}$ 上的一些非零复线性函数组成的集合, 而且对于 $\alpha \in \Delta$, $\mathfrak{g}^C_\alpha = \{x \in \mathfrak{g}^C | [h,x]=\alpha(h)x, \forall h \in \mathfrak{h}\}$.

现在我们证明 $\mathfrak{h} = (\mathfrak{g}^C)_0 \cap \mathfrak{g}$. 首先, 由于 $\mathfrak{h}$ 是交换的, 故 $\mathfrak{h} \subset (\mathfrak{g}^C)_0 \cap \mathfrak{g}$. 其次, 因为对任何 $x \in \mathfrak{h}$, $(\mathfrak{g}^C)_0$, $\mathfrak{g}$ 都是 $\operatorname{ad} x$ 的不变子空间, 故 $(\mathfrak{g}^C)_0 \cap \mathfrak{g}$ 也是 $\operatorname{ad} x$ 的不变子空间, 而 $\mathfrak{h}$ 由半单元素组成且可交换, 这说明一定存在 $(\mathfrak{g}^C)_0 \cap \mathfrak{g}$ 的子空间 $\mathfrak{h}'$ 使得 $(\mathfrak{g}^C)_0 \cap \mathfrak{g} = \mathfrak{h} + \mathfrak{h}'$(空间直和). 如果 $\mathfrak{h} \neq (\mathfrak{g}^C)_0 \cap \mathfrak{g}$, 则一定存在 $x \in \mathfrak{h}'$ 使得 $x \neq 0$, 且 $[h,x]=0, \forall h \in \mathfrak{h}$, 与 $\mathfrak{h}$ 的极大性矛盾. 因此 $\mathfrak{h} = (\mathfrak{g}^C)_0 \cap \mathfrak{g}$.

最后我们来证明 $\mathfrak{h}^C$ 是 $\mathfrak{g}^C$ 中的极大交换子代数. 注意 (4.3.2) 中的分解对于 $\mathfrak{h}^C$ 也成立, 而且 $\mathfrak{h}^C \subseteq (\mathfrak{g}^C)_0$. 任取 $x \in (\mathfrak{g}^C)_0$, 设 $x = x_1 + \sqrt{-1}x_2$, 其中 $x_1, x_2 \in \mathfrak{g}$, 则由 $[h,x]=0, \forall h \in \mathfrak{h}$, 我们得到 $[h,x_1]=[h,x_2]=0, \forall h \in \mathfrak{h}$, 故 $x_1, x_2 \in (\mathfrak{g}^C)_0 \cap \mathfrak{g} = \mathfrak{h}$, 从而 $x \in \mathfrak{h}^C$, 即 $\mathfrak{h}^C = (\mathfrak{g}^C)_0$. 故 $\mathfrak{h}^C$ 是极大交换的. 至此定理证毕.

作为一个特殊情形, 一个紧半单 Lie 代数的子代数是 Cartan 子代数当且仅当它是极大交换子代数. 如果 $\mathfrak{g} = \mathfrak{k} + \mathfrak{p}$ 是非紧实半单 Lie 代数 $\mathfrak{g}$ 的 Cartan 分解, 则容易看出, 对任何 $x \in \mathfrak{k}, y \in \mathfrak{p}$, $\operatorname{ad} x, \operatorname{ad} y$ 都是半单线性变换. 因此, 如果 $\mathfrak{h}$ 是 $\mathfrak{g}$ 的一个极大交换子代数, 而且有分解 $\mathfrak{h} = \mathfrak{h} \cap \mathfrak{k} + \mathfrak{h} \cap \mathfrak{p}$, 则 $\mathfrak{h}$ 一定是 $\mathfrak{g}$ 的 Cartan 子代数. 具有这样的分解的 Cartan 子代数称为对于上述分解的正规 Cartan 子代数. 可以证明, 任何 $\mathfrak{g}$ 的 Cartan 子代数都在 $\mathfrak{g}$ 的自同构群下共轭于 $\mathfrak{g}$ 的一个正规 Cartan 子代数.

现在我们给出由 Cartan 分解出发构造 Cartan 子代数的两种方法. 将结论写成两个命题的形式.

命题 4.3.4 设 $\mathfrak{g} = \mathfrak{k} + \mathfrak{p}$ 是非紧实半单 Lie 代数的 Cartan 分解. 取定 $\mathfrak{k}$ 的一个极大交换子代数 $\mathfrak{t}$, 并设 $\mathfrak{h}$ 为 $\mathfrak{g}$ 中包含 $\mathfrak{t}$ 的极大交换子代数, 则 $\mathfrak{h}$ 是 $\mathfrak{g}$ 的对于上述分解的正规 Cartan 子代数.

证 先证明 $\mathfrak{h} = \mathfrak{h} \cap \mathfrak{k} + \mathfrak{h} \cap \mathfrak{p}$. 设 σ 是 $\mathfrak{g}^C$ 对于 $\mathfrak{u} = \mathfrak{k} + \sqrt{-1}\mathfrak{p}$ 的共轭. 则对任何 $x \in \mathfrak{h}$, $x + \sigma(x) \in \mathfrak{k}$. 又对任何 $y \in \mathfrak{t} \subseteq \mathfrak{k}$, $\sigma(y)=y$, 由此得到 $[x+\sigma(x),y] = [x,y]+\sigma([x,y]) = 0$. 这说明 $x+\sigma(x) \in \mathfrak{t} \subseteq \mathfrak{h}$. 从而 $\sigma(x) \in \mathfrak{h}$. 这就证明了 $\mathfrak{h} = \mathfrak{h} \cap \mathfrak{k} + \mathfrak{h} \cap \mathfrak{p}$.

接下来证明 $\mathfrak{h}$ 中的元素都是半单元. 任取 $x \in \mathfrak{h}$, 设 $x = x_1 + x_2$, 其中 $x_1 \in \mathfrak{k}$, $x_2 \in \mathfrak{p}$, 则由上面的结论, $x_1 \in \mathfrak{h}, x_2 \in \mathfrak{h}$. 因 x_1, x_2 都是半单元, 且 $[x_1,x_2]=0$, 故 $x = x_1 + x_2$ 是半单元. 至此命题得证.

类似上述命题, 我们可以证明:

命题 4.3.5 设 $\mathfrak{g} = \mathfrak{k} + \mathfrak{p}$ 是非紧实半单 Lie 代数的 Cartan 分解. 取定 $\mathfrak{p}$ 的一个极大交换子空间 $\mathfrak{a}$, 并设 $\mathfrak{h}$ 为 $\mathfrak{g}$ 中包含 $\mathfrak{a}$ 的极大交换子代数, 则 $\mathfrak{h}$ 是 $\mathfrak{g}$ 的对于上述分解的正规 Cartan 子代数.

现在我们给出两个定义.

定义 4.3.6 设 $\mathfrak{g} = \mathfrak{k} + \mathfrak{p}$ 为非紧实半单 Lie 代数 $\mathfrak{g}$ 的 Cartan 分解. 若 $\mathfrak{h}$ 为 $\mathfrak{g}$ 的 Cartan 子代数, 且存在 $\mathfrak{k}$ 的一个极大交换子代数 $\mathfrak{t}$ 使得 $\mathfrak{t} \subset \mathfrak{h}$, 则称 $\mathfrak{h}$ 为 $\mathfrak{g}$ 的一个 T-正常 Cartan 子代数; 若存在 $\mathfrak{p}$ 的一个极大交换子空间 $\mathfrak{a}$, 使得 $\mathfrak{a} \subset \mathfrak{h}$, 则称 $\mathfrak{h}$ 为 $\mathfrak{g}$ 的一个 V-正常子代数.

上面的两个命题说明, 非紧实半单 Lie 代数中一定存在 T-正常 Cartan 子代数和 V-正常 Cartan 子代数. 这个结论说明, 一般说来一个非紧实半单 Lie 代数的 Cartan 子代数在自同构群共轭意义下不是唯一的. 与此形成对比的是, 紧半单 Lie 代数的 Cartan 子代数在自同构群共轭的意义下是唯一的; 同样地, 复半单 Lie 代数的 Cartan 子代数在自同构群共轭的意义下也是唯一的. 这些结论的证明我们将在以后的 Lie 群理论中详细给出.

习　题　4.3

1. 试给出实单 Lie 代数 $\mathfrak{sl}(n, \mathbb{R})$ 的一个 Cartan 分解, 并求出对于这个分解的一个 T-正常 Cartan 子代数和一个 V-正常 Cartan 子代数. 这两个 Cartan 子代数是否同构?

2. 证明命题 4.3.5.

3. 试给出实半单 Lie 代数 $\mathfrak{sl}(3, \mathbb{R})$ 的 Cartan 子代数的分类.

4. 试证明任何实半单 Lie 代数的双极化的特征元都是半单元.

5. 试证明任何实半单 Lie 代数的双极化都是对称的.

4.4　Satake 图

本节我们介绍第一类非紧实单 Lie 代数的一种分类方法, 即 Satake 图. 这是日本数学家 I. Satake, S. Araki 等给出的. 实半单 Lie 代数还有另一种分类方法, 是由我国的严志达先生给出的, 文献中一般称为严志达图, 简称严图, 感兴趣的读者可以参考文献 [5].

我们先介绍与此有关的 **Iwasawa 分解**.

设 $\mathfrak{g} = \mathfrak{k} + \mathfrak{p}$ 为实半单 Lie 代数的 Cartan 分解, $\mathfrak{g}^{C}$ 为 $\mathfrak{g}$ 的复化, 则 $\mathfrak{u} = \mathfrak{k} + \sqrt{-1}\mathfrak{p}$ 是 $\mathfrak{g}^{C}$ 的紧实形式. 设 σ, τ 分别 $\mathfrak{g}^{C}$ 为对于 $\mathfrak{g}$ 和 $\mathfrak{u}$ 的共轭, 则 $\theta = \sigma\tau$ 是 $\mathfrak{g}^{C}$ 的一个对合自同构.

取定 $\mathfrak{p}$ 的一个极大交换子空间 $\mathfrak{a}$, 则存在 $\mathfrak{g}$ 的 Cartan 子代数 $\mathfrak{h}$ 使得 $\mathfrak{a} \subset \mathfrak{h}$. 前面我们知道, $\mathfrak{h}$ 是正规 Cartan 子代数, 即有分解 $\mathfrak{h} = \mathfrak{h} \cap \mathfrak{k} + \mathfrak{h} \cap \mathfrak{p}$, 而且 $\mathfrak{h} \cap \mathfrak{p} = \mathfrak{a}$. 记 $\mathfrak{h}_{\mathfrak{k}} = \mathfrak{h} \cap \mathfrak{k}$, 我们令 $\mathfrak{h}_R = \sqrt{-1}\mathfrak{h}_{\mathfrak{k}} + \mathfrak{a}$, 称为 $\mathfrak{h}$ 的幂等. 设 $\mathfrak{g}^C = \mathfrak{h}^C + \sum_{\alpha \in \Delta}(\mathfrak{g}^C)_\alpha$ 为 $\mathfrak{g}^C$ 对于 $\mathfrak{h}^C$ 的根空间分解, 其中 Δ 为根系, 则对任何 $\alpha \in \Delta$, 我们有 $\alpha(\mathfrak{h}_R) \subseteq \mathbb{R}$, $\alpha(\mathfrak{a}) \subseteq \mathbb{R}$, 因此任何 Δ 中的元素都可以看成实线性空间 $\mathfrak{h}_R$ 和 $\mathfrak{a}$ 上的线性函数.

现在我们给出一个与实线性空间的对偶空间的序有关的概念. 设 W 是实线性空间 V 的子空间, V^*, W^* 分别是 V, W 的对偶空间, 而且在 V^*, W^* 上都定义了序, 我们称 V^*, W^* 上的序是可容许的, 如果由 $\lambda > 0, \lambda \in V^*$ 可以推出其在 W 上的限制 $\lambda|_W \geqslant 0$. 构造可容许的序的一个方法如下: 先取定 W 的一组基 $v_1, v_2, \cdots, v_s$, 再扩充为 V 的一组基 $v_1, v_2, \cdots, v_n$, 那么由基 $v_1, v_2, \cdots, v_s$ 和 $v_1, v_2, \cdots, v_n$ 分别定义 W^*, V^* 上的字典序就是可容许的.

现在我们取定 $\mathfrak{a}$ 和 $\mathfrak{h}_R$ 的对偶空间上可容许的序. 回忆一下, 前面我们已经将 $\mathfrak{h}_R$ 看成 $\mathfrak{g}^C$ 对于 Cartan 子代数 $\mathfrak{h}^C$ 的根系 Φ 生成的实线性空间, 特别地, Φ 是 $\mathfrak{h}_R$ 的子集. 因此上面取定的序也就给出了 Φ 的一个正根集, 记为 Φ^+. 于是对于任何 $\alpha \in \Phi^+$ 必有 $\alpha|_{\mathfrak{a}} = 0$ 或 $\alpha|_{\mathfrak{a}} > 0$. 我们定义 Φ^+ 的两个子集 $P^+ = \{\alpha \in \Phi^+ | \alpha(\mathfrak{a}) \neq 0\}$, $P^- = \{\alpha \in \Phi^+ | \alpha(\mathfrak{a}) = 0\}$. 于是 $\Phi^+ = P^+ \cup P^-$. 现在我们来证明著名的 Iwasawa 分解定理.

定理 4.4.1   设 $\tilde{\mathfrak{n}} = \sum_{\alpha \in P^+}(\mathfrak{g}^C)_\alpha$, $\mathfrak{n} = \tilde{\mathfrak{n}} \cap \mathfrak{g}$, 则 $\tilde{\mathfrak{n}}, \mathfrak{n}$ 是幂零 Lie 代数, $\mathfrak{a} + \mathfrak{n}$ 是可解 Lie 代数, 而且有直和分解

$$\mathfrak{g} = \mathfrak{k} + \mathfrak{a} + \mathfrak{n}.$$

证   因为 P^+ 是正根集 Φ^+ 的子集, 而对任何 $\alpha, \beta \in \Phi^+$ 有 $[(\mathfrak{g}^C)_\alpha, (\mathfrak{g}^C)_\beta] \subset (\mathfrak{g})^C_{\alpha+\beta}$, 且 Φ^+ 是有限集合, 所以 $\tilde{\mathfrak{n}}$ 是幂零 Lie 代数, 从而 $\mathfrak{n}$ 也是幂零 Lie 代数, 又容易看出 $[\mathfrak{a} + \mathfrak{n}, \mathfrak{a} + \mathfrak{n}] \subset \mathfrak{n}$, 因此 $\mathfrak{a} + \mathfrak{n}$ 是可解 Lie 代数.

为了证明直和分解, 我们需要先研究一下根系的性质. 设 $\alpha \in \Phi$, 利用本节开始定义的映射 σ, τ, θ 定义

$$\alpha^\sigma(h) = \overline{\alpha(\sigma(h))}, \quad \alpha^\tau(h) = \overline{\alpha(\tau(h))}, \quad \alpha^\theta(h) = \alpha(\theta(h)), \quad h \in \mathfrak{h}.$$

那么容易看出, $\alpha^\sigma, \alpha^\tau$ 和 α^θ 还是 Φ 中元素, 而且有

$$P^+ = \{\alpha \in \Phi^+ | \alpha \neq \alpha^\theta\}, \quad P^- = \{\alpha \in \Phi^+ | \alpha = \alpha^\theta\}.$$

现在我们证明下面的两个结论:

(1) 若 $\alpha \in P^+$, 则 $-\alpha^\theta \in P^+$, $\alpha^\sigma \in P^+$, $\alpha^\tau = -\alpha$.

(2) 若 $\beta \in P^-$, 则 $\beta^\theta = \beta$, $\beta^\sigma = -\beta$, $\beta^\tau = -\beta$, 且 $(\mathfrak{g}^C)_\beta + (\mathfrak{g}^C)_{-\beta} \subseteq \mathfrak{k}^C$.

我们先证明 (1). 事实上, 因 $(\alpha + \alpha^\theta)|_{\mathfrak{a}} = 0$, 对于 $\alpha \in P^+$, 有 $\alpha^\theta \in \Phi^-$. 又 $(\alpha^\theta)^\theta = \alpha$, 故 $-\alpha^\theta \in P^+$. 由定义有 $\alpha^\sigma|_{\mathfrak{a}} = \alpha|_{\mathfrak{a}}$, 故 $\alpha^\sigma \in P^+$. 又对任何 $\alpha \in \Phi$, $h \in \mathfrak{h}$, $\alpha^\tau(h) = -\alpha(h)$, 因此 $\alpha^\tau = -\alpha$. 这当然也就证明了在 (2) 中, 有 $\beta^\tau = -\beta$.

现在证明中 (2) 的其他结论, 前面我们已经指出, 对于 $\beta \in P^-$, 有 $\beta^\theta = \beta$, 于是再由 $\beta^\tau = -\beta$, 可知 $\beta^\sigma = -\beta$. 注意到 $\theta((\mathfrak{g}^C)_\beta) = (\mathfrak{g}^C)_\beta$, $\theta^2 = 1$, 且 $\dim(\mathfrak{g}^C)_\beta = 1$, 故对任何 $z \in (\mathfrak{g}^C)_\beta$, 我们有 $\theta(z) = z$ 或 $\theta(z) = -z$. 若 $\theta(z) = -z$, 则 $z \in \mathfrak{p}^C$, 于是对任何 $h \in \mathfrak{a}^C$, $[h, z] = \beta(h)z = 0$. 因为 $\mathfrak{a}^C$ 是 $\mathfrak{p}^C$ 的极大交换子代数, 得到 $z = 0$, 故 $(\mathfrak{g}^C)_\beta \subseteq \mathfrak{k}^C$, 同样 $(\mathfrak{g}^C)_{-\beta} \subseteq \mathfrak{k}^C$.

现在回到直和的证明. 首先, 对任何 $x \in \mathfrak{g}$, $x = \frac{1}{2}(x + \sigma x)$. 因此 x 可以写成

$$x = h + \sum_{\alpha \in \Phi}(x_\alpha + \sigma x_\alpha),$$

其中 $h \in \mathfrak{h}$, 且 $x_\alpha \in \mathfrak{g}_\alpha^C$. 若 $\alpha \in P^-$ 或 $\alpha \in -P^-$, 则由结论 (2), 有 $x_\alpha + \sigma x_\alpha \in \mathfrak{k}$. 若 $\alpha \in P^+$, 则由 (1), $\alpha^\sigma \in P^+$, 因此 $x_\alpha \in \tilde{\mathfrak{n}}, \sigma x_\alpha \in \mathfrak{g}_{\alpha^\sigma}^C \subseteq \tilde{\mathfrak{n}}$. 而对于 $\alpha \in -P^+$, 由 (1), $\alpha^\tau = -\alpha \in P^+$, 因此 $\tau(x_\alpha + \sigma x_\alpha) \in \mathfrak{g}_{-\alpha}^C + \mathfrak{g}_{\alpha^\theta}^C \subseteq \tilde{\mathfrak{n}}$. 因此

$$x_\alpha + \sigma x_\alpha = ((x_\alpha + \sigma x_\alpha) + \tau(x_\alpha + \sigma x_\alpha)) - \tau(x_\alpha + \sigma x_\alpha) \in \mathfrak{u} \cap \mathfrak{g} + \tilde{\mathfrak{n}} \cap \mathfrak{g}.$$

这说明 $x_\alpha + \sigma x_\alpha \in \mathfrak{k} + \mathfrak{n}$, 从而 $\mathfrak{g} = \mathfrak{k} + \mathfrak{a} + \mathfrak{n}$.

最后证明上述分解是直和. 设 $t \in \mathfrak{k}, h \in \mathfrak{a}, x \in \mathfrak{n}$ 且 $t + h + x = 0$. 用 θ 作用得到 $t - h + \theta x = 0$, 得 $2h + x - \theta x = 0$. 又由上面的 (1) 可知

$$\theta x \in \sum_{\alpha \in P^+} \mathfrak{g}_{-\alpha}^C.$$

考虑 $\mathfrak{g}^C$ 的三个子空间 $\mathfrak{h}^C$, $\mathfrak{m}_1 = \sum_{\alpha \in \Phi^+} \mathfrak{g}_\alpha^C$, $\mathfrak{m}_2 = \sum_{\alpha \in \Phi^+} \mathfrak{g}_{-\alpha}^C$, 则 $\mathfrak{g}^C = \mathfrak{h}^C + \mathfrak{m}_1 + \mathfrak{m}_2$ 是直和, 而 $h \in \mathfrak{h}^C, x \in \mathfrak{m}_1, \theta x \in \mathfrak{m}_2$, 因此有 $h = 0, x = 0, \theta x = 0$. 故 $t = h = x = 0$. 至此定理得证.

Iwasawa 分解是 Lie 代数理论中的一个重要结果, 在微分几何和 Lie 群表示理论等领域中都有重要应用. 从这个定理的结论和证明过程可以看出, 实半单 Lie 代数 $\mathfrak{g}$ 的结构与它的复化 $\mathfrak{g}^C$ 对于极大向量 Cartan 子代数 $\mathfrak{h}^C$ 的根系在 $\mathfrak{a}$ 上的限制的性质密切相关. 这一结果可以导出实半单 Lie 代数的 Satake 图, 从而给出实半单 Lie 代数的一种分类方法. 由上面的讨论, 我们只需考虑非紧半单的情形.

设 $\mathfrak{g}$ 为一个非紧实半单 Lie 代数, $\mathfrak{g} = \mathfrak{k} + \mathfrak{p}$ 为其 Cartan 分解. 取定 $\mathfrak{p}$ 中的一个极大交换子空间 $\mathfrak{a}$, 并设 $\mathfrak{h}$ 为 $\mathfrak{g}$ 的包含 $\mathfrak{a}$ 且对于上述 Cartan 分解有正规分解的子代数. 设 Φ 为 $\mathfrak{g}$ 的复化对于 $\mathfrak{h}^C$ 的根系. 取定可容许的顺序如上, 设 Φ^+,

$\Delta = \{\alpha_1, \alpha_2, \cdots, \alpha_l\}$ 分别为正根集和一个基, 并如上定义 P^+ 和 P^-. 我们定义 $\mathfrak{g}$ 的相对于上述 Cartan 分解和 $\mathfrak{a}$ 的 Satake 图如下:

第一步: 画出 Δ 的 Dynkin 图.

第二步: 在上述 Dynkin 图中, 若 $\alpha_i \in P^+ \cap \Delta$, 则对应的点用白圈表示; 若 $\alpha \in P^- \cap \Delta$, 则用黑圈表示.

第三步: 若对于 $i \neq j$, $\alpha_i, \alpha_j \in P^+ \cap \Delta$, 且 $\alpha_i|_\mathfrak{a} = \alpha_j|_\mathfrak{a}$, 则用箭头 $\frown$ 连接 α_i 和 α_j.

这样一来, 每一个非紧实半单 Lie 代数都会对应到一个 Satake 图, 由 Cartan 分解的共轭性, 以及 $\mathfrak{p}$ 中的极大交换子空间的共轭性, 可以看出 Satake 图只与 $\mathfrak{g}$ 有关, 而与 Cartan 分解和 $\mathfrak{a}$ 的选取无关. 下面的定理给出了实半单 Lie 代数的分类.

定理 4.4.2 设 $\mathfrak{g}_1, \mathfrak{g}_2$ 为实半单 Lie 代数, 则 $\mathfrak{g}_1$ 与 $\mathfrak{g}_2$ 同构当且仅当它们的 Satake 图相同.

因为半单 Lie 代数的分类可以归结为单 Lie 代数的分类, 所以我们只需给出实单 Lie 代数的 Satake 图即可. 下面列出了所有实单 Lie 代数的 Satake 图.

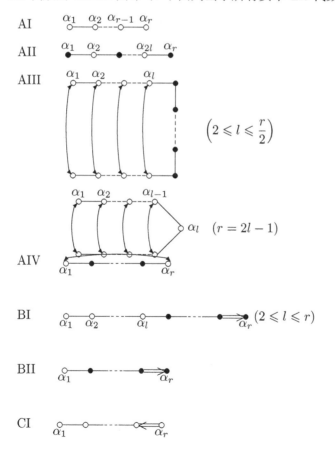

CII $\left(1 \leqslant l \leqslant \dfrac{r-1}{2}\right)$

$\left(2 \leqslant l = \dfrac{r}{2}\right)$

DI $(2 \leqslant l \leqslant r-2)$

DII

DIII $(r = 2l)$

$(r = 2l+1)$

EI

EII

EIII

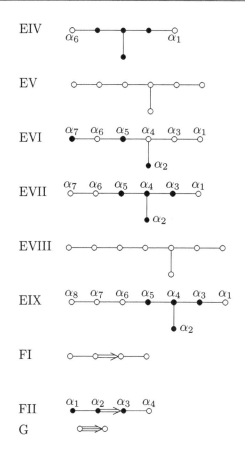

习 题 4.4

1. 设 $\mathfrak{g} = \mathfrak{k} + \mathfrak{p}$ 为非紧实半单 Lie 代数 $\mathfrak{g}$ 的一个 Cartan 分解, θ 为对应的 Cartan 对合, $\mathfrak{a}$ 为 $\mathfrak{p}$ 中的一个极大交换子空间. 对于 $\mathfrak{a}$ 上的实线性函数 λ, 定义

$$\mathfrak{g}_\lambda = \{x \in \mathfrak{g} | [h, x] = \lambda(h)x, \forall h \in \mathfrak{a}\}.$$

若 $\lambda \in \mathfrak{a}^*$, $\lambda \neq 0$, 且 $\mathfrak{g}_\lambda \neq 0$, 则称 λ 为 $\mathfrak{g}$ 对于 $\mathfrak{a}$ 的一个根. 设 Σ 为所有根的集合.

(1) 试证明 $\mathfrak{g}$ 可以写成空间直和

$$\mathfrak{g} = \mathfrak{g}_0 + \sum_{\lambda \in \Sigma} \mathfrak{g}_\lambda.$$

(2) 试证明若 $\lambda \in \Sigma$, 则 $-\lambda \in \Sigma$, 且 $\theta(\mathfrak{g}_\lambda) = \mathfrak{g}_{-\lambda}$.

(3) 试举例说明可能存在 $\lambda \in \Sigma$ 使得 $\dim \mathfrak{g}_\lambda > 1$.

(4) 证明对于 $\lambda, \mu \in \mathfrak{a}^*$, $[\mathfrak{g}_\lambda, \mathfrak{g}_\mu] \subseteq \mathfrak{g}_{\lambda+\mu}$.

(5) 设 $\mathfrak{m} = \{x \in \mathfrak{k} | [h,x] = 0, \forall h \in \mathfrak{a}\}$, 试证明 $\mathfrak{g}_0$ 有直和分解 $\mathfrak{g}_0 = \mathfrak{m} + \mathfrak{a}$.

(6) 定义 $\mathfrak{a}$ 的一个顺序, 令 Σ^+ 为所有正根的集合. 记 $\mathfrak{n}' = \sum\limits_{\lambda \in \Sigma^+} \mathfrak{g}_\lambda$. 试证明 $\mathfrak{n}'$ 为 $\mathfrak{g}$ 的幂零子代数, 且对任何 $x \in \sum\limits_{\lambda \in -\Sigma^+} \mathfrak{g}_\lambda$, $x \in \mathfrak{k} + \mathfrak{n}'$.

(7) 试证明 $\mathfrak{g}$ 有直和分解 $\mathfrak{g} = \mathfrak{k} + \mathfrak{a} + \mathfrak{n}'$.

2. 设 $\mathfrak{g}, \mathfrak{k}, \mathfrak{p}, \mathfrak{a}, \Sigma$ 和 $\mathfrak{n}'$ 如上题. 取定 $\mathfrak{g}$ 的一个包含 $\mathfrak{a}$ 且对于上题中的 Cartan 分解有正规分解的 Cartan 子代数 $\mathfrak{h}$. 设 Φ 为 $\mathfrak{g}^C$ 对于 $\mathfrak{h}^C$ 的根系, 取定 $\mathfrak{a}$ 和 $\mathfrak{h}$ 的相容的顺序, 并定义相应的 $\Phi^+, P^+, P^-, \mathfrak{n}$.

(1) 试证明 $\Sigma^+ = \{\alpha|_{\mathfrak{a}} | \alpha \in P^+\}$, 因此我们也将 Σ 中的元素称为限制根.

(2) 试证明 $\mathfrak{n} = \mathfrak{n}'$, 从而给出 Iwasawa 分解的另一个证明.

(3) 试证明对于 $\lambda \in \Sigma^+$, $\mathfrak{g}_\lambda$ 的维数为 P^+ 中在 $\mathfrak{a}$ 上的限制等于 λ 的元素的个数, 并且 $\dim \mathfrak{g}_\lambda = \dim \mathfrak{g}_{-\lambda}$, 称 $\dim \mathfrak{g}_\lambda$ 为 λ 的重数.

3. 试利用 Schmidt 正交化过程直接验证 $SL(n, \mathbb{R})$ 的 Iwasawa 分解.

4. 设 $\tilde{\mathfrak{g}}$ 为复半单 Lie 代数, 试证明实半单 Lie 代数 $\tilde{\mathfrak{g}}^R$ 的任何限制根的重数都是 2.

5. 试分别写出下面几种复半单 Lie 代数 $\tilde{\mathfrak{g}}$ 对应的实半单 Lie 代数 $\tilde{\mathfrak{g}}^R$ 的 Iwasawa 分解, 其中 $\tilde{\mathfrak{g}} = \mathfrak{sl}(n, \mathbb{C}), \mathfrak{so}(n, \mathbb{C})$ 或 $\mathfrak{sp}(n, \mathbb{C})$.

参 考 文 献

[1] 朱富海, 陈智奇. 高等代数与解析几何. 北京: 科学出版社, 2018.

[2] 邓少强, 朱富海. 抽象代数. 北京: 科学出版社, 2017.

[3] 孟道骥. 复半单李代数引论. 北京: 北京大学出版社, 1999.

[4] 苏育才, 卢才辉, 崔一敏. 有限维半单李代数简明教程. 北京: 科学出版社, 2008.

[5] 严志达. 实半单李代数. 天津: 南开大学出版社, 1998.

[6] Humphreys J E. Introduction to Lie Algebras and Representation Theory. New York: Springer, 1972.

[7] Helgason S. Differential Geometry, Lie Groups, and Symmetric Spaces. New York: Academic Press, 1978.

[8] Jacobson N. Lie Algebras. New York: Dover Publications Inc., 1962.

索
引